U0432386

高等职业教育土建类专业课程改革系列教材

施工组织设计

第2版

主　编　卢　青
副主编　匙　静
参　编　赵富田　贾宝平　王志强
主　审　姚念武

机械工业出版社

全书共分7个单元，包括施工组织设计的基本理论、施工方案的设计、流水施工的组织、网络计划技术、单位工程施工进度计划的编制、单位工程施工平面图的设计、单位工程施工组织设计实例等内容。

全书以施工组织设计的编制为主线，以施工组织设计的主要内容为单元构成教材体系。单元1~6设置单元概述和学习目标，按照课题将基础知识与能力训练紧密结合，并在单元后设计相关复习思考题与实训练习题，以提高学习者的职业实践能力和职业素养。

本书不仅可作为高等职业学校建筑工程技术等相关专业的教材，也可作为成人教育和岗位培训的教材，并可作为土建施工、管理相关技术人员的参考书。

图书在版编目（CIP）数据

施工组织设计/卢青主编. —2版. —北京：机械工业出版社，2021.3（2024.8重印）
高等职业教育土建类专业课程改革系列教材
ISBN 978-7-111-69039-9

Ⅰ.①施… Ⅱ.①卢… Ⅲ.①建筑工程-施工组织-设计-高等职业教育-教材 Ⅳ.①TU721.1

中国版本图书馆CIP数据核字（2021）第175907号

机械工业出版社（北京市百万庄大街22号 邮政编码100037）
策划编辑：常金锋 责任编辑：常金锋 高凤春
责任校对：陈 越 封面设计：张 静
责任印制：邓 博
北京盛通数码印刷有限公司印刷
2024年8月第2版第4次印刷
184mm×260mm · 11.25印张 · 1插页 · 273千字
标准书号：ISBN 978-7-111-69039-9
定价：39.00元

电话服务	网络服务
客服电话：010-88361066	机 工 官 网：www.cmpbook.com
010-88379833	机 工 官 博：weibo.com/cmp1952
010-68326294	金 书 网：www.golden-book.com
封底无防伪标均为盗版	机工教育服务网：www.cmpedu.com

前　言

施工组织设计是规划和指导工程投标、承包合同签订、施工准备及施工全过程的全局性技术经济文件。施工组织设计文件的编制，应根据国家相关的技术政策和规定，根据业主对工程项目的要求，从拟建工程施工的全局出发，结合工程具体条件，来确定经济、合理、有效的施工方案和技术组织措施，以及切实可行的施工进度计划和施工现场空间布置。这样才能在工程投标竞争的战略部署中、在工程实施的战术安排中统筹规划，并采用科学的管理方法，有效使用人力、物力，安排好时间、空间，达到工期短、质量高、造价低的最优效果。

本书以提高学习者的职业实践能力和职业素养为宗旨，突出职业教育特色，为学生提供适应劳动力市场需要的模块化学习资源。本书以施工组织设计的编制为主线，将流水施工原理、网络计划技术和施工组织设计融为一体，讲述编制施工组织设计所需掌握的基本知识与理论；以施工组织设计的主要内容为单元，综合现代化科技成果，讲述施工方案、施工进度计划、施工平面图的设计原则、方法和步骤，内容上体现了先进性和实用性。本书将基础知识与能力训练紧密结合，力求使学习者通过学习、训练，具备独立编制单位工程施工组织设计的能力。

本书共分7个单元，单元1、单元4由太原学院卢青编写，单元2由山西水利职业技术学院贾宝平编写，单元3由山西电力职业技术学院赵富田编写，单元5、单元6由石家庄职业技术学院匙静和中铁十六局集团有限公司王志强共同编写，单元7由石家庄职业技术学院匙静编写。全书由卢青任主编、匙静任副主编，由太原学院姚念武主审。在本书编写过程中得到了有关单位和个人的大力支持，在此表示感谢。

为方便教学，本书配有电子课件，供选用本书作为教材的老师参考，可登录机械工业出版社教育服务网 www.cmpedu.com 下载，咨询电话：010－88379375。

由于编者水平有限，不足之处，敬请读者批评指正。

编　者

目　录

单元1　施工组织设计的基本理论

【单元概述】

建筑工程施工组织设计是指导工程投标、承包合同签订、施工准备和施工全过程的全局性技术经济文件。认真地编制好施工组织设计，对保证工程建设阶段的顺利进行、实现预期目标，具有非常重要的意义。本单元叙述了施工组织设计的任务、分类及编制施工组织设计的依据、原则，并以单位工程施工组织设计为重点说明其设计内容及编制程序。

【学习目标】

通过本单元的学习、训练，应了解施工组织设计的概念、分类，掌握施工组织设计的任务和编制施工组织设计的依据、原则，了解建筑产品及其生产的特点，熟练掌握单位工程施工组织设计的内容、编制程序。

课题1　施工组织设计的任务

各类建筑产品与其他工业产品相比，其本身及施工过程具有独特的技术经济特点，把握其特点，可对拟建工程项目在技术和组织、时间和空间、人力和物力等方面做出全面合理的安排，并在施工过程中认真贯彻执行，从而确保工程施工的顺利进行，取得好、快、省和安全的效果，早日发挥基本建设投资的经济效益和社会效益。

1.1.1　建筑产品的特点

1. 建筑产品具有固定性

建筑产品在固定的地点建造，其基础与地基相连，建造完毕一般不能移动，只能在建造地点使用。

2. 建筑产品的体积庞大

建筑产品与其他工业产品相比，体积庞大，占用大量的空间以满足各种使用功能的要求，为使用者提供生活和生产活动空间。

3. 建筑产品具有多样性

建筑产品具有丰富的建筑形式、构造结构、装饰风格，以满足不同地区、不同使用功能的要求，同时受所在建设地点各项建设条件的影响，建筑产品会呈现千变万化的特性。

1.1.2 建筑施工的特点

1. 建筑施工具有流动性

建筑产品的固定性决定了其生产的流动性。在建筑施工中，生产者和建筑材料、机械设备随着建筑产品地点、施工部位的变动而流动，并使建筑物施工生产按照工艺与组织关系在一定的空间流动作业。

2. 建筑施工的周期长

由于建筑产品体积庞大，需要投入大量的劳动力、材料、机械进行生产，所以要完成一项工程，其工期往往历时数月或数年。

3. 建筑施工的产品具有单件性

由于建筑产品具有多样性，故项目的建设需要组织不尽相同的劳动者、管理者、材料、机械来进行生产，因此是作为满足业主不同需求的单件产品来制作的。

4. 建筑施工具有复杂性

建筑产品的生产涉及多个工种和工程，其复杂的施工工艺对施工技术有特殊和高难要求；同时它还涉及多个单位和部门，需要处理好众多的协作配合关系；另外施工地区环境、施工条件的作用，还会影响其质量、进度和投资，使建筑产品的生产具有高度的复杂性。

1.1.3 施工组织设计的概念与任务

施工组织设计是规划和指导工程投标、承包合同签订、施工准备和施工全过程的全局性的技术经济文件。

1）施工组织设计是根据建筑工程承包组织的需要而编制的技术经济文件，其内容既包括技术的，也包括经济的；既解决技术问题，又考虑经济效果。所以，它是一种技术和经济相结合的管理文件，具有组织、规划（计划）、协调和控制的作用。

2）施工组织设计是全局性的文件，其编制的工程对象是整体的，文件内容是全面的，发挥作用是全方位的（指管理职能的全面性）。

3）施工组织设计指导从投标开始到竣工结束的承包全过程。在当前市场经济条件下，应发挥施工组织设计在投标和承包合同签订中的作用，使其不仅在管理中发挥作用，更要在经营中发挥作用。

施工组织设计作为投标书或合同文件的一部分，能够指导工程投标或工程施工合同签订，并指导施工准备和工程施工的全过程；作为项目管理的规划性文件，它还提出了工程施工中的进度控制、质量控制、成本控制、安全控制、现场管理、各项生产要素管理的目标及技术组织措施。

施工组织设计的任务是根据国家有关技术政策、规定，并根据业主对工程项目的各项要求，从拟建工程施工全局出发，结合工程的具体条件，来确定经济、合理、有效的施工方案和切实可行的施工进度以及合理、有效的技术组织措施及科学的施工现场空间布置。这样，就能使其在工程投标竞争的战略部署中以及工程实施的战术安排中统筹规划，并协调好项目的设计与施工、技术与经济、各施工阶段和施工过程之间的关系；采用科学的管理方法，有效使用人力、物力，安排好时间、空间，以达到耗工少、工期短、质量高和造价低的最优效果。

课题2 施工组织设计的种类

施工组织设计根据编制阶段不同，可划分为两类，即投标前编制的施工组织设计（简称“标前设计”）和签订工程承包合同后编制的施工组织设计（简称“标后设计”）。根据编制对象不同，施工组织设计可分为三类，即施工组织总设计、单位工程施工组织设计和分部工程施工组织设计。

1.2.1 标前设计与标后设计

在工程建设招投标市场中，承包商要通过投标竞争才能承接到工程项目，建筑市场法则决定了投标前施工组织设计编制的必要性。承包商中标后，应根据投标施工组织设计及后续补充条件来编制相应的实施性施工组织设计。标前设计是为了满足投标和签订工程承包合同的需要而编制的；标后设计则是为了满足施工准备和开展施工的需要而编制的。建筑施工单位为了使投标书具有竞争力并最终中标，必须编制标前设计，对标书的内容进行规划、决策，使其作为投标文件的内容之一。标前设计的水平既是能否中标的关键因素，又是总包单位招标和分包单位编制投标书的重要依据；同时还是承包单位进行合同谈判、提出要约、进行承诺的根据和理由，是拟定合同文件中相关条款的基础资料。这两类施工组织设计的特点见表1-1。

表1-1 标前和标后施工组织设计的特点

种类	服务范围	编制时间	编制者	主要特性	追求主要目标
标前设计	投标与签约	投标书编制前	经营管理层	规划性	中标和经济效益
标后设计	施工准备至工程验收	签约后开工前	项目管理层	作业性	施工效率和效益

标前设计的主要内容包括工程概况、施工部署、主要分部分项工程的施工方法、工程质量及安全文明保证措施、施工进度计划及工期保证措施、施工总平面及管理措施、施工准备规划、对招标方的要求等，其设计的重点是施工部署、施工进度计划、主要分部工程的施工方法和质量及安全文明保证措施。标后设计的内容则要求更为详细、全面。标前设计的投标方案投出后一般不再修改，方案的优劣将直接影响到能否中标；标后设计则可根据客观条件的变化来改变、优化、补充实施方案。标前设计是标后设计的基础与依据，标后设计是标前设计的深化与拓展。

1.2.2 施工组织总设计、单位工程施工组织设计和分部工程施工组织设计

1.2.2.1 施工组织总设计

施工组织总设计是以一个建设项目或群体工程为编制对象，规划其施工全过程各项活动的技术、经济的全局性、控制性文件。对于以一个工厂（主要是大中型的）、若干个相互联系的建筑群或者其他生产企业等为施工对象的，应编制施工组织总设计。施工组织总设计以总承包单位为主，并邀请建设、设计和分包单位参加，采用共同编制的方法。

施工组织总设计应对整个建设项目或建筑群的施工做出全局性的战略部署，为开展项目

提供合理的技术、组织方案和实施步骤。同时，施工组织总设计还为确定设计方案的施工可行性、经济合理性提供依据；为施工准备、资源供应提供依据；为业主编制工程建设计划、施工单位编制工程项目生产计划和单位工程施工组织设计提供依据。

施工组织总设计的内容包括工程概况、施工管理组织、施工部署及主要施工方案、施工准备规划、施工总进度计划、各种资源需用量计划、施工总平面图、施工项目质量体系设计、成本目标及控制规划、安全控制目标及风险管理措施、技术经济指标计算及分析等。其中，施工部署、施工总进度计划、施工总平面图是编制的重点内容，应根据工程的复杂程度、技术及工期要求，并结合工程施工的具体情况，有针对性地进行编制。

1. 施工部署

施工部署的内容和侧重点一般包括确定施工开展程序、拟定主要工程项目的施工方案、明确施工任务划分与组织安排、编制施工准备工作计划等内容。在确定施工开展程序时，应着重考虑以下几点。

1）在保证工期的前提下实行分期分批建设。这样既可使各具体项目迅速建成，从而尽早投入使用，又可在全局上实现施工的连续性和均衡性，从而减少暂设工程数量，降低工程成本，充分发挥国家基本建设投资的效果。

2）统筹安排各类项目施工，应保证重点、兼顾其他，以确保工程项目按期投产。

3）所有工程项目应按照先地下后地上、先深后浅、先干线后支线等原则进行安排。

4）考虑季节对施工的影响。

2. 施工总进度计划

施工总进度计划是施工现场各项施工活动在时间上的安排，其编制的基本依据是施工部署中的施工方案和工程项目的开展程序，其作用在于确定各个建筑物及其主要工种、工程、准备工作、全工地性工程的施工期限以及开工和竣工的日期。由此可确定建筑施工现场的劳动力、材料、成品与半成品、施工机械的数量和调配情况，现场临时设施数量，水电供应数量，能源、交通的数量等。

3. 施工总平面图

施工总平面图是对拟建项目施工现场的总体平面布置，是施工部署在空间上的体现。通过对施工现场的交通道路、材料仓库、附属生产企业、临时房屋建筑、临时水电管线等的合理规划布置，可以正确处理全工地施工期间所需的各项设施与永久建筑、拟建工程之间的空间关系。

1.2.2.2 单位工程施工组织设计

单位工程施工组织设计是以单位工程为对象，用以指导拟建工程从施工准备到竣工验收全过程施工活动的技术、经济和组织的综合性文件。对以一幢工业厂房、独立公共建筑或其他民用建筑为施工对象的，应编制单位工程施工组织设计。单位工程施工组织设计是施工组织总设计的具体化，由直接参加施工的单位编制。

1.2.2.3 分部工程施工组织设计

对施工难度大、施工技术复杂的分部（分项）工程，在编制单位工程施工组织设计后，还应编制分部工程施工组织设计，用以指导该工程的施工，如复杂基础工程、钢筋混凝土框架工程、钢结构工程、大型构件安装工程、地下与屋面防水工程、高级装饰工程、大量土石方工程等。分部工程施工组织设计突出作业性，主要是进行施工方案、进度计划和技术措施的设计。

课题3 编制施工组织设计的依据及基本原则

1.3.1 编制施工组织设计的依据

施工组织设计应依据有关规范、标准和规定，批准的基本建设文件，上级主管部门下达的施工任务，批准的初步设计或扩大初步设计，概预算，施工合同等有关资料进行编写。

1. 标前施工组织设计的编制依据

1）可行性研究报告。

2）初步设计（或技术设计及扩大初步设计）文件。

3）招标文件。

4）定额、规范、建设政策法令、类似工程项目建设的经验参考资料等。

5）市场和社会调查资料。

6）企业自身的生产经营能力。

2. 施工组织总设计的编制依据

1）标前施工组织设计。

2）设计文件。

3）建筑场地勘察资料及地区条件勘察资料、市场调查及地区技术经济调查资料。

4）承包合同及分包规划（分包合同）。

5）定额、规范、建设政策法令、类似工程项目建设的经验参考资料等。

6）有关方对工期及分批交工的要求。

3. 单位工程施工组织设计的编制依据

1）标前施工组织设计、施工组织总设计、企业年度施工目标及财务计划。

2）设计文件。

3）勘察资料及补充勘察资料。

4）承包合同及分包合同。

5）工具性参考资料。

6）各种调查研究资料和现场情况、施工环境、建设准备情况。

7）施工项目管理要求、企业的施工及管理能力。

1.3.2 编制施工组织设计的基本原则

1. 严格遵守工期定额和合同规定的工程竣工及交付使用期限

对总工期较长的大型建设项目，应根据拟建工程项目的重要程度和工期要求等进行统筹安排，分期排队，从而把有限的资源优先用于国家和建设单位急需的重点工程项目，使其早日建成以投产使用。对一般工程项目，应注意处理好主体工程和配套工程之间以及准备工程项目、施工项目和收尾项目之间施工力量的分配，使建设项目按期完成，以尽快发挥投资效益。

2. 合理安排施工程序和顺序

1）先准备，后施工。准备工作应为后续生产活动的正常进行创造必要的条件。如果准备工作不充分而贸然施工，不仅会引起施工混乱，还会造成某些资源浪费，甚至造成中途停工。

2）先进行全场性工程施工，后进行各具体项目工程施工。平整场地、敷设管网、修筑道路和架设电路等全场性工程应先进行，从而为施工中供电、供水和场内运输创造条件，不仅有利于文明施工，还可节省临时设施费用。

此外还应遵循先地下后地上、地下工程先深后浅的顺序，先主体后装饰的顺序，管线工程先场外后场内的顺序。在安排工程先后顺序时，应同时考虑项目空间顺序等，既严格遵循建筑施工工艺及其技术规律，又体现争取时间的主观努力。

3. 工厂预制和现场预制相结合

贯彻工厂预制和现场预制相结合的方针，提高建筑产品的工业化程度。

4. 充分利用现有的机械设备

充分利用现有的机械设备，提高机械化程度。如大面积场地平整、大型土石方工程、大型钢筋混凝土构件和钢结构构件的制作、安装等繁重施工过程，都应进行机械化施工。

5. 尽量采用建筑新技术、新方法

采用建筑新技术、新方法，可使施工方案更为经济、合理、科学，为提高劳动生产率、保证工程质量、加快施工进度、降低工程成本创造条件。

6. 尽量采用流水作业原理和网络计划技术组织施工

采用流水作业原理和网络计划技术组织施工，可使拟建工程充分利用时间与空间，从而连续、均衡地开展施工。另外，利用网络计划技术进行施工进度计划方案的优化、控制和调整，还可达到缩短工期和节约成本的目的。

7. 恰当安排冬、雨期的施工项目

根据施工项目的具体情况，对必须要在冬、雨期施工的项目，应采取季节性施工措施，保证施工正常进行，以增加全年施工天数，并提高施工生产的连续性和均衡性。

8. 其他

充分利用当地资源，合理储备物资，减少物资运输量；尽量减少暂设工程，科学规划施工平面图，使其在满足施工需要的情况下，布置紧凑、合理，减少施工用地，做到安全文明施工，有效降低工程成本。

课题4 单位工程施工组织设计的内容及编制程序

1.4.1 单位工程施工组织设计的内容

单位工程施工组织设计是规划和指导单位工程全部施工活动的技术经济文件，应根据拟建工程的性质、特点、规模及施工要求和条件进行编制。其内容一般包括工程概况、施工方案、施工进度计划、各项资源需要量计划、施工准备工作计划、施工平面图、技术经济指标等。

1. 工程概况

编写工程概况主要是对拟建工程的工程特点、建设地区特征与施工条件、施工特点等做出简要明了、突出重点的文字介绍。通过对项目整体面貌重点突出的阐述，工程概况可为选择施工方案、组织物资供应、配备技术力量等提供基本的依据。

（1）工程特点　工程特点应说明拟建工程的建设概况和建筑、结构与设备安装的设计特点，包括工程项目名称、工程性质和规模、工程地点和占地面积、工程结构要求和建筑面积、工程期限和投资等内容。

（2）建设地区特征与施工条件　建设地区特征与施工条件主要说明建设地点的气象、水文、地形、地质情况，施工现场与周围环境情况，材料、预制构件的生产供应情况，劳动力、施工机械设备落实情况，水电供应、交通情况等。

（3）施工特点　通过分析拟建工程的施工特点，可把握施工过程的关键问题，说明拟建工程施工的重点所在。

2. 施工方案

施工方案是单位工程施工组织设计的核心，通过对项目可能采用的几种施工方案的技术经济比较，选定技术先进、施工可行、经济合理的施工方案，从而保证工程进度、施工质量、工程成本等目标的实现。施工方案是施工进度计划、施工平面图等设计和编制的基础，其内容一般包括确定施工程序、施工起点流向及施工顺序，选择主要分部分项工程的施工方法和施工机械，制定施工技术组织措施等。

3. 施工进度计划

施工进度计划是施工方案在时间上的体现，编制时应根据工期要求和技术物资供应条件，按照既定施工方案来确定各施工过程的工艺与组织关系，并采用图表的形式说明各分部分项工程作业起始时间及相互搭接与配合的关系。施工进度计划是编制各项资源需要量计划的基础。

4. 资源需要量计划

资源需要量计划包括劳动力需要量计划、主要材料需要量计划、预制加工品需要量计划、施工机械和大型工具需要量计划及运输计划等，应在施工进度计划编制完成后，依照进度计划、工程量等要求进行编制。资源需要量计划是各项资源供应、调配的依据，也是进度计划顺利实施的物质保证。

5. 施工准备工作计划

施工准备工作计划的内容包括技术准备，现场准备，劳动和物资准备，资金准备，冬、雨期施工准备以及施工准备工作的管理组织、时间安排等。施工准备工作计划依照施工进度计划进行编制，是工程项目开工前的全面施工准备和施工过程中各分部分项工程施工作业准备的工作依据。

6. 施工平面图

施工平面图是拟建单位工程施工现场的平面规划和空间布置图，体现了施工期间所需的各项设施与永久建筑、拟建工程之间的空间关系，是施工方案在空间上的体现。施工平面图的设计以工程的规模、施工方案、施工现场条件等为根据，是现场组织文明施工的重要保证。

7. 技术经济指标

施工组织设计中，技术经济指标是从技术和经济两个方面对设计内容所做的优劣评价。它以施工方案、施工进度计划、施工平面图为评价中心，通过定性或定量计算分析来评价施工组织设计的技术可行性、经济合理性。技术经济指标包括工期指标、质量和安全指标、劳动生产率指标、设备利用率指标、降低成本和节约材料指标等，是提高施工组织设计水平和选择最优施工组织设计方案的重要依据。

1.4.2 单位工程施工组织设计的编制程序

单位工程施工组织设计的工程项目各不相同，其所要求编制的内容也会有所不同，但一般可按以下几个步骤来进行：

1）收集编制依据的文件和资料，包括工程项目的设计施工图样，工程项目所要求的施工进度和要求，施工定额、工程概预算及有关技术经济指标，施工中可配备的劳动力、材料和机械设备情况，施工现场的自然条件和技术经济资料等。

2）编写工程概况，主要阐述工程的概貌、特征和特点以及有关要求等。

3）选择施工方案，主要确定各分项工程施工的先后顺序，选择施工机械类型及其合理布置，明确工程施工的流向及流水参数的计算，确定主要项目的施工方法等。

4）制订施工进度计划，其中包括对分部分项工程量的计算、绘制施工进度图表、对进度计划的调整优化等。

5）计算施工现场所需要的各种资源需要量及其供应计划（包括各种劳动力、材料、机械及其加工预制品等）。

6）绘制施工平面图。

7）计算技术经济指标。

以上步骤可用如图1-1所示的单位工程施工组织设计程序来表示。

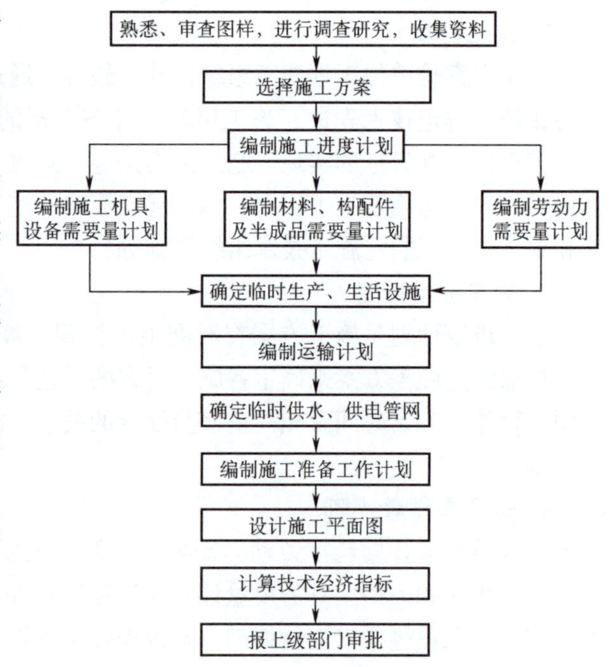

图1-1 单位工程施工组织设计程序

单元小结

建筑产品具有固定性、体积庞大和多样性的特点；相应地，建筑施工具有流动性、周期长、产品单件性和复杂性的特点。

1. 施工组织设计是规划和指导工程投标、承包合同签订、施工准备和施工全过程的全局性的技术经济文件。其任务是根据国家有关技术政策、规定，根据业主对工程项目的各项要求，从拟建工程施工全局出发，结合工程的具体条件，确定经济、合理、有效的施工方案，切实可行的施工进度，合理、有效的技术组织措施及科学的施工现场空间布置。这样，就能使其在工程投标竞争的战略部署中以及工程实施的战术安排中统筹规划，并协调好项目的设计与施工、技术与经济、各施工阶段和施工过程之间的关系，采用科学的管理方法，有效使用人力、物力，安排好时间、空间，以达到耗工少、工期短、质量高和造价低的最优效果。

2. 施工组织设计根据编制阶段不同，可划分为两类：投标前编制的施工组织设计（简称“标前设计”）和签订工程承包合同后编制的施工组织设计（简称“标后设计”）；根据编制对象不同，施工组织设计可分为三类：施工组织总设计、单位工程施工组织设计和分部工程施工组织设计。

3. 单位工程施工组织设计是规划和指导单位工程全部施工活动的技术经济文件，应根据拟建工程的性质、特点、规模及施工要求和条件进行编制。其内容一般包括：工程概况、施工方案、施工进度计划、各项资源需要量计划、施工准备工作计划、施工平面图、技术经济指标等。

4. 单位工程施工组织设计的编制程序为：收集编制依据的文件和资料→编写工程概况→选择施工方案→制订施工进度计划→计算施工现场所需要的各种资源需要量及其供应计划→绘制施工平面图→计算技术经济指标等。

复习思考题

1-1　建筑产品及其生产特点是什么？

1-2　什么是施工组织设计？施工组织设计的任务有哪些？

1-3　施工组织设计按编制阶段不同可以分为哪几类？按编制对象不同可以分为哪几类？

1-4　编写施工组织设计的基本原则是什么？

1-5　什么是单位工程施工组织设计？

1-6　单位工程施工组织设计包括哪些内容？

1-7　单位工程施工组织设计的编制程序是什么？

单元2　施工方案的设计

【单元概述】

施工方案是根据设计图和说明书，决定采用什么施工方法和机械设备，以何种施工顺序和作业组织形式来组织项目施工活动的计划。制定施工方案的目的是在合同规定的期限内，使用尽可能少的费用，采用合理的程序和方法来完成项目的施工任务，从而达到技术上可行、经济上合理。施工方案一旦确定，就基本上确定了整个工程的进度、人工和机械设备的需要量、人力组织、机械的布置与运用、工程质量与安全、工程成本等。可以说施工方案编制的好坏是施工成败的关键。施工方案包括施工方法、施工机械的选择和施工顺序的合理安排以及各种技术组织措施等。

【学习目标】

通过本单元的学习、训练，应掌握施工方案的设计程序与方法。

课题1　施工程序的确定

2.1.1　施工程序的概念

施工程序是指单位工程中各分部工程和各施工阶段的先后次序及其制约关系，主要应解决好时间上的搭接问题。

建筑施工有其本身的客观规律，按照反映这种规律的程序组织施工，就可以保证各分部工程与各施工阶段互相衔接、互不干扰、互相促进，避免重复工作，从而加快进度、缩短工期、降低成本。

由于建筑物具有固定性，所以建筑施工活动必须在同一场地上进行，这就要求对每一阶段、每一部分的施工有一个合理的安排。因此，在编制施工组织设计时，必须合理地安排施工程序。

2.1.2　单位工程的施工程序

虽然建筑工程施工程序会随着工程的性质、施工条件和使用要求的不同而不同，但还是可以找到可以遵循的共同规律。在安排施工程序时，通常要考虑以下几点：

1. 严格执行开工报告制度

开工前应做一系列准备工作，在确定具备开工条件后应先提交开工报告，经审查批准后才能开工。单位工程的开工条件：施工图经过会审并有记录，施工组织设计已经批准并进行了交底，施工合同已经签字，施工图预算和施工方案已经编制并经过审定，现场障碍物已经清除，“三通一平”已完成，永久或半永久性坐标及水准点已设置，材料、机具、构件、劳动力安排已落实，各项临时设施已搭好并能满足需要，安全防火设施已到位。

2. 遵守先地下后地上、先土建后设备、先主体后围护、先结构后装饰的原则

（1）先地下后地上　在地上工程开工前，尽量将管道和线路等地下设施、土方工程、基础工程完成或基本完成，以免对地上工程施工产生干扰，从而减少对地上工程施工造成的不便和浪费，保证工程质量。

（2）先土建后设备　一般来讲，不论是工业建筑还是民用建筑，土建施工应先于水、暖、电等建筑设备施工。因此要精心安排好它们之间的穿插配合，尤其是在装饰工程施工阶段，要在保证质量、讲求成本的前提下处理好它们之间的关系。

（3）先主体后围护　要搞好框架结构建筑的主体结构和围护结构在施工程序上的合理搭接。一般普通多层建筑以少搭接为宜，而高层建筑应尽量搭接施工，以节省时间。

（4）先结构后装饰　一般条件下的施工，有时为了缩短工期也可部分搭接施工。而在特殊情况下，通常的程序可以有所变化。如在冬期施工之前，应尽量完成主体结构施工和围护结构的施工，以保证装饰工程质量和便于室内作业的展开。

3. 做好土建施工和设备安装施工的程序安排

工业建筑除了土建施工还有工业管道和工艺设备等的安装施工。为了早日竣工投产，在制定施工方案时应合理安排土建施工和设备安装施工之间的程序，一般程序大致有如下几种：

（1）封闭式施工　封闭式施工就是主体结构全部完成后再进行设备安装的施工程序。对于精密仪器厂房，应在土建装饰工程完成后再进行设备安装。

这种施工程序的优点：有利于构件的现场预制、拼装、就位，适合选择各种起重机进行吊装作业，能加快主体结构的施工进度，降低土建工程施工成本，设备基础能在室内施工，不受气候影响，可以减少防寒防雨等设施费用，还可利用厂房内已安装的起重设备为基础施工及安装施工服务。这种程序的缺点：会出现一些重复工作（如部分土方重复挖填、运输道路重复设置等）；同时，由于设备基础施工条件差，一般不能采用机械施工，不能提前为设备安装施工提供工作面，因此施工工期较长。

（2）敞开式施工　敞开式施工是指先安装工艺设备、后建设厂房的施工程序。这种施工程序一般适用于某些重型工业厂房（如发电厂厂房等）的施工，其优缺点和封闭式施工相反。

（3）设备安装施工和土建施工同时进行　两者同时进行，土建施工可为设备安装施工创造必要条件，同时能避免设备安装施工在被污染的情况下进行。另外，还需在土建施工的同时安排好设备的调试、使用准备、交付验收等工作。

课题2　施工起点和流向的确定

2.2.1　施工起点和流向的概念

施工起点和流向是指单位工程在平面上或空间上开始施工的部位和在平面上或空间上展

开的方向。一般施工起点和流向取决于缩短工期和保证质量的需要，对于单层建筑物，只需要确定在平面上施工的起点和施工流向；对于多高层建筑物，除了要确定每层平面上的施工流向外，还要确定其层间或单元空间上的施工流向。施工流向虽然是粗线条的，但却决定了整个单位工程施工的方法和步骤。

2.2.2 确定单位工程施工流向的主要因素

1. 考虑车间的生产工艺流程和使用要求

这是确定施工流向的基本因素。例如，一个多跨单层装配式工业厂房，如果从施工的角度来看，从厂房的任何一端开始施工都是可以的，但是若按照生产工艺流程来施工，不但可以保证设备安装工程分期进行而缩短工期，并且还可以提早投产。一般对生产工艺上影响其他工段试车投产或生产上、使用上要求急的工段、部位，应先安排施工。

2. 考虑施工方法的要求

这是确定施工流向的关键。施工流向应按所选的施工方法及所制定的施工组织要求进行安排。一般对技术复杂、施工进度慢、工期长的部位优先安排施工。例如，高层混凝土结构的主楼部分应先施工，裙房部分应后施工。再如，多层房屋中高低跨并列时，应从高低跨并列处开始施工，且层数多的先施工；单层工业厂房安装时则应先高跨后低跨。

3. 考虑选用的施工机械

按工程施工条件，土方工程可选用正铲、反铲、拉铲等；吊装机械可选用桅杆式、履带式、汽车式、塔式起重机；垂直运输可选用井字架、龙门架、塔式起重机、汽车式起重机等；水平运输可选用小推车、汽车、泵送等。以上这些机械的开行路线、现场布置都决定着基础、结构、装饰工程的施工起点和流向。

4. 工程现场施工条件

施工场地的大小、道路布置也是确定施工流向的主要因素。如土方工程在边开挖边余土外运时，施工起点应确定在离道路远的部位，并按由远及近的方向进行。

5. 施工组织的分层分段

分部工程施工阶段的特点：基础工程由施工机械和方法决定其平面上的施工流向，主体工程从哪个面上先开始施工都可以，但在竖向一般应自下而上施工。装饰工程在竖向的施工流向较复杂，根据装饰工程的工期、质量、安全使用要求以及施工条件，可采用自上而下、自下而上、自中而下再自上而中三种流向。

1）“自上而下”是指在主体工程封顶后或屋面防水工程完成后，装饰工程自顶层开始逐层向下施工。一般有水平向下和垂直向下两种形式，如图2-1所示。

这种施工流向的优点是主体结构完成后，建筑物有一个沉降过程，在其沉降变化趋于稳定后开始装修，这样可以保证防水工程质量，屋面不易产生漏水现象，也能保证室内装饰工程质量，减少或避免各工种间操作的相互交叉作业，便于组织施工，且有利于安全施工。这种施工流向的缺点是不能和主体结构施工搭接，工期较长。

2）“自下而上”是指主体结构施工到三层以上时（有两个层面楼板，可确保底层施工安全），装饰工程自底层开始逐层向上施工。一般与主体结构平行搭接施工，有水平向上和垂直向上两种形式，如图2-2所示。

为了防止雨水或施工用水从上层板缝渗漏到下层而影响装饰工程质量，应先做好上层楼

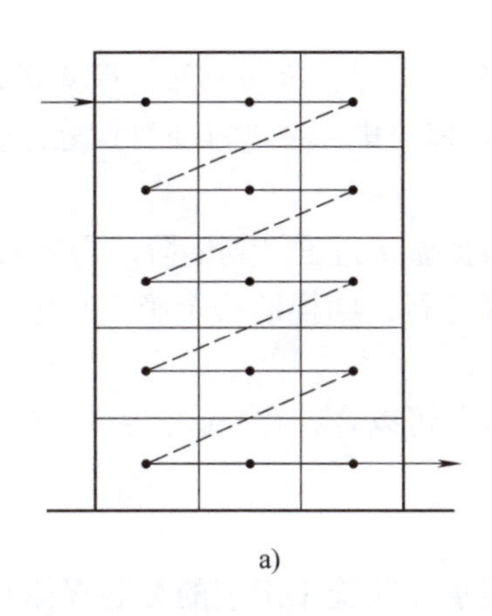

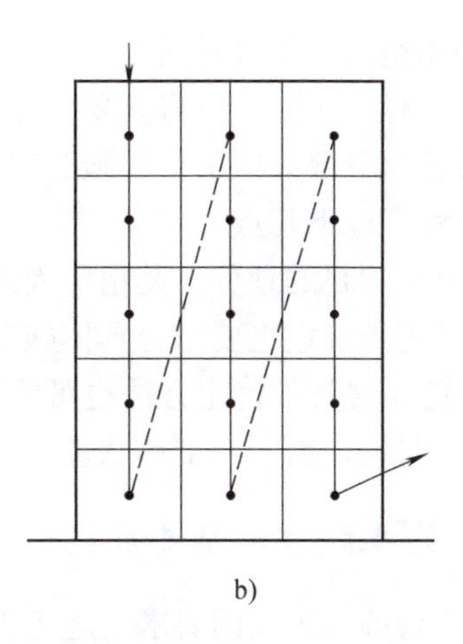

a)　　b)

图 2-1　室内装饰工程自上而下流向图

a）水平向下　b）垂直向下

板层抹灰，再进行本层墙面、顶棚、地面的施工。这种施工流向的优点是便于与主体结构平行搭接施工，能缩短工期。因此，当工期紧迫时可以考虑采用这种施工流向。这种施工流向的缺点是工种操作交叉，需要增加安全措施；交叉施工的工序多，材料供应紧张，施工机械负担重，现场施工组织管理也较复杂。还应注意的是，当装饰工程采用垂直向上的施工流向时，如果流水节拍控制不当则可能超过主体结构的施工速度，从而被迫中断流水。

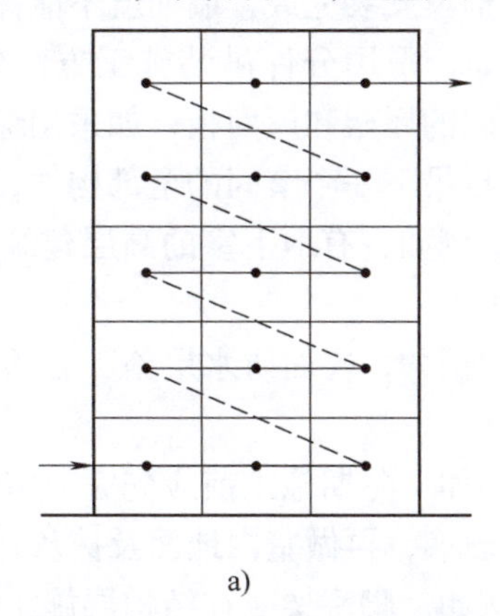

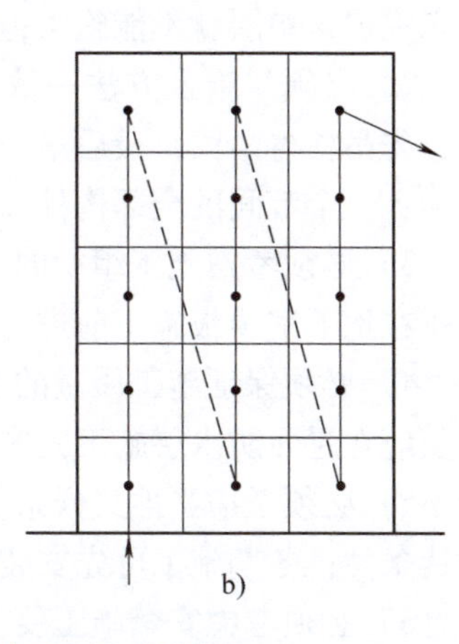

a)　　b)

图 2-2　室内装饰工程自下而上流向图

a）水平向上　b）垂直向上

3）自中而下再自上而中的施工流向，综合了前两种流向的优缺点，一般适合用于高层建筑装饰工程施工。

综上所述，在确定单位工程施工起点和流向时，应综合考虑如何满足用户的使用要求。生产性房屋首先应注意生产工艺流程，特别要注意技术复杂、对工期有影响的关键部位；同时还应注意施工技术和施工组织的要求。

课题3　施工顺序的确定

2.3.1　施工顺序的概念

施工顺序是指各施工过程之间的先后次序，也称为各分项工程的施工顺序。施工顺序按照施工的客观规律确定，解决各工种在时间上的搭接问题，从而在满足施工质量与安全的条件下，充分利用空间，争取时间。

组织单位工程施工时，应将其划分为若干个分部工程，每一分部工程又划分为若干个分项工程，并对各个分部分项工程的施工顺序做出合理安排。在进行项目划分也就是确定施工过程时，应该注意以下几点：

1）施工过程项目的划分，其粗细程度应该根据施工进度计划的阶段需要来决定。

2）施工过程的确定也要结合具体施工方法来进行，同样的一个施工任务，根据施工方法的不同，其施工过程的确定方法也可能不同。

3）在同一时期内由同一工作队进行的施工过程可以合并在一起，否则应当分开列项。

2.3.2 确定施工顺序的基本原则

1）必须符合施工工艺的要求。施工工艺的要求反映施工工艺的客观规律和相互制约关系，一般是不能违背的。例如，基础工程未完成，其上部结构施工就不能进行；基槽土方工程未完成，垫层就不能施工；门窗框没安装完成，墙面就不能抹灰。

2）必须与施工方法一致。例如，采用分件吊装施工方法的单层工业厂房，施工顺序为：先吊柱再吊梁，最后吊一个节间的屋架和屋面板；如采用综合吊装施工方法，则施工顺序为：一个节间的全部构件吊完后再吊下一个节间的全部构件，直至全部吊完。

3）必须考虑施工组织的要求。例如，有地下室的高层建筑，其地下室的地面工程可以安排在地下室顶板施工前进行。

4）必须保证施工质量的要求。例如，屋面防水层施工必须在找平层干燥后进行，室内抹灰应在屋面防水层施工完成后进行。

5）必须考虑当地气候条件。例如，冬期施工前应先完成室外各分项工程，为室内施工创造条件；冬期施工可先安装门窗玻璃，再做室内地面及抹灰，这样有利于保温养护。

6）必须考虑安全施工要求。例如，脚手架应在结构层施工前搭设好；多层结构只有在完成两个以上层板的铺设后，才允许在底层进行其他分项工程施工。

[能力训练]

训练题目1　确定多层混合结构的施工顺序

(1) 目的　熟悉多层混合结构的施工顺序。

(2) 能力及标准要求　掌握多层混合结构施工顺序的确定方法。

(3) 步骤　多层混合结构施工，一般可划分为基础、主体结构、屋面、装饰及设备安装等分部工程，图2-3所示为某四层混合结构的施工顺序示意图。

1）基础工程的施工顺序。基础工程的施工过程与施工顺序一般为：挖土→垫层→基础→防潮层→回填土，如有桩基础、地下室则应另列。挖土和垫层施工，搭接应紧凑，间隔时间不宜过长，以防下雨后基坑积水而影响地基承载能力。同时还应注意保留垫层施工后的技术间歇时间，使之具有一定的强度后，再进行施工。回填土一般在基础完工后，一次分层回填夯实，以便为后续工序施工创造条件，但应注意基础本身的承载能力，当工程量很大时，也可以将回填土分段与主体结构搭接进行施工。

2）主体结构工程的施工顺序。主体结构工程的施工过程包括搭设垂直运输机械及脚手架、砌筑墙体、现浇圈梁、安装楼板等。

主体结构工程应以墙体砌筑为主进行流水施工，根据每个施工段的砌体工程量 、工人

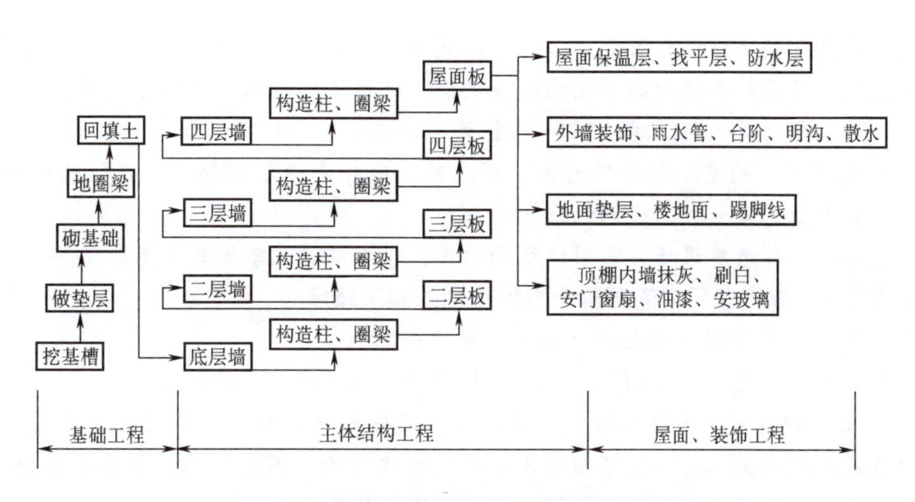

图2-3　某四层混合结构的施工顺序示意图

人数、垂直运输及吊装机械效率等计算确定流水节拍的大小，而其他施工过程则应配合砌体的流水搭接进行，如脚手架搭设、楼板安装应配合砌体施工进度逐层进行，其他现浇件的支模绑筋可安排在墙体砌筑的最后一步插入，并与现浇圈梁同时进行。预制楼梯的安装必须和墙体砌筑、楼板安装紧密配合，一般应同时或相继完成。现浇楼梯更应注意与楼层施工配合进行，否则将会由于混凝土养护的需要，后道工序不能如期进行，从而延长工期。

3）屋面、装饰、设备安装工程的施工顺序。屋面、装饰、设备安装工程的特点是施工内容多，繁而杂，有的工程量大而集中，有的则小而分散，劳动消耗量大，手工操作作业多，工期长。

屋面保温层、找平层、防水层的施工应依次进行，刚性屋面的现浇混凝土防水层、分格缝的施工应在主体结构完成后开始，并尽快完成，一般情况下可以和装饰工程搭接或平行施工。

装饰工程可分为室内装饰工程和室外装饰工程，要安排好立体交叉、平行或搭接施工，合理确定施工顺序，通常有先内后外、先外后内或内外同时进行三种顺序。如果是水磨石楼面，为防止楼面施工时产生的渗水对外墙面抹灰的影响，应先完成水磨石的施工；如果是为了加速脚手架的周转或要在冬、雨期到来之前完成室外装修，则可采用先外后内的顺序；如果抹灰人员较少，则不宜采用内外同时进行的施工顺序。一般来说，先外后内的顺序较为有利。

在同一层内进行室内抹灰有两种顺序：地面→顶棚→墙面；顶棚→墙面→地面。前一种顺序不仅便于清理地面基层，使地面质量易于保证，而且便于利用墙面和顶棚的落地灰，从而节约材料；但这样地面就需要时间养护及采取保护措施，否则后续工序不能进行。后一种顺序则应在地面施工前将其清理干净，否则会影响地面质量，而且地面施工时的用水渗漏可能影响墙面、顶棚的抹灰质量。

底层地坪一般在各层装饰做完后进行施工。为保证质量，楼梯间和踏步也往往安排在各层装饰做完后进行施工。门窗的安装可在抹灰前或抹灰后进行，主要根据气候条件和施工条件而确定，但应先油漆门窗扇，后安装玻璃。

设备安装可与土建有关分部分项工程交叉施工。例如，基础施工阶段，应先将相应管道埋设好，再进行回填土施工；主体结构施工阶段应在砌墙和现浇楼板的同时，预留电线和水管的孔洞，并预埋其他埋件；装饰施工阶段应先安装各种管道和附墙暗管、接线盒等，水、暖、电等设备安装最好在楼地面和墙面抹灰之前、之后穿插施工；室内外上下水管道的施工可安排在土建工程之前或与土建工程同时进行。

（4）注意事项 确定混合结构的施工顺序时，应首先确定各分部工程所包含的施工过程及顺序，其次注意各分部工程间的搭接关系。

多层混合结构作为建设项目常用的结构形式，学生应熟练掌握其施工顺序。

训练题目2 确定多层钢筋混凝土框架结构的施工顺序

（1）目的 熟悉多层钢筋混凝土框架结构的施工顺序。

（2）能力及标准要求 掌握多层混凝土框架结构施工顺序的确定方法。

（3）步骤 钢筋混凝土框架结构一般用于多层民用建筑和工业厂房，也常用于高层建筑。这种建筑结构的施工，一般可划分为基础、主体结构、围护结构、装饰4个分部工程。图2-4所示为某9层现浇钢筋混凝土框架结构的施工顺序示意图。

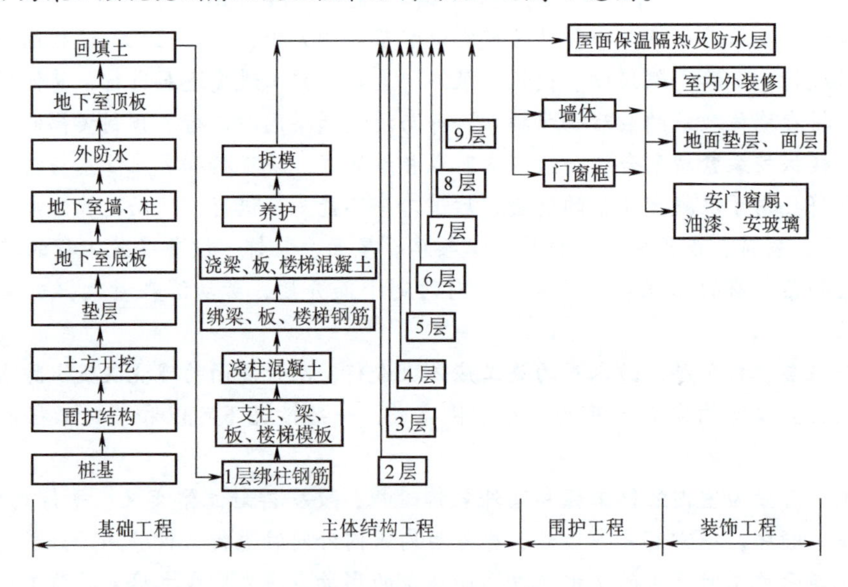

图2-4 某9层现浇钢筋混凝土框架结构的施工顺序示意图

1）基础工程的施工顺序。多层现浇钢筋混凝土框架结构的基础一般可分为有地下室基础和无地下室基础两种。

若有一层地下室，且房屋建在软土地基上时，基础工程的施工顺序一般为：桩基础→围护结构→土方开挖→垫层→地下室底板→地下室墙、柱→地下室顶板→回填土。

若无地下室，且房屋建在土质较好的地区时，基础工程的施工顺序一般为：挖土→垫层→基础→回填土。在多层框架结构的基础工程施工前，也要和混合结构一样，先处理好地基的松软土、洞穴等，然后分段进行平面流水施工。施工时应按当地气候条件，加强对垫层、基础混凝土的养护，在基础混凝土达到拆模要求时，应及时拆模，并及时回填，为上部结构施工创造条件。

2）主体结构工程的施工顺序。主体结构工程即现浇钢筋混凝土框架的施工顺序为：绑柱钢筋→支柱模板→浇柱混凝土→拆柱模板→支梁底模板→绑梁钢筋→支梁侧模板、楼板模板→绑梁、板钢筋→浇梁、板混凝土。因为这一施工过程的工程量大，耗用的劳动量、材料多，而且对整个工程的质量和工期也起着决定性作用，故需将高层框架在竖向分成层、在平面上分成段，以组成水平方向和竖向的流水施工。

3）围护工程的施工顺序。围护工程包括墙体工程、门窗安装工程和屋面工程。墙体工程包括脚手架的搭拆、内外墙砌筑等分项工程，不同的分项工程之间可组织平行、搭接、立体交叉流水施工。屋面工程和墙体工程应密切配合，如在主体结构工程结束后，先进行屋面保温层、找平层施工，待外墙砌筑到顶后，再进行屋面防水层施工。脚手架应配合砌筑搭设，且在室外装饰施工之后、散水施工之前拆除。内墙的砌筑应根据内墙的基础形式而确定，有的需要在地面工程完工后进行，有的则可在地面施工前与外墙砌筑同时进行。屋面工程的施工顺序与混合结构的施工顺序相同。

4）装饰工程的施工顺序。装饰工程分为室内装饰工程和室外装饰工程。室内装饰工程包括顶棚、墙面、楼地面、楼梯等的抹灰以及门窗安装、油漆、玻璃安装等施工，室外装饰工程包括外墙抹灰、勒脚、散水、台阶等施工，施工顺序与混合结构的施工顺序相同。

(4) 注意事项　确定多层钢筋混凝土框架结构的施工顺序时，应充分掌握多层钢筋混凝土框架结构的结构特点，准确确定各分部工程所包含的施工过程及其工艺顺序，注意其工艺、组织关系及各分部工程间的搭接关系。

训练题目3　确定装配式单层工业厂房的施工顺序

(1) 目的　熟悉装配式单层工业厂房的施工顺序。

(2) 能力及标准要求　掌握装配式单层工业厂房施工顺序的确定方法。

(3) 步骤　装配式单层工业厂房的施工一般可以分为基础、构件预制、结构安装、围护结构、屋面、装饰及设备安装等分部工程。图2-5所示为某单层工业厂房的施工顺序示意图。

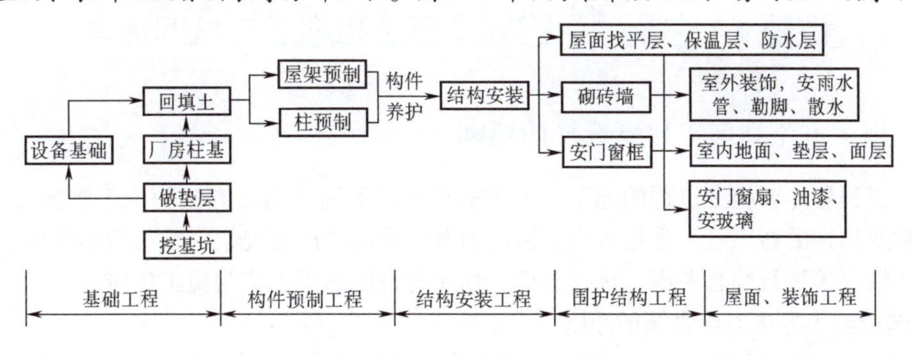

图2-5　某单层工业厂房的施工顺序示意图

1）基础工程的施工顺序。基础工程的施工顺序为：挖土→垫层→杯形基础施工→回填土，如采用桩基础可另外列一个施工阶段。对于厂房内的设备基础，可以根据不同的情况采用封闭式或者敞开式施工。采用封闭式施工时，厂房柱基础应先施工，设备基础则在结构吊装后施工，适用于设备基础不大、不深且与柱基础距离比较远的情况。采用敞开式施工时，柱基础与设备基础可以同时施工，适用于设备基础大而深且靠近柱基础的情况。施工时注意遵循由深到浅的原则来安排设备基础施工的顺序。

2）构件预制工程的施工顺序。构件预制工程主要包括一些质量较大、运输不便的大型构件，如柱、屋架的现场预制。可根据吊装方法的不同采用先柱后屋架或柱、屋架分批预制的顺序进行施工。现场后张法预应力屋架的施工顺序为：场地平整→夯实→支模板→绑扎钢筋→预留孔道→浇筑混凝土→养护→拆模板→穿钢筋→钢筋张拉→钢筋锚固→灌浆。

3）结构安装工程的施工顺序。结构安装工程的施工顺序主要取决于吊装的方法。采用分件吊装法时，施工顺序一般为：第一次开行吊装柱子，并进行校正固定，第二次开行吊装吊车梁、连系梁、基础梁等，第三次开行吊装屋架及屋面构件。采用综合吊装法时，施工顺序一般为：先吊装1~2节间的4~6根柱子，再吊装该节间的吊车梁、屋架及屋盖系统的全部构件，按此方式逐间依次进行，直至全部厂房构件吊装完毕。抗风柱的吊装可以采用两种顺序：一是在吊装的同时先安装同跨的其中一端的抗风柱，另一端则在屋盖吊装完毕后进行；二是全部抗风柱的吊装均在屋盖吊装完毕后进行。

4）围护结构、屋面、装饰工程的施工顺序。围护结构、屋面、装饰工程总的施工顺序为：围护结构工程→屋面工程→装饰工程，有时也可以相互交叉、平行、搭接施工。

围护结构工程的施工顺序为：搭设垂直运输机具→砌墙→安装门窗框→雨篷施工等。

屋面工程在屋盖构件吊装完毕及垂直运输机具搭好后即可安排施工，其施工顺序与前面所述的顺序一致。

装饰工程包括室内装饰工程与室外装饰工程，两者可以平行施工，并可以与其他施工过程交叉进行。室外装饰工程一般自上而下施工。室内地面施工应在前道工序全部完成后开始，粉刷应在墙面干燥和大型屋面板灌缝后进行，并在油漆开始前结束。

5）设备安装工程的施工顺序。水、暖、电的安装与前述结构相同。生产设备的安装，一般由专业安装公司承担，由于专业性强、技术要求高，应按专业顺序进行。

（4）注意事项 掌握装配式单层工业厂房的结构特点，注意在吊装阶段其施工顺序将取决于不同的吊装方法。

课题4 主要项目的施工方法和施工机械的选择

2.4.1 施工方法和施工机械选择的原则

单位工程各主要施工过程的施工，一般都有几种不同的施工方法和施工机械可供选择，应根据建筑结构的特点、工程量大小、劳动力及资源的供应情况、气候与现场环境、施工企业的具体情况等进行综合考虑，选择合理、切实可行的施工方法与施工机械。

1. 选择施工方法时应遵循的原则

1）着重考虑主导施工过程。选择施工方法时应从单位工程施工全局出发，着重考虑影响工程施工的几个主导施工过程的施工方法。对一般常见的或者是工程量不大并对全局施工和工期无太大影响的施工过程不必很仔细地考虑，只需要提出注意的事项和要求。所谓主导施工过程，是指工程量相对较大、施工工期较长、在施工中占有重要地位的施工过程或施工技术复杂、对工程质量和工期起关键作用的施工过程以及对施工企业来说其中某些结构特殊或者是不熟悉的施工过程。

2）所选择的施工方法应先进，技术上可行，经济上合理，且满足施工工艺要求及施工安全要求。

3）应符合国家颁布的施工验收规范和质量评定标准的有关规定。

4）要与所选择的施工机械及所划分的流水工作阶段相协调。

5）尽量采用标准化、机械化施工。有的构件，如某些混凝土结构、钢结构、木结构、钢筋加工等应尽量实现工厂化预制，以减少现场作业，提高机械化施工水平，充分发挥机械效率，减轻工人劳动强度。

6）满足工期、质量、成本、安全的要求。

2. 选择施工机械时应遵循的原则

1）应根据工程的特点，选择适宜主导工程的施工机械，所选择的机械设备应在技术上可行，经济上合理。

2）在同一个建筑工地上所选的机械的类型、规格、型号应该统一，以便于操作、管理与维护。

3）尽可能使所选择的机械设备一机多用，以提高生产效率。

4）选择机械时，应考虑到本企业工人的技术操作水平，尽可能选择施工企业现有的施工机械。

5）各种辅助机械或运输工具应与主导机械的生产能力协调配置，以充分发挥主导机械的效率。

2.4.2　主要分部分项工程的施工方法和施工机械

1. 施工方法的选择

（1）土石方工程施工方法选择要点

1）石方工程量，土石方开挖方法或土石方爆破方法，挖土机械或爆破机具、材料。

2）土方边坡、土壁支撑形式及施工方法。

3）地面水、地下水排除方法，所需要的机械和数量。

4）土石方开挖与回填的平衡。

（2）基础工程施工方法选择要点

1）浅基础开挖及局部地基的处理，钢筋混凝土工程，基础墙砌筑技术要点。

2）地下室工程施工技术要点。

3）桩基础的施工方法。

（3）砌筑工程施工方法选择要点

1）脚手架的搭设及其要求。

2）垂直与水平运输设备的选择。

3）砖墙的砌筑方法与质量要求。

（4）钢筋混凝土工程施工方法选择要点

1）模板类型与支撑方法。

2）钢筋的加工、绑扎、焊接方法。

3）混凝土的搅拌、运输、浇筑、养护，施工缝的留设以及振捣设备的选择。

4）确定预应力混凝土的施工方法及控制应力、使用的设备。

（5）结构工程施工方法选择要点

1）确定结构安装方法、机械的类型和数量。

2）构件的预制、运输、堆放，使用的机械。

（6）屋面工程施工方法选择要点

1）屋面的施工材料及其运输。

2）屋面工程的施工方法和要求。

（7）装饰工程施工方法选择要点

1）选择装饰工程的施工方法和要求。

2）确定装饰工程的施工工艺流程及施工组织。

2. 施工机械的选择

目前，建筑工地常用的施工机械有土方机械、打桩机械、钢筋混凝土的制作与运输机械等。这里仅以塔式起重机和泵送混凝土设备为例来说明运输机械的选择方法。

（1）塔式起重机的选择　建筑工程上最常用的垂直运输机械是塔式起重机。选择塔式起重机主要是选择其类型及规格型号。

1）类型的选择。塔式起重机类型的选择应根据建筑结构的平面尺寸、层数、高度、施工条件及场地周围的环境等因素进行综合考虑。对于低层建筑，常选用一般的轨道式或固定式塔式起重机，如QT1-2型、QT1-6型等；对于中高层建筑，可选用附着自升式塔式起重机或爬升式塔式起重机，其起升高度可随建筑物的施工高度而增加，如QT4-10型、QT5-4/40型、QT5-4/60型等；如果建筑物体积庞大，且建筑结构内部有足够的空间（电梯间、设备间）可安装塔式起重机时，可选用内爬式塔式起重机，以充分发挥塔式起重机的效率，但安装时要考虑建筑结构支承塔式起重机后的强度及稳定性。

2）规格型号的选择。塔式起重机规格型号的选择应根据拟建的建筑物所吊装的材料及所吊装构件的主要吊装参数通过查找起重机技术性能曲线表进行。主要吊装参数是指各构件的起重量 Q、起重高度 H 及起重半径 R，具体规定如下所述：

起重量应满足式（2-1）。

$$Q \geqslant Q_1 + Q_2 \tag{2-1}$$

式中　Q——起重机的起重量（t）；

Q_1——构件的质量（t）；

Q_2——索具的质量（t）。

起重高度应满足式（2-2）。

$$H \geqslant H_1 + H_2 + H_3 + H_4 \tag{2-2}$$

式中　H——起重机的起重高度（m）；

H_1——建筑物总高度（m）；

H_2——建筑物顶层人员安全生产所需要的高度（m）；

H_3——构件高度（m）；

H_4——索具高度（m）。

起重半径也称为工作幅度，应根据建筑物所需材料的运输距离或构件安装的不同距离，选择其中最大的距离作为起重半径。

3）塔式起重机台数的确定。塔式起重机的数量应根据工程量大小和工期要求来确定，还应考虑到起重机的生产能力，一般按经验公式进行确定。

$$N = \frac{1}{TCK} \sum \frac{Q_i}{P_i} \tag{2-3}$$

式中　N——塔式起重机台数；

T——工期（d）；

C——每天工作班次；

K——时间利用参数，一般取0.7~0.8；

Q_i——各构件（材料）的运输量（t）；

P_i——塔式起重机的台班效率（件/台班或t/台班）。

（2）泵送混凝土设备的选择 当混凝土浇筑量很大时，有时采用泵送混凝土的方式进行浇筑。这种输送混凝土的方式不但可以一次性直接将混凝土送到指定的浇筑地点，而且也能加快施工进度。因此，这种混凝土输送方式广泛应用在中高层建筑的施工中。泵送混凝土设备的选择指的是混凝土输送泵的选择和输送管的选择。

1）混凝土输送泵的选择。混凝土输送泵的选择是按输送量的大小和输送距离的远近进行的。混凝土输送泵的输送量可按式（2-4）进行计算。

$$Q_{\mathrm{m}} > Q_{\mathrm{i}} \tag{2-4}$$

式中 Q_{m}——混凝土输送泵的输送量（m^3/h）；

Q_{i}——浇筑混凝土时所需的混凝土量（m^3/h）。

考虑到混凝土输送泵的输送量与运输距离及混凝土的砂、石级配有关，则有

$$Q_{\mathrm{m}} = Q_{\max} a E_{\mathrm{t}} \tag{2-5}$$

式中 $Q_{\max}$——混凝土输送泵所标定的最大输送量（m^3/h）；

a——与运输距离有关的条件系数，见表2-1；

E_{t}——作业系数，一般取0.4~0.5。

混凝土输送泵的输送距离按式（2-6）进行计算。

$$L_{\mathrm{m}} > L_{\mathrm{i}} \tag{2-6}$$

式中 L_{m}——混凝土输送泵的输送距离（m）；

L_{i}——混凝土应输送的水平距离（m）。

表2-1 混凝土输送泵运输距离条件系数

换算成水平距离后的运输距离/m	a
0~49	1.0
50~99	1.0~0.8
100~149	0.8~0.7
150~179	0.7~0.6
180~199	0.6~0.5
200~249	0.5~0.4

常用的混凝土输送管为钢管、橡胶管和塑料软管，直径一般为100~200mm，每根管的长为3m左右，由于配有各种弯头及锥形管，故在计算运输距离时，必须将其换算成水平直管的管道状态并按水平管道进行布置，表2-2所示即为其水平距离折算表。

2）混凝土输送管的选择。一般来讲，合理地选择混凝土输送管和精心布置输送管路，是提高混凝土输送泵输送能力的关键所在。

混凝土输送泵的输送管有很多种类，如支管、锥形管、弯管、软管以及管与管之间连接的管接头。管径通常有100mm、125mm、150mm三种；用在特殊地方的管径有180mm和80mm两种。管长有1.0m、2.0m、3.0m、4.0m四种，常用的有3.0m和4.0m两种。管径

的选择，主要取决于粗骨料粒径和生产率的要求，在一般情况下，粗骨料最大粒径与钢管内径之比，通常为1:(2.5~3.0)，碎石为1:3，卵石为1:2.5。弯管多为冷拔钢管，弯曲半径有1.0m和0.5m两种，弯管角度有15°、30°、45°、60°、90°五种。弯管曲率半径越小，其管内阻力越大，所以在布置管路时宜选用较大曲率半径的弯管。

表2-2 混凝土输送管水平距离折算表

项目	管径/mm	水平换算长度/m
每米垂直管	100	4
	125	5
	150	6
每个锥形管	150~175	4
	125~150	10
	100~125	20
90°弯管	弯曲半径0.5m	12
	弯曲半径1.0m	9
塑料橡胶软管	5~8m	30

锥形管也是由冷拔钢管制成的，由于混凝土输送泵出口的内径一般为175mm，而常用的直管管径一般为100mm、125mm、150mm，所以要采用锥形管进行过渡。锥形管长度一般为1m，如果接管太短，管的断面变化幅度越大，产生的压力损失就会越大。

课题5 技术组织措施

2.5.1 保证质量目标的措施

保证工程质量的措施，一般考虑以下几个方面：

1）保证定位放线、标高测量等准确无误的措施。

2）确保地基承载力及各种基础和地下结构施工质量的措施。

3）确保主体结构工程中的关键部位施工质量的措施。

4）保证屋面工程、装饰工程施工质量的措施。

5）复杂工程、特殊工程及易发生质量问题等部位的质量保证措施。

6）保证质量的组织措施。

2.5.2 保证进度目标的措施

保证工程进度的措施，一般考虑以下几个方面：

1）采用网络计划对施工进度进行动态管理。施工组织设计中的施工进度是施工前编制的，在执行过程中难免有变化。因此，必须根据实际情况进行调整修改。

2）加强现场施工调度工作。施工现场出现影响施工进度的因素，应通过调度予以协调解决。

3）加强资源计划管理。每月或旬提出资源使用计划和进场时间计划，加强机械的维修与保养，提高机械的出勤率、完好率和利用率。

4）对控制工期的重点工程，优先保证资源供应，加强施工管理和控制。

5）提出提高劳动生产率的措施。

6）按不同的季节安排施工任务。

7）注意将设计与现场情况进行校对，及时进行设计变更。

8）改进作业组织形式，加快施工进度。

2.5.3　保证安全目标的措施

保证工程安全的措施，一般考虑以下几个方面：

1）提出建筑施工中安全教育的具体方法，新工人上岗前必须进行安全教育及岗位培训。

2）针对拟建工程的特点、地质和地形特点、施工环境、施工条件等，提出预防可能产生突发性的自然灾害的技术组织措施和具体的实施办法。

3）确保高处作业安全防护和保护措施，人工及机械设备的安全生产措施。

4）保证安全用电、防火、防爆、防毒等措施。

5）具有保护现场施工及交通车辆安全的管理措施。

6）具有使用新工艺、新技术、新材料时的安全措施。

2.5.4　降低成本的措施

降低成本措施主要是根据工程的具体情况，按分部分项工程提出拟定的节约内容及方法，计算有关的技术经济指标，分别列出节约的工料数量及金额。其内容包括以下几个方面：

1）合理使用人力，降低施工费用。

2）合理进行土石方平衡，节约土石方运输费及人工费。

3）综合利用机械，做到一机多用，提高机械利用率，节约成本。

4）增收节支，减少管理费的支出。

5）利用新工艺、新技术、新材料，降低成本。

6）精心组织且科学地进行物资管理，精心组织物资的采购、运输及现场管理，最大限度地降低原材料、成品及半成品构件的成本。

2.5.5　文明施工措施

1）施工现场应设置围墙与标牌，提示出入安全，道路畅通，场地平整，安全与消防设施齐全。

2）临时工程的规划与搭建、临时房屋的安排应符合环境卫生要求。

3）各种材料、成品与半成品构件应合理堆放与管理。

4）施工机械应进行安设及维护。

5）安全、消防措施，噪声的防范措施和建筑垃圾的运输及处理。

课题6　施工方案的技术经济评价

2.6.1　技术经济评价的目的

施工方案的技术经济评价指的是从技术和经济两个方面对所做的施工方案的优劣进行客观的评价，并论证其在技术上是否可行，经济上是否合理，为科学地选择技术经济最优的施工方案提供重要的依据。技术经济评价要求以所做的施工方案为中心，从施工技术角度分析和论证其是否可行；从经济角度则运用一些主要指标、辅助指标和综合指标，进行定性或者是定量分析，论证其在经济上是否合理。

2.6.2 技术经济评价的指标体系与重点

（1）技术经济评价的指标体系　单位工程施工组织设计的技术经济指标主要有工期指标、劳动生产率指标、质量指标、安全指标、降低成本率指标、设备利用率指标、三大材料节省指标等。在施工组织设计完成后，应对这些指标进行分析计算，然后对方案进行评价。需要注意的是，由于不同的工程有其不同的特点和要求，因此在分析时应该对这些指标有所取舍，即根据实际的需要来选择使用。施工组织设计技术经济评价指标可在如图2-6所示的指标体系中选用。

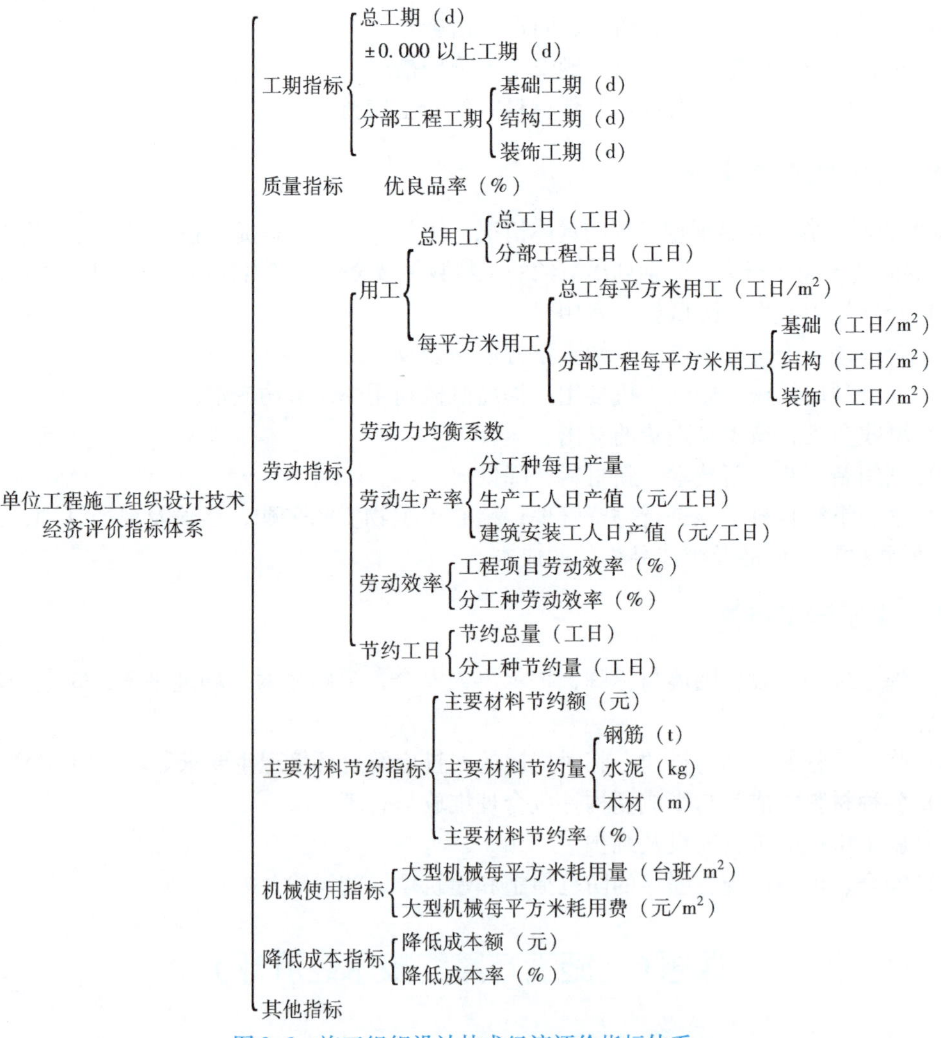

图2-6　施工组织设计技术经济评价指标体系

其中，主要的指标为总工期、单方用工、质量优良率、主要材料节约量和节约率、大型机械耗用台班数以及单方大型机械费、降低成本额和降低成本率。

（2）技术经济评价的重点　技术经济评价应围绕质量、工期、成本、安全四个主要方面进行。选用某一施工方案的原则，即在质量能达到合格（或优良）的前提下，做到工期合理、成本较低。

对于单位工程施工组织设计，不同的设计内容应有不同的技术经济评价重点。

1）基础工程应以土方工程、现浇混凝土、打桩、排水和防水、运输进度和工期为重点。

2）结构工程应以垂直运输机械选择、流水段划分、劳动组织、现浇钢筋混凝土支模、浇筑及运输、脚手架选择、特殊分项工程施工方案、各项技术组织措施为重点。

3）装饰工程应以施工顺序、质量保证措施、劳动组织、分工协作配合、节约材料、技术组织措施为重点。

课题7　施工方案设计实例

2.7.1　工程概况

本工程为某单位食堂，由餐厅、厨房、生活间等部分组成。建筑面积为841.47m^2，总长35.5m，总宽34.4m，其平面布置如图2-7所示。

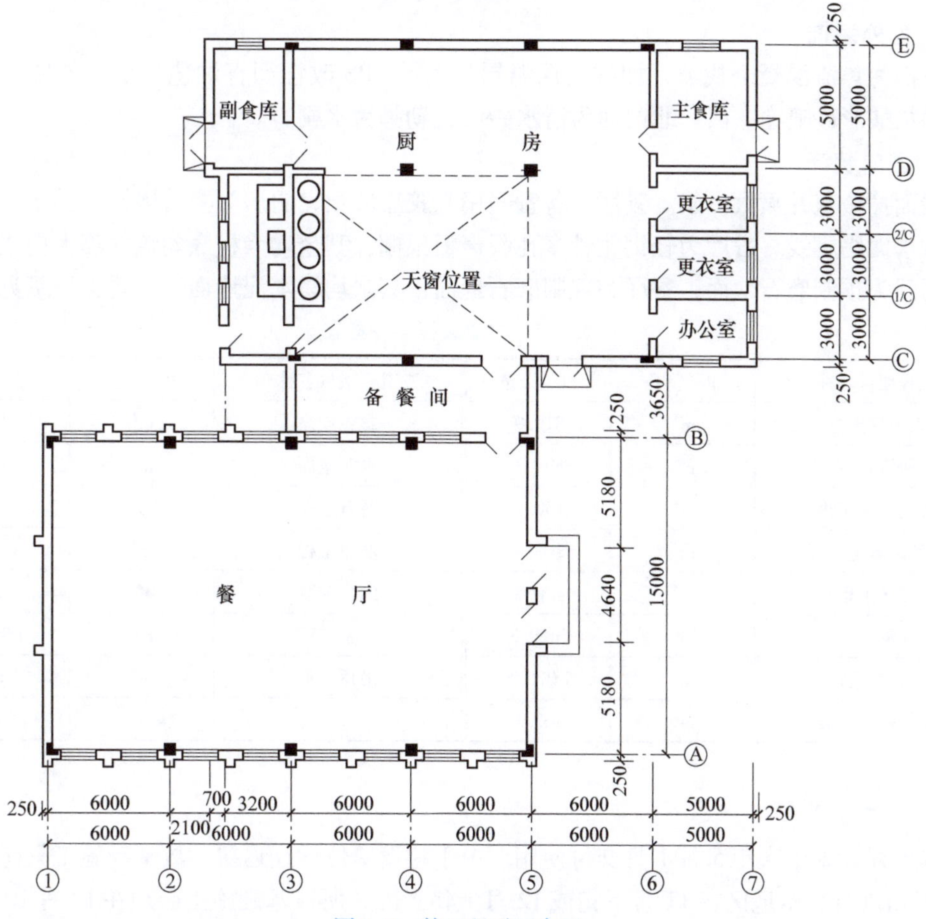

图2-7　某工程平面布置

本工程为单层，室内外高差0.3m，餐厅部分檐底标高为+5.5m，厨房天窗部分檐底标高为+4.9m，其余部分标高均为+3.2m。

1. 基础

地基土质为粉质黏土，常年水位在-3.00m以下。餐厅和厨房部分共有8个独立基础，基础断面尺寸有2000mm×3000mm和2400mm×2400mm两种，基底标高为-1.9m，其上为100mm厚C10素混凝土垫层以及450~800mm厚C15钢筋混凝土。其余部分为条形基础，槽底标高为-1.8m，其上为100mm厚C10素混凝土垫层以及250mm厚C15钢筋混凝土底板，底板宽度为800~1400mm，基础墙采用MU7.5砖、M5砂浆砌筑。在-0.060m以下设置240mm高C15钢筋混凝土圈梁。

2. 主体结构

砖砌体外墙厚370mm，内墙厚240mm，采用MU7.5砖、M5砂浆砌筑。餐厅内有6根现浇壁柱和4根构造柱，混凝土强度等级为C20。另外还有3根薄腹梁，每根质量为5.31t，有Y—WB—3型屋面板40块，每块质量为1.23t。厨房内的梁柱为C20现浇钢筋混凝土，屋面板为Y—WB—2_{II}圆孔板，每块质量为1.71t。其余屋面板为长向板和短向板两种。圈梁板缝混凝土强度等级为C15。砖砌烟囱，标高为+8.7m。天窗部分为砖砌体，上盖长向板。

3. 室外装饰

屋面为焦渣混凝土找坡，加气块保温层，上铺SBS改性沥青油毡二层。外墙东、南两面用丙烯酸彩砂喷涂，西、北两面为清水砖墙，勒脚为水刷石。

4. 室内装饰

墙面抹白灰并喷大白浆。餐厅、备餐间用乳胶漆墙裙，厨房为瓷砖墙裙，其余均为水泥墙裙和水泥踢脚线。餐厅为轻钢龙骨多孔吸声板顶棚，其余均为板底勾缝并喷大白浆。厨房和备餐间为预制磨石地面，餐厅为现制磨石地面，其余均为水泥地面。主要工程量见表2-3。

表2-3 主要工程量一览表

工程项目名称	单 位	数 量	工程项目名称	单 位	数 量
人工挖土方	m^3	819.9	彩砂喷涂	m^2	318.2
回填土方	m^3	598.3	水泥地面	m^2	111.7
素混凝土工程	m^3	130.7	磨石地面	m^2	650
钢筋混凝土工程	m^3	208.4	油漆工程	m^2	650.8
砌砖工程	m^3	400.2	门窗安装	樘	39
抹灰工程	m^2	2060.3	喷浆工程	m^2	1 350.5
屋面工程	m^2	1 076.5	吊顶工程	m^2	350.7
预制构件安装	m^3	103.3			

2.7.2 施工部署

本工程计划于次年5月1日交付使用。由于建设单位拆迁迟缓，故基础施工只能安排在11月下旬进行。本地区在11月下旬或12月上旬封冻，所以基础施工必须在12月10日前完工，约20d时间。由于条件限制，并为保证工程质量，冬期施工期间不进行装修，次年3、

4 两月为装修高峰。

1. 流水段划分

基础和结构施工划分为两个流水段：餐厅为第二流水段（Ⅱ段），其余为第一流水段（Ⅰ段）。基础阶段两个流水段工程量不等，Ⅰ段与Ⅱ段工程量之比约为4∶3。结构阶段两个流水段工程量基本相等。装饰阶段不分流水段。

2. 施工顺序和组织安排

采取先地下后地上的施工顺序。根据本工程施工特点，分为四个施工阶段，即基础施工阶段、主体砌砖和混凝土施工阶段、结构吊装阶段和装饰施工阶段。

基础施工阶段组织瓦工、混凝土工、木工、钢筋工以及配合工种共35人的承包队，从Ⅰ段开始挖土，当Ⅰ段挖土完成后，部分混凝土工、木工、钢筋工再进行打钎、处理基础、绑扎钢筋和浇筑混凝土，其余人员则进行Ⅱ段挖土，而后瓦工转入Ⅰ段砌筑基础。Ⅱ段基础处理和混凝土浇筑由其他工种完成。暖气沟挖土和砌砖穿插进行。同时，在基础砌砖时，预留好上下水洞口、暖气洞口，并随进度埋设管线，基础回填后不再开挖土方。

厨房设有现浇梁柱，为了给梁柱支模、绑扎钢筋、浇筑混凝土创造条件，主体砌砖先Ⅰ段后Ⅱ段。

吊装时，先吊装Ⅰ段+3.2m标高处的楼板，为天窗墙体砌砖创造条件，而后进行Ⅱ段西三跨吊装，再安装天窗部分的长向板，此时集中瓦工砌筑Ⅱ段东墙预留洞过梁上的砖墙，为Ⅱ段东跨吊装创造条件。

装修施工时，Ⅱ段现制磨石地面在抹灰吊顶以前完成，因为磨石地面要达到磨光强度需要一定时间，若在抹灰吊顶后进行磨石施工，将受工期限制。因为室内装饰工序较多，抹灰采取先内后外的方法。

3. 工艺流程

（1）基础施工工艺流程

放线→Ⅰ段挖土→Ⅰ段混凝土垫层、底板→Ⅰ段砌砖→Ⅰ段圈梁管线→Ⅰ段回填
↓ ↓ ↓ ↓ ↓
Ⅱ段挖土→Ⅱ段混凝土垫层、底板→Ⅱ段砌砖→Ⅱ段圈梁管线→Ⅱ段回填

（2）结构施工工艺流程

放线→Ⅰ段砌砖→Ⅰ段混凝土→Ⅰ段+3.2m标高吊装→板缝、天窗墙砌砖→天窗长向板吊装
↓ ↓ ↓ ↓ ↓
Ⅱ段砌砖→Ⅱ段混凝土→Ⅱ段西三跨吊装→预留口砌砖→Ⅱ段东跨吊装

（3）装修施工工艺流程　本工程餐厅部分工序较多，为缩短施工周期，重点制定出餐厅施工工艺流程如下：立门窗框→现制磨石打底罩面→覆盖保护→搭设架子→吊顶龙骨安装及顶内管线安装→立墙抹灰→吸声板安装→墙面抹灰→灯具安装→顶棚油漆→拆架子→磨石磨光→门窗扇安装→门窗油漆→地面打蜡。

2.7.3 主要项目的施工方法

1. 基础工程

1）基础坐落在老土上，并采用人工挖土。基槽两端采用固定引桩来控制轴线，有条件

时可采用打龙门板的方式，轴线必须经过检查验收。⑥/⑦—C/D轴区域有小部分杂填土，深度约为1.5m，因基底宽度为800～1200mm，故此区域土须全部挖出。为了节约底板支模，其他条形基础按底板宽度挖至－1.7m标高处，再将槽两边各挖进100mm至垫层宽度，并挖深到－1.8m标高处。

2）人工挖土方约为820m³，由于需贮存回填土598m³，故将其临时堆放于东边模板、脚手架、构件存放处，面积约250m²，另有约100m³的杂填土需运走，其余约122m³剩土需运至新开工程作为回填土。另外，准备1000个草帘作为覆盖用具，以防突然发生寒流。

3）条形基础与柱基相邻处，条形基础中的分布筋必须锚入柱基混凝土内，锚固长度为300mm，且端部需做弯钩。组合柱钢筋插入底板内，钢筋插铁应按轴线固定，以防产生位移。

4）基础砌砖时，转角处必须设立皮数杆。大放脚及基础墙砌筑时均应留斜槎，严禁留直槎，组合柱两边留五进五出直槎。

5）回填土前应将槽内砖头等杂物清理干净，暖气沟需加设支撑。素土每步虚铺厚度不得超过250mm，并使用蛙式打夯机夯实，预埋管线周围使用小木夯人工夯实。为防止冬季土冻胀，灰土暂不施工。但为便于机械吊装和第二年灰土施工时少进方土，决定按灰土厚度先采用素土夯实，待次年3月再将土翻松，就地过筛、拌灰、回填夯实。

2. 主体工程

（1）梁板吊装　根据现有条件和进行经济比较后，决定在梁板安装时使用NS—1252履带式起重机。该机最大起重量为15t，当臂长为20m且幅度为6.8m时，起重量为5.3t；当臂长为20m且幅度为15.3m时，起重量为1.8t。该工程檐高较低，所以只需考虑幅度。Ⅱ段吊装薄腹梁时，如在餐厅外吊装，需要最小幅度13.5m，而梁重5.31t，显然NS—1252履带式起重机在该位置不能满足需要，故需在东山墙预留洞口，使起重机进入餐厅内吊装。预留洞口的具体做法：在两抗风柱间的砖墙不砌筑，待西三跨吊装完毕，起重机退出山墙外，随即吊装梁，标高为＋5.5m，之后瓦工在其上砌砖、浇筑圈梁混凝土、找坡，为吊装东跨构件做准备。

构件吊装前，应剔清埋件上的混凝土，并在梁两端及顶面弹出安装中心线，在柱顶和梁预埋件上弹出十字墨线，吊装场地应清理干净。

长向板吊装前，应检查现浇混凝土梁的强度是否达到设计强度的75%（即15MPa），并不得拆除梁下支柱。长向板两端头需用砂浆块堵严，且砂浆进入端头4～8m。

吊装时，组织配备驾驶人员1人、信号工2人、起重工8人、电焊工2人。大梁和屋面板随吊随焊。

（2）砖墙砌筑

1）内墙砌筑时采用单排铁管脚手架，Ⅱ段全部和Ⅰ段东、南两面外墙搭设双排架，其余采用单排架。Ⅰ段天窗部分和Ⅱ段＋3.6m以上标高部分采用高车架吊篮上料，其余由人工递料。

2）砌砖时，必须进行排砖，砖垛不得采用包心砖法施工。

3）砌砖时，370墙双面挂线，240墙外手挂线，同时外墙必须拉通线施工，且应按皮数杆砖层施工，水平灰缝宽度不得小于8mm，也不得大于12mm。

4）组合柱采用五进五出直槎砌法，高度上每隔50cm需加设Φ6墙压筋，370墙加设3

根，240墙加设2根，且在两端设90°弯钩，并与内墙拉结，组合柱内的砂浆杂物应及时清理干净。外墙转角内外应同时砌筑，并按上述要求加设墙压筋。纵横墙交接处一律砌斜槎，严禁砌直槎。

5）清水墙砌砖时要控制游丁走缝，随砌随划缝，划缝深度为8~10mm。

6）窗口两侧应留固定钢窗卡子的洞，位置距外墙皮120mm往里，上下位置则按钢窗螺孔位置确定。因为门扇采用黄花松木材制成从而质量较大，故在2400mm高门洞边每边留5块木砖，2000mm高门洞边每边留4块木砖。当过梁垫层厚度超过20mm时，应改铺豆石混凝土。

（3）支模板

1）现浇梁柱使用组合钢模。梁底支柱间距为1000mm，且梁长6000mm时，起拱15mm；梁长9000mm时，起拱20mm。梁侧模用托架固定，并用定型卡子固定梁上口宽度。因梁高为900mm，中间需加一道螺栓固定。

2）柱模底部留100mm清理口，中间留检查孔。柱模四周模板安装完毕后应安装柱箍，柱箍Φ10钢筋焊成封闭套，中间加木楔撑紧。Ⅱ段壁柱和构造柱一律先砌墙后支模，以保证结构的整体性，砌砖时沿高度每隔500mm留穿墙螺栓孔，以便固定柱模。

3）楼板缝不能过窄，板缝模板需凹进楼板底皮10mm，最好采用支柱支撑，不用铅丝吊，以防下坠。

4）混凝土强度达到100%设计强度时方准拆除梁下支柱。

（4）绑钢筋

1）钢筋在基础部分的预留插铁需用木方框固定于圈梁模板上，以防产生位移。浇筑混凝土时，要有专人看管钢筋，如发现有位移现象应及时处理。

2）钢筋连接要错开，因工程处于地震区，故箍筋应有135°弯钩。壁柱和组合柱钢筋的绑扎应在墙砌筑完后进行，以免妨碍370墙双面挂通线。根据本工程特点，能够伸进柱内绑扎钢筋，但需留准断面尺寸。为保证钢筋保护层厚度，采用焊接钢筋支撑的方法来固定钢筋。

（5）浇筑混凝土　先浇筑Ⅰ段柱混凝土，在距梁底100mm处留施工缝，后浇筑梁混凝土。Ⅱ段混凝土柱浇筑时采用麻袋布作为串筒，由柱顶往下浇筑。柱根部清理干净后应堵上清理口，并先浇筑高度100mm且与混凝土内砂浆成分相同的水泥砂浆。混凝土每层浇筑厚度小于500mm。墙角柱和窄板缝用直径30mm的振捣棒振捣，以防将墙打胀或振捣不密实。

3. 装饰工程

（1）内外檐抹灰

1）磨细生石灰粉需提前一周加水熟化；墙板需提前1d浇水湿透；白石子过筛洗净晾干；外窗台提前浇水湿透，混凝土厚度不小于50mm，并有坡度。

2）柱子、圈梁等混凝土基层应提前2d用108胶水泥砂浆（水泥∶砂浆＝1∶1，水∶108胶＝3∶1[㊀]，两种混合物稠度要合适）拉毛，并浇水养护。门窗口与墙体间的缝隙用混合砂浆（水泥∶石灰膏∶砂＝1∶1∶6）塞严。在混凝土柱与砖墙交接处或圈梁与砖墙交接处，抹灰易发生空裂现象，因此抹灰前在交接处要用射钉枪钉上钢丝网，宽度压砖墙150mm。

3）内墙门窗洞口等所有阳角一律用1∶2水泥砂浆护角，铺设高度为2000mm。

㊀ 除特殊说明外，书中配合比均指质量比。

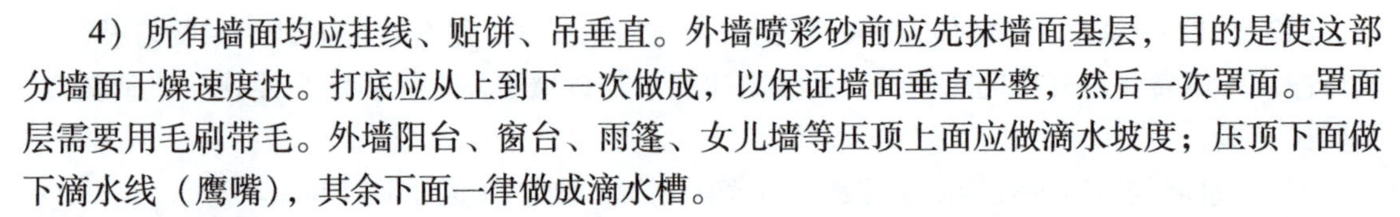

4）所有墙面均应挂线、贴饼、吊垂直。外墙喷彩砂前应先抹墙面基层，目的是使这部分墙面干燥速度快。打底应从上到下一次做成，以保证墙面垂直平整，然后一次罩面。罩面层需要用毛刷带毛。外墙阳台、窗台、雨篷、女儿墙等压顶上面应做滴水坡度；压顶下面做下滴水线（鹰嘴），其余下面一律做成滴水槽。

（2）顶棚施工

1）顶棚距离地面5.25m。根据墙上平线，沿墙四周弹墨线，并在墨线上标出龙骨位置线。不够整块的档子要留到靠墙一边。

2）轻钢龙骨与板缝中预埋的Φ8套螺纹钢筋连接，并用螺母拧紧。龙骨安装时要注意灯具的位置，使灯具位置符合设计要求。在西北和东北方向各留检查孔一个（尺寸为600mm×600mm）。

3）因多孔吸声板厚薄差异很大，故安装时要进行挑选，尽量做到厚薄板分开。钉板时，板缝要拉通线。

（3）外檐彩砂施工

1）按建筑图弹线分格，在分格处粘贴塑料胶布条。为避免颜色不一致，先将小桶原料倒入预先准备的大斗内，将其充分搅拌均匀。同时用塑料布遮挡窗户，或用纤维素泥浆涂刷窗户，喷砂后将其擦掉。

2）空压机压力控制在60N/cm^{2}左右，喷涂时使用口径为5~7mm的喷嘴，喷嘴距离墙面30~40cm，两遍成活。第一遍要求喷涂均匀，厚度在1mm左右，待第一遍干燥后再喷第二遍；第二遍应连续成活，中途不换人，总厚度为2~3mm。

2.7.4 工具、机械、设备计划

主要机具设备计划见表2-4。

表2-4 主要机具设备计划表

项次	名称	单位	数量	规格	要求进场日期
1	混凝土搅拌机	套	1	400L	11月下旬
2	翻斗车	辆	2		11月下旬
3	插入式振动器	台	3	2台ϕ50，1台ϕ30	11月下旬
4	蛙式打夯机	台	2		11月底
5	井架（包括吊篮）	座	1		12月上旬
6	电焊机	台	2	直流	12月中旬
7	卷扬机	台	1	3t	12月上旬
8	3801履带式起重机	辆	1	最大起重量15t	第二年1月中旬
9	空压机	台	1	60N/cm^2	第二年4月初
10	喷浆机	台	1		第二年4月上旬
11	磨石机	台	3		第二年4月中旬

2.7.5 主要技术组织措施

1. 质量措施

（1）质量目标　整体工程保证优良。地面保证95分，争取100分；钢筋绑扎保证85分，争取90分；其他项目保证90分，争取95分。

（2）建立该栋楼的质量责任制

1）质量保证体系如图2-8所示。

2）项目经理负责该栋楼工程质量，既要负责保证质量的准备工作，合理安排工序，又要负责交接检查，排除质量障碍。各专业工长负责对班组进行质量交底和样板施工，组织好工程隐、预检，并督促小组搞好自检，施工中严把质量关。

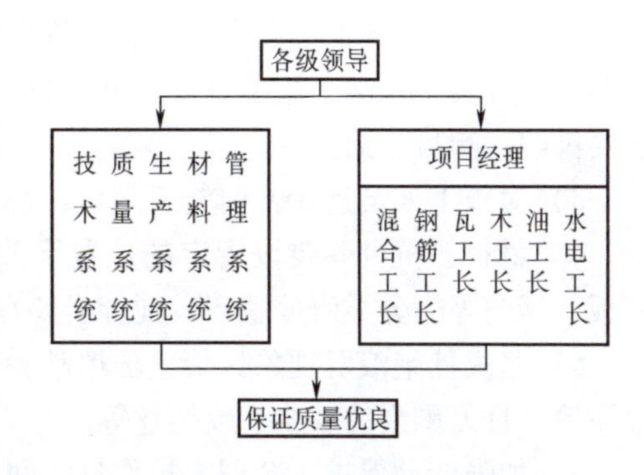

图2-8　某工程质量保证体系

3）各职能系统要从管理上对该栋楼的质量负责。管理系统（指政工、劳资、人事）负责解决施工中的政治思想工作，合理配备劳动力，实行优质优价；生产系统负责施工准备，合理安排工序，还负责加工定货（如半成品、构件）的质量，并及时回访，发现问题及时修理；材料系统严格把好采购关，做到不合格的材料不进场，砖、钢材、水泥等要有出厂证明；技术系统认真审图，做好技术交底工作，及时检查试验和放线工作，组织规范学习和技术学习；质量系统交待质量标准，负责样板鉴定，随时检查是否按图样和规范施工，及时提出施工中的质量问题，并进行质量评定和任务书签证。

4）强调生产者对质量负责，各生产班组要认真操作，以好求快，同时每天进行自检互检工作，实行挂牌制，小组要有自检记录，随时进行质量分析。

5）施工队要与项目经理部订立质量承包合同，做到奖惩分明。

2. 安全措施

1）杜绝死亡和重伤事故，争取做到不出轻伤。

2）严格执行有关的安全操作规程和规定。

3）架子上堆砖最多不得超过3码，半截大桶盛灰不得超过容量的2/3。Ⅱ段外墙和高车架四周要在+3.2m标高处支搭3m宽的安全网。室内满堂架的脚手板空隙不得超过20cm，且脚手板搭头必须绑牢。出入口要支搭安全防护棚。

4）高车架吊篮要有超高限位装置，平台口应设自控安全门。架子及高车架在设支撑后必须经安全技术部门检查验收，合格后方可使用，中途不得随意拆动。经常检查机具、电气、吊具的使用情况和损坏情况。

5）非机电工不得运行机电设备。高处作业要系安全带，进入现场戴安全帽。施工时不得在砖墙上乱跑动。

6）消火栓要有明显标记，周围不准堆放杂物。应及时清理楼内易燃物，明火作业必须有专人看火，并申请引火证。

3. 节约措施

1）使用散装水泥。

2）砖墙砌筑时使用塑化砂浆和掺粉煤灰。

3）混凝土掺NNO减水剂或木钙粉，以节约水泥。

4）地槽底板不支模，以节约模板；使用钢模，以节约木料。

5）利用建设单位水源、电源施工，以减少暂设费用。

4. 文明施工措施

1）遵守市环卫、市容管理部门的有关规定，加强现场用水、排污的管理，保证排水畅通无积水，场地整洁无垃圾，搞好现场清洁卫生。

2）在工地现场的主要入口处，设置现场施工标志牌，标明工程概况、工程负责人、建筑面积、开竣工日期、施工进度计划、总平面布置图、负责人管理图及有关安全标志等，标志要鲜明、醒目、周全。

3）对施工人员进行文明施工教育，每月都要进行检查评比。

4）材料、机具等要按指定的位置堆放，临时设施要求搭建整齐，脚手架、小型工具、模板、钢筋等应分类码放整齐，搅拌机要在使用完的当日清洗干净。

5）坚决杜绝浪费现象，禁止随地乱丢材料和工具，使现场做到无零散的砂石、红砖和水泥等，且无剩余的灰浆、废钢丝等。

6）加强劳动保护，合理安排作息时间，保证职工有充足合理的休息时间，尽可能地减少和控制现场的噪声，以减少对周围环境的干扰。

5. 冬期主要施工方法和措施

1）冬期由于土受冻膨胀，易使梁产生负弯矩从而产生裂缝，因此在梁底支柱下加垫通长脚手板，上盖两层草帘，草帘上再虚铺20cm的厚土，厚土宽度为100cm。

2）冬期施工应采用热砂热水，混凝土采用综合蓄热法养护。准备砌筑一个容量为15m^3的砂坑，基本能满足砌筑砂浆和混凝土浇筑的需要。

3）砂浆使用时的温度不应低于5℃。拌和砂浆时，水的温度不得超过80℃，砂的温度不得超过40℃。气温在－5～10℃时，砌筑用砂浆的掺盐量为用水量的2%；气温在－10℃以下时掺盐量为用水量的3%。

4）北面用草席搭设风挡。有冰霜的砖和受冻的砖一律不得上墙。砌体在严寒时期，每日砌筑后必须进行覆盖保温。

5）混凝土的受冻临界强度不得低于设计强度的30%。水应加热，温度控制在60～80℃；砂子加热，温度控制在20～40℃；出盘温度控制在20～25℃。烧砂坑和覆盖草帘要有专人负责，并按规定对砂浆、混凝土进行测温。

单元小结

施工方案是根据设计图和说明书，决定采用什么施工方法和机械设备，以何种施工顺序和作业组织形式来组织项目施工活动的计划。施工方案的内容包括施工方法、施工机械的选择、施工顺序的合理安排以及各种技术组织措施等。

1. 施工程序是指单位工程中各部分工程和各施工阶段的先后次序及其制约关系，主要应解决好时间上的搭接问题。单位工程的施工程序应满足以下要求：

1）严格执行开工报告制度。

2）遵守先地下后地上、先土建后设备、先主体后围护、先结构后装修的原则。

3）做好土建施工和设备安装施工的程序安排。

2. 施工起点和流向是指单位工程在平面上或空间上开始施工的部位和在平面上或空间上展开的方向。单位工程施工流向的主要决定因素包括：车间的生产工艺流程和使用要求，施工方法的要求，选用的施工机械，工程现场施工条件和施工组织的分层分段。

3. 施工顺序是指各施工过程之间的先后次序，也称为各分项工程的施工顺序。确定施工顺序时，必须符合施工工艺的要求，必须与施工方法一致，必须考虑施工组织的要求，必须保证施工质量的要求，必须考虑当地气候条件，必须考虑安全施工要求。

4. 选择施工方法时应遵循的原则如下：

1）着重考虑主导施工过程。

2）所选择的施工方法应先进，技术上可行，经济上合理，满足施工工艺要求及施工安全要求。

3）应符合国家颁布的施工验收规范和质量评定标准的有关规定。

4）要与所选择的施工机械及所划分的流水工作阶段相协调。

5）尽量采用标准化、机械化施工。

6）满足工期、质量、成本、安全的要求。

5. 选择施工机械时应遵循的原则如下：

1）应根据工程的特点，选择适宜主导工程的施工机械，所选择的机械设备应在技术上可行，经济上合理。

2）在同一个建筑工地上所选的机械的类型、规格、型号应该统一以便于操作、管理与维护。

3）尽可能使所选择的机械设备一机多用，以提高其生产效率。

4）选择机械时，应考虑到本企业工人的技术操作水平，尽可能选择施工企业现有的施工机械。

5）各种辅助机械或运输工具应与主导机械的生产能力协调配置，以充分发挥主导机械的效率。

6. 施工方案的技术经济分析指的是从技术和经济两个方面对所做的施工方案的优劣进行客观的评价，论证其在技术上是否可行，经济上是否合理，为科学地选择技术经济最优的施工方案提供重要的依据。

1）单位工程施工组织设计的技术经济指标主要是：总工期、单方用工、质量优良率、主要材料节约量和节约率、大型机械耗用台班数以及单方大型机械费、降低成本额和降低成本率。

2）技术经济分析应围绕质量、工期、成本、安全四个主要方面进行。

复习思考题

2-1　施工方案主要包括哪些内容？它们之间有什么关系？

2-2　什么叫施工顺序？确定施工顺序时需要考虑哪些因素？

2-3　什么叫施工流向？确定施工流向时应考虑哪些因素？试举例说明。

2-4 如何确定各施工过程的先后顺序？举例说明。

2-5 选择施工方法时，应考虑哪些因素？

2-6 选择施工机械的原则是什么？

2-7 施工技术措施包括哪些内容？

实训练习题

试运用本单元所学的知识，对下述工程项目做施工方案的设计。

1. 工程概况

某住宅楼为砖混结构，共5层4个单元，工程总长为65.92m，总宽为12.24m，建筑面积为3875.13m^2，底层层高为3.0m，其余各层层高为2.9m，建筑物全高为15.39m，其单元平面图如图2-9所示。计划工期为6个月。

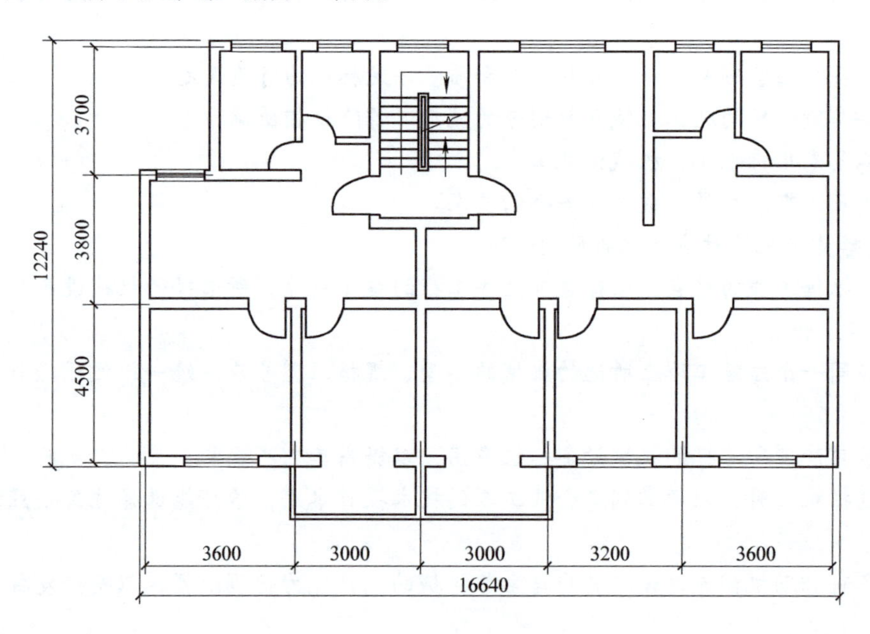

图2-9 某住宅楼单元平面图

2. 建筑结构特点

本工程为砖混结构住宅楼，抗震设计按地震烈度7度设防。

基础工程：C10混凝土垫层，钢筋混凝土条形基础，其埋深为1.8m，砖基础采用标准砖及M10水泥砂浆砌筑，双面为20mm厚防水砂浆饰面。

主体工程：砖墙承重，用M10水泥砂浆砌筑，并设构造柱，内、外墙为240mm，每层设置一道C20圈梁，现浇C20钢筋混凝土楼板、楼梯、阳台等。

屋面工程：屋面为卷材防水屋面，并在防水屋面顶面上架设隔热板。

装饰工程：除在厨房、卫生间内墙距地面1.8m高度范围内需铺贴瓷砖外，其余墙面、顶棚均为石灰水泥砂浆打底、106胶涂料饰面。外墙则采用水泥砂浆打底，刷乳胶漆饰面。

楼地面为水泥地面，门窗为塑钢窗，内门为奶油黄色胶合门板。

设备工程：有上下水管管道、电话及电视网。

3. 施工条件

本工程位于该县东郊地段，南面临靠市区道路，西面和北面是已建好的住宅楼群，东面靠小区道路。

该县最高气温为36℃，最低气温为－4℃，常年风向为东南风。施工场地为二类土，“三通一平”工作在建设小区前已完成，地下水位为－0.3m。

施工用各类门窗、饰面材料均由有关厂家生产，分批成套运至工地，水泥、钢材、木材则由建设单位提供；地方性材料（砖、砂、石等）就地取材，也可按计划的需要，分批按需进入场地。

本工程的施工工地距离公司生活基地较近，故现场不设临时住房及食堂等设施。工地所用水源由城市自来水网接入，电源由附近变压器接入。

单元3　流水施工的组织

【单元概述】

流水施工是建筑工程项目施工中最有效的科学组织方法，本单元叙述了流水施工的特点，组织流水施工的方式及如何运用流水施工原理解决实际工程问题等内容。

【学习目标】

通过本单元的学习、训练，应掌握流水施工的组织方式及单位工程流水施工的组织方式，并能够正确运用横道图。

课题1　概　　述

流水施工源于工业生产中的流水线作业，是组织生产的一种非常有效的理想方法。运用在建筑工程的施工中，流水施工也是项目施工中最有效的科学组织方法。建筑工程的流水施工与一般工业生产流水线作业十分相似，都是建立在分工协作的基础上。但由于施工项目产品及其施工特点的不同，流水施工的概念、特点和效果与其他产品的流水线作业也有所不同。

在工业生产的流水线作业中，专业生产者是固定的，而各产品或中间产品在流水线上流动，由前一工序流向后一工序；而在建筑工程施工中各施工段是固定不动的，专业施工队则是流动的，他们由前一施工段流向后一施工段，这都是由于建筑工程施工的特点所决定的。组织流水施工可以充分利用时间和空间，使之连续、均衡、有节奏地施工。

3.1.1　组织工程施工的方式

任何建筑工程的施工都可以分解成许多个施工过程，而每一个施工过程通常又由一个（或多个）专业施工班组负责进行施工。在每一个施工过程的施工活动中，都包括了劳动力和施工机具的调配、建筑材料和构件的供应等组织问题，其中最基本的是劳动力的组织安排问题。劳动力组织安排若不同，施工组织方式也不同。通常采用的施工组织方式有顺序施工、平行施工、流水施工三种。

1. 顺序施工

顺序施工又称为依次施工，它是将施工项目的整个施工过程分解成若干个施工过程，按照一定的施工顺序，即前一个施工过程完成后，后一个施工过程才开始施工；其中前一个施工项目完成后，后一个施工项目才开始施工。它是一种最基本、最原始的施工组织方式，如

图3-1所示。

顺序施工组织方式具有以下几个特点。

1）由于没有充分利用工作面去争取时间，所以工期长。

2）工作队不能实现专业化施工，不利于改进工人的操作方法和施工机具，不利于提高工程质量和劳动生产率。

3）工作队及工人不能连续作业。

4）单位时间内投入的资源量比较少，有利于资源供应的组织工作。

5）施工现场的组织、管理比较简单。

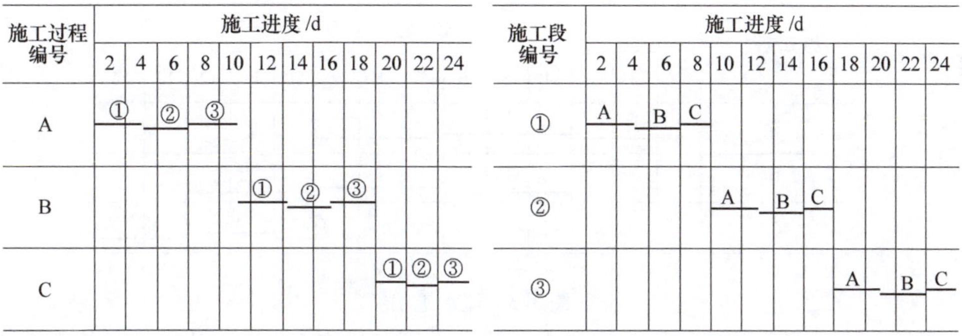

施工过程编号	施工进度/d											
	2	4	6	8	10	12	14	16	18	20	22	24
A	①		②	③								
B						①	②		③			
C										①	②	③

a)

施工段编号	施工进度/d											
	2	4	6	8	10	12	14	16	18	20	22	24
①	A		B	C								
②					A		B	C				
③									A		B	C

b)

图3-1　顺序施工

a）按施工过程排列的顺序施工　b）按施工段排列的顺序施工

2. 平行施工

在拟建工程任务十分紧迫、工作面允许以及资源保证供应的情况下，可以组织几个相同的工作队，在同一时间、不同的空间上进行施工，这样的施工组织方式称为平行施工，如图3-2所示。

平行施工组织方式具有以下几个特点：

1）充分利用了工作面，争取了时间，可以最大限度地缩短工期。

2）工作队不能实现专业化生产，不利于改进工人的操作方法和施工机具，不利于提高工程质量和劳动生产率。

3）工作队及工人不能连续作业。

施工过程编号	施工进度/d							
	1	2	3	4	5	6	7	8
A	≡	≡	≡					
B				≡	≡	≡		
C							≡	≡

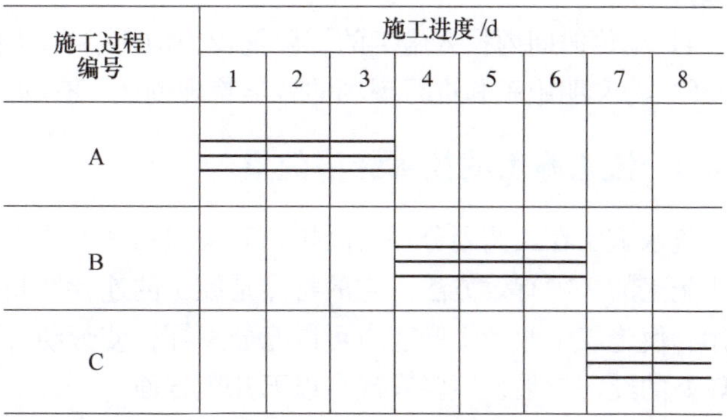

图3-2　平行施工

4）单位时间内投入施工的资源量成倍增长，现场临时设施也相应增加。

5）施工现场的组织、管理复杂。

3. 流水施工

流水施工组织方式是将施工项目的施工分解成若干个施工过程，也就是划分成若干个工作性质相同的分部、分项工程或工序，同时将施工项目在平面上划分成若干个劳动量大致相等的施工段，在竖向上划分成若干个施工层；然后按照施工过程分别建立相应的专业工作队，各专业工作队按照一定的施工顺序投入施工，完成第一个施工段上的施工任务后，在专业工作队的人数、使用的机具和材料不变的情况下，依次、连续地投入到第二、第三……直到最后一个施工段的施工，在规定的时间内完成同样的施工任务；不同的专业工作队在工作时间上最大限度地、合理地搭接起来；当第一个施工层各个施工段上的相应施工任务全部完成后，专业工作队依次、连续地投入到第二、第三……直到最后一个施工层，从而保证施工项目的施工全过程在时间、空间上，有节奏地、连续且均衡地进行下去，直到完成全部施工任务。流水施工示意图如图3-3所示。

施工过程编号	施工进度/d													
	1	2	3	4	5	6	7	8	9	10	11	12	13	14
A		①			②			③						
B					①			②			③			
C									①		②		③	

图3-3 流水施工

与顺序施工、平行施工相比，流水施工的最大优点是施工生产的连续性、均衡性。具体而言，其特点主要表现在以下几个方面：

1）科学合理地利用了工作面，减少或避免了“窝工”现象，为工程的实施争取了时间，合理地缩短了工期。

2）工作队及工人实现了专业化施工，可使工人的操作技术熟练，更好地保证工程质量，提高了劳动生产率。

3）专业工作队及工人能够连续作业，从而使相邻的专业工作队之间实现了最大限度的合理搭接。

4）单位时间内投入施工的资源量较为均衡，有利于资源供应的组织工作。

5）为文明施工和进行现场的科学管理创造了有利条件。

3.1.2 流水施工的技术经济效果

流水施工在工艺划分、时间排列和空间布置上统筹安排，是一种有效的组织措施，也是组织施工的一种有效方法。它的特点是施工的连续性和均衡性，即可以使各种物资资源均衡使用，使施工企业的生产能力可以充分发挥，使劳动力得到了合理的安排和使用，从而带来了较好的经济效果，主要表现在以下几个方面：

1）流水施工能合理、充分地利用工作面，争取了时间，加速了工程的施工进度，从而有利于缩短工期。由于前后施工过程衔接紧凑，消灭了不必要的时间间歇，使施工得以连续进行，后续工作尽可能提前在不同的工作面上开展，从而加快施工进度，缩短工程工期。根据各施工企业开展流水施工的效果比较，比顺序施工总工期可缩短1/3左右。

2）流水施工进入各施工过程的班组专业化程度较高，为工人提高技术水平和改进操作方法以及革新生产工具创造了有利条件，因而促进劳动生产率的不断提高和工人劳动条件的改善，同时使工程质量得到保证和提高。各个施工过程均由专业班组操作，可提高工人的熟练程度和操作技能，从而提高工人的劳动生产率，同时，工程质量也易于保证和提高。

3）流水施工中，单位时间内完成的工程数量，对机械操作过程是按照主导机械生产率来确定的，对手工操作过程是以合理的劳动组织来确定的，因而可以保证施工机械和劳动力得到合理和充分的利用。

4）流水施工中劳动力和物资消耗均衡，加速了施工机械、架设工具等的周转使用，而且可以减少现场临时设施，从而节约施工费用。采用流水施工，还使得劳动力和其他资源的使用比较均衡，从而可避免出现劳动力和资源使用大起大落的现象，减轻了施工组织者的压力，为资源的调配、供应和运输带来方便。

5）流水施工有利于机械设备的充分利用，也有利于劳动力的合理安排和使用，有利于物资资源的平衡、组织与供应，实现计划化和科学化，从而促进施工技术与管理水平的不断提高。

3.1.3　流水施工的分级及表达方式

1. 流水施工的分级

根据流水施工组织的范围划分，流水施工通常可分为以下几种：

（1）分项工程流水施工　分项工程流水施工也称为细部流水施工，它是在一个专业工作内部组织起来的流水施工。在项目施工进度计划表上，它是由一条标有施工段或工作队编号的水平进度指示线段或斜向进度指示线段来表示的。

（2）分部工程流水施工　分部工程流水施工也称为专业流水施工，它是在一个分部工程内部、各分项工程之间组织起来的流水作业。在项目施工进度计划表上，它是由一组标有施工段或工作队编号的水平进度指示线段或斜向进度指示线段来表示的。

（3）单位工程流水施工　单位工程流水施工也称为综合流水施工，它是在一个单位工程内部、各分部工程之间组织起来的流水施工。在项目施工进度计划表上，它是由若干组分部工程的进度指示线段来表示的，并由此构成一张单位工程施工进度计划表。

（4）群体工程流水施工　群体工程流水施工也称为大流水施工，它是在一个个单位工程之间组织起来的流水施工。在项目施工进度计划表上，它是一张项目施工总进度计划。

流水施工的分级和它们之间的相互关系，如图3-4所示。

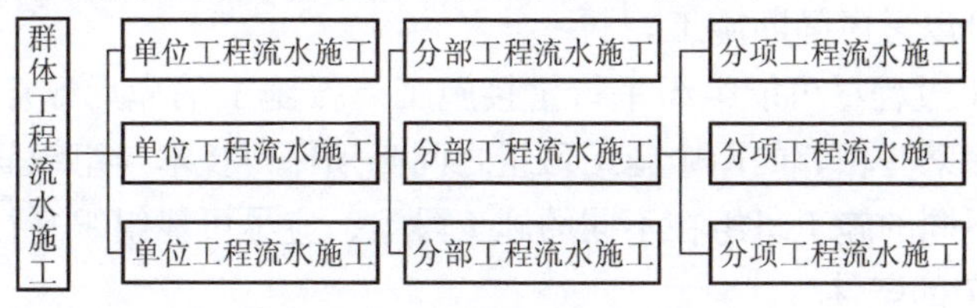

图3-4　流水施工分级示意图

2. 流水施工的表达方式

流水施工的表达方式主要有横道图、斜线图和网络图几种：

（1）横道图（水平指示图表）　在流水施工横道图中，一般以横坐标表示流水施工的持续时间，以纵坐标表示开展流水施工的施工过程、专业工作队的名称、编号和数目，以呈梯形分布的水平线段表示流水施工的开展情况，如图3-5所示。

（2）斜线图（垂直指示图表）　在流水施工斜线图中，一般以横坐标表示流水施工的持续时间，以纵坐标表示开展流水施工所划分的施工段编号，以 n 条斜线表示各专业工作队或施工过程开展流水施工的情况，如图3-6所示。

（3）网络图 有关流水施工网络图的内容，详见单元4。

施工过程编号	施工进度/d										
	2	4	6	8	10	12	14	16	18	20	22
A	①		②	③		④					
B			①	②		③	④				
C				①		②	③		④		
D						①	②		③	④	

图3-5 横道图（水平指示图表）

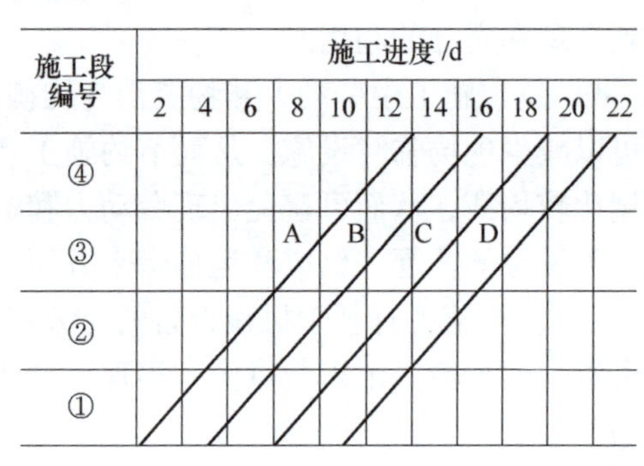

图3-6 斜线图（垂直指示图表）

3.1.4 组织流水施工的要点和条件

1. 组织流水施工的要点

（1）划分分部分项工程 将拟完成的工程任务划分为若干个分部工程，每一个分部工程又根据施工工艺要求、工程量大小、施工班组的组成情况，划分为若干个施工过程（或工序、分项工程），每个施工过程应组织独立的施工班组负责完成其施工任务。

（2）划分施工段 根据不同分部工程的施工要求，在其平面上或结构空间上划分为工程量相等（或相近）的若干个施工段（流水段）。

（3）每个施工过程组织独立的施工班组 每一个施工过程的施工班组，均应按施工工艺的先后顺序要求，配备必要的施工机具，各自依次、连续地从一个施工段转移到下一个施工段，在每个施工段完成与本施工过程相同的施工操作任务。

（4）主要施工过程必须连续、均衡地施工 对工程量较大、施工延续时间较长的若干个主要施工过程，必须组织好连续、均衡的流水施工；对工程量较小、施工延续时间较短的一些次要施工过程，可以考虑与相邻的施工过程合并为一个施工过程，如果不能合并，根据缩短工期的要求，可以考虑间断施工。

（5）不同的施工过程尽可能组织平行搭接施工 按施工的先后顺序要求，每一个施工过程的施工班组，除某些相邻的两个施工班组之间必须保留技术与组织间歇时间之外，在有工作面的条件下，不同的施工班组在不同的施工段上，应尽可能组织平行搭接施工。

2. 组织流水施工的条件

流水施工的实质是分工协作与成批生产。在社会化大生产的条件下，分工已经形成，所以组织流水施工的关键是将单件产品变成多件产品，以便成批生产。由于建筑产品体形庞大，通过划分施工段就可将单件产品变成假想的多件产品。

从组织要点中可以看出，组织流水施工并取得较好经济效益的必要条件有下列四个：

1）划分工程量（或劳动量）相等或基本相等的若干个施工段（流水段）。

2）每个施工过程组织独立的施工班组。

3）安排主要施工过程的施工班组进行连续、均衡的流水施工。

4）不同的施工班组按施工工艺要求，尽可能组织平行搭接施工。

因此，如果一个工程规模较小、不能划分施工段且没有其他工程任务可以与它组织流水施工时，该工程就不能组织流水施工。

课题2　流水施工的主要参数

在组织施工项目的流水施工时，用以表达流水施工在工艺流程、空间布置和时间排列等方面开展状态的参数，称为流水参数。

流水参数主要包括工艺参数、空间参数和时间参数三类。

3.2.1　工艺参数

在组织流水施工时，用以表达流水施工在施工工艺上的开展顺序及其特征的参数，称为工艺参数。具体地说，工艺参数是指在组织流水施工时，将施工项目的整个建造过程分解为施工过程的种类、性质和数目的总和。通常，工艺参数包括施工过程和流水强度两种。图3-7所示为流水施工进度计划。

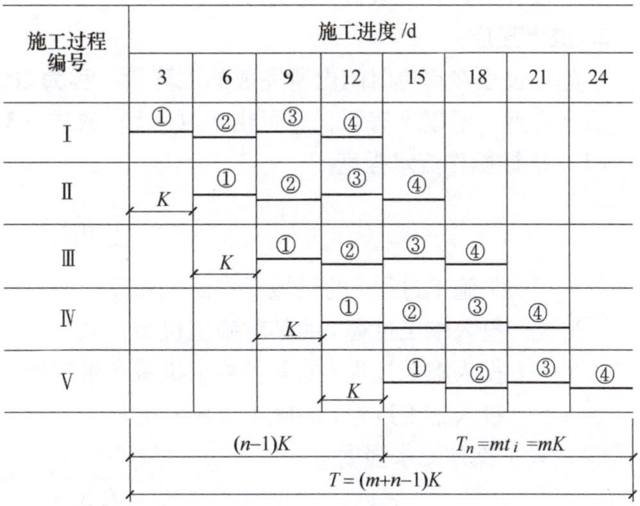

施工过程编号	施工进度/d							
	3	6	9	12	15	18	21	24
Ⅰ	①	②	③	④				
Ⅱ	K	①	②	③	④			
Ⅲ		K	①	②	③	④		
Ⅳ			K	①	②	③	④	
Ⅴ				K	①	②	③	④

$(n-1)K$　　$T_n=mt_i=mK$

$T=(m+n-1)K$

图3-7　流水施工进度计划

1. 施工过程

在项目的施工中，施工过程所包括的范围可大可小，既可以是分部、分项工程，也可以是单位工程或单项工程。施工过程是流水施工的基本参数之一，根据工艺性质不同，可分为制备类施工过程、运输类施工过程和砌筑安装类施工过程三种。

在确定施工过程时，应注意以下几个方面的问题：

（1）施工计划的性质与作用　对施工控制性计划、长期计划及建筑群体、规模大、结构复杂、施工工期长的工程的施工进度计划，其施工过程的划分可粗略一些、综合性高一些。对中小型单位工程及施工工期不长的工程的施工实施性计划，其施工过程的划分可细致一些、具体一些，一般划分至分项工程。对月度作业性计划，有些施工过程还可分解为工序，如支模板、绑钢筋等。

（2）施工方案及工程结构　厂房的柱基础与设备基础的挖土，如果同时施工，可合并为一个施工过程；如果先后施工，可分为两个施工过程。承重墙与非承重墙的砌筑，也是如此。砖混结构、大墙板结构、装配式框架与现浇钢筋混凝土框架等不同结构体系，其施工过程划分及其内容也各不相同。

（3）劳动组合及劳动量大小　施工过程的划分与施工班组及施工习惯有关，如安装玻璃、油漆施工可合并也可分开，因为有的是混合班组，有的是单一工种的班组。施工过程的划分还与劳动量大小有关，劳动量较小的施工过程，当组织流水施工有困难时，也可与其他施工过程合并，如垫层劳动量较小时可与挖土合并为一个施工过程，这样可以使各个施工过程的劳动量大致相等，从而便于组织流水施工。

水暖电卫工程和设备安装工程通常由专业施工队伍负责施工。因此，在划分施工过程时，只要反映出这些工程与土建工程如何配合即可，不必细分。

（4）劳动内容和施工范围　施工过程的划分与其劳动内容和施工范围有关。如直接在施工现场与工程对象上进行的劳动过程，可以划入流水施工过程，而场外劳动内容（如预制加工、运输等）可以不划入流水施工过程。

所有施工过程应大致按施工顺序先后排列，所采用的施工项目名称可参考现行定额手册上的项目名称。

施工过程的数目一般以 n 表示。

2. 流水强度

某施工过程在单位时间内所完成的工程量，称为该施工过程的流水强度。

流水强度一般以 V 表示，它可由式（3-1）或式（3-2）计算求得。

（1）机械操作流水强度

$$V_i = \sum_{i=1}^{x} R_i S_i \tag{3-1}$$

式中　V_i——某施工过程 i 的机械操作流水强度；

R_i——投入施工过程 i 的某种施工机械台数；

S_i——投入施工过程 i 的某种施工机械产量定额；

x——投入施工过程 i 的施工机械种类数。

（2）人工操作流水强度

$$V_i = R_i S_i \tag{3-2}$$

式中　V_i——某施工过程 i 的人工操作流水强度；

R_i——投入施工过程 i 的专业工作队的工人数；

S_i——投入施工过程 i 的专业工作队的平均产量定额。

3.2.2 空间参数

在组织流水施工时，用以表达流水施工在空间布置上所处状态的参数，称为空间参数。

空间参数主要有工作面、施工段和施工层三种。

1. 工作面

某专业工种的工人在从事施工项目的产品施工生产加工过程中所必须具备的活动空间，称为工作面。工作面是用来反映施工过程（工人操作、机械布置）在空间上布置的可能性的。

工作面的大小，是根据相应工种单位时间内的产量定额、工程操作规程和安全规程等的要求而确定的。工作面确定得合理与否，将直接影响到专业工程工人的劳动生产效率，因此必须认真加以对待。

对于某些工程，在一开始施工时就已经同时在整个长度或广度上形成了工作面，这种工作面称为完整的工作面（如挖土）。而有些工程的工作面是随着施工过程的进展逐步（逐层、逐段等）形成的，这种工作面称为部分的工作面（如砌墙）。不论在哪一种工作面上，通常前一施工过程的结束就为后一个（或几个）施工过程提供了工作面。在确定一个施工过程必要的工作面时，不仅要考虑前一施工过程为后续施工过程尽可能提供足够的工作面，还要遵守有关安全技术和施工技术规范中的规定。

工作面形成的方式直接影响到流水施工的设计方法，主要工种的工作面可参考表3-1。

表3-1 主要工种工作面参考数据表

工作项目	每个技工的工作面	说明
砖基础	7.6m/人	以$1\frac{1}{2}$砖计 2砖乘以0.8 3砖乘以0.55
砌砖墙	8.5m/人	以1砖计 $1\frac{1}{2}$砖乘以0.71 2砖乘以0.57
毛石墙基	3m/人	以60cm计
毛石墙	3.3m/人	以40cm计
混凝土柱、墙基础	$8m^3$/人	机拌、机捣
混凝土设备基础	$7m^3$/人	机拌、机捣
现浇钢筋混凝土柱	$2.45m^3$/人	机拌、机捣
现浇钢筋混凝土梁	$3.20m^3$/人	机拌、机捣
现浇钢筋混凝土墙	$5m^3$/人	机拌、机捣
现浇钢筋混凝土楼板	$5.3m^3$/人	机拌、机捣
预制钢筋混凝土柱	$3.6m^3$/人	机拌、机捣
预制钢筋混凝土梁	$3.6m^3$/人	机拌、机捣
预制钢筋混凝土屋架	$2.7m^3$/人	机拌、机捣
预制钢筋混凝土平板、空心板	$1.91m^3$/人	机拌、机捣
预制钢筋混凝土大型屋面板	$2.62m^3$/人	机拌、机捣
混凝土地坪及面层	$40m^2$/人	机拌、机捣
外墙抹灰	$16m^2$ 人	
内墙抹灰	$18.5m^2$/人	
卷材屋面	$18.5m^2$/人	
防水水泥砂浆屋面	$16m^2$/人	
门窗安装	$11m^2$/人	

2. 施工段

为了有效地组织流水施工，通常把施工项目在平面上划分成若干个劳动量大致相等的施工段落，这些施工段落称为施工段。施工段的数目通常以 m 表示，它是流水施工的基本参数之一。

（1）划分施工段的目的和原则　一般情况下，一个施工段内只安排一个施工过程的专业工作队进行施工。在一个施工段上，只有当前一个施工过程的工作队提供了足够的工作面后，后一个施工过程的工作队才能进入该段从事下一个施工过程的施工。

划分施工段是组织流水施工的基础。由于施工项目产品生产的单件性，可以说不适合组织流水施工；但是，施工项目产品体形庞大的固有特征，又为组织流水施工提供了空间条件，因而可以把一个体形庞大的“单件产品”划分成具有若干个施工段、施工层的“批量产品”，使其满足流水施工的基本要求；在保证工程质量的前提下，为专业工作队确定合理的空间活动范围，使其按流水施工的原理，集中人力和物力，迅速地、依次地、连续地完成各段的任务，为相邻专业工作队尽早提供工作面，从而达到缩短工期的目的。

施工段的划分，在不同的分部工程中可以采用相同或不同的划分办法。在同一分部工程中最好采用统一的段数，但也不能排除特殊情况，如在单层工业厂房的预制工程中，柱和屋架的施工段划分就不一定相同。对于多幢同类型房屋的施工，可以以栋号为段组织大流水施工。

施工段数要适当，过多势必要减少工人人数而延长工期；过少又会造成资源供应过分集中，不利于组织流水施工，有时甚至无法组织流水施工。因此，为了使施工段划分得更科学、更合理，通常应遵循以下几个原则：

1）施工段划分应与建筑物的平面形状和结构特征相协调，不能破坏结构的力学性能，不能在不允许留施工缝的结构构件部位分段，应尽可能利用伸缩缝、沉降缝、单元分界处等自然分界线。

2）各施工段上各施工过程的劳动量应大致相等或互为整数倍，以便组织可使时间、空间都能连续的全等节拍或成倍节拍流水，从而保证施工班组连续、均衡、有节奏地施工。

3）为了充分发挥工人、主导机械的效率，每个施工段要有足够的工作面，使其所容纳的劳动力人数或机械台数能满足合理劳动组织的要求。如果工作面过小，工人操作不便，既影响工作效率又容易发生安全事故。

4）尽量使主导施工过程的工作队能连续施工。主导施工过程是指对总工期起控制作用的施工过程。由于各施工过程的工程量不同，所需最小工作面也不同，以及施工工艺上具有不同要求等原因，如果要求所有工作队都连续工作，或所有施工段上都连续有工作队在工作，有时往往是不可能的，但应组织主导施工过程连续施工。例如，多层砖混结构的房屋，主体工程施工的主导施工过程是砌砖墙。确定施工段数时，应使砌砖墙的工作队连续施工。砌墙工作队砌完第一层第一段的砖墙后，即转入第二段砌墙，并依次在各施工段上连续砌墙，直到第一层的最后一个施工段的砖墙砌完后，才能立即转入第二层第一段砌筑砖墙。

5）当分层组织全等节拍或成倍节拍流水作业时，施工段数与施工过程数（或工作队数）应保持一定的关系。一般要求施工段数大于或等于施工过程数，即 $m \geqslant n$。因为施工段过多会增加总的施工延续时间，而且不能充分利用工作面；施工段过少则会引起劳动力、机械和材料供应的过分集中，有时还会造成“断流”现象。对于多层的施工项目，既要划分施工段又要划分施工层，以保证相应的专业工作队在施工段与施工层之间，组织有节奏、连续均衡的流水施工。

（2）施工段数（m）与施工过程数（n）的关系

1）$m>n$ 的情况，通过例3-1来说明。

【例3-1】 某局部二层的现浇钢筋混凝土结构的建筑物，按照划分施工段的原则，在平面上将它分成四个施工段，即 $m=4$；在竖向上划分两个施工层，即结构层与施工层相一致；现浇结构的施工过程为支模板、绑钢筋和浇混凝土，即 $n=3$；各个施工过程在各施工段上的持续时间均为3d，即 $t_i=3$；则流水施工的开展状况，如图3-8所示。

由图3-8可以看出，当 $m>n$ 时，各专业工作队能够连续作业，但施工段有空闲，各施工段在第一层浇筑完混凝土后，均空闲3d，即工作面空闲3d。这种空闲，可用于弥补由于

施工层	施工过程	施工进度 /d									
		3	6	9	12	15	18	21	24	27	30
Ⅰ	支模板	①	②	③	④						
	绑钢筋		①	②	③	④					
	浇混凝土			①	②	③	④				
Ⅱ	支模板					①	②	③	④		
	绑钢筋						①	②	③	④	
	浇混凝土							①	②	③	④

图3-8 $m>n$ 时流水施工的开展状况

技术间歇、组织管理间歇和备料等要求所必需的时间。

2）$m=n$ 的情况，通过例3-2来说明。

【例3-2】 在例3-1中，如果将该建筑物在平面上划分成三个施工段，即 $m=3$，其余条件不变，则此时流水施工的开展状况，如图3-9所示。

施工层	施工过程	施工进度 /d							
		3	6	9	12	15	18	21	24
Ⅰ	支模板	①	②	③					
	绑钢筋		①	②	③				
	浇混凝土			①	②	③			
Ⅱ	支模板				①	②	③		
	绑钢筋					①	②	③	
	浇混凝土						①	②	③

图3-9 $m=n$ 时流水施工的开展状况

由图3-9可以看出，当 $m=n$ 时，各专业工作队能够连续施工，施工段没有空闲。这是理想化的流水施工方案，此时要求项目管理者提高管理水平，只能进取，不能后退。

3）$m<n$ 的情况，通过例3-3来说明。

【例3-3】 在例3-2中，如果将其在平面上划分成两个施工段，即 $m=2$，其余条件不变，则流水施工的开展状况，如图3-10所示。

由图3-10可以看出，当 $m<n$ 时，专业工作队不能连续工作，施工段没有空闲；但特殊情况下施工段也会出现空闲，以致造成大多数专业工作队停工。因一个施工段只供一个专业工作队施工，这样，超过施工段数的专业工作队就因没有工作面而停工。在图3-10中，支模板工作队完成第一层的施工任务后，要停工3d才能进行第二层第一段的施工，其他队组同样也要停工3d。因此，造成工期延长。这种情况在有数幢同类型的建筑物时，可组织建筑物之间的大流水施工，来避免上述停工现象；但对单一建筑物的流水施工是不适宜的，应予以杜绝。

从上面的三种情况可以看出，施工段数的多少直接影响工期的长短，而且要想保证专业

施工层	施工过程	施工进度/d						
		3	6	9	12	15	18	21
Ⅰ	支模板	①	②					
	绑钢筋		①	②				
	浇混凝土			①	②			
Ⅱ	支模板				①	②		
	绑钢筋					①	②	
	浇混凝土						①	②

图 3-10 $m<n$ 时流水施工的开展状况

工作队能够连续施工，必须满足式（3-3）。

$$m \geqslant n \tag{3-3}$$

应该指出，当无层间关系或无施工层（如某些单层建筑物、基础工程等）时，施工段数不受式（3-3）的限制，可按前面所述的划分施工段的原则进行确定。

3. 施工层

在组织流水施工时，为了满足专业工种对操作高度和施工工艺的要求，将拟建工程项目在竖向上划分为若干个操作层，这些操作层称为施工层。施工层一般以 j 表示。

施工层的划分要按施工项目的具体情况并根据建筑物的高度、楼层来确定。如砌筑工程的施工层高度一般为1.2m，室内抹灰、木装饰、油漆、玻璃和水电安装等则可按楼层进行施工层的划分。

3.2.3 时间参数

在组织流水施工时，用以表达流水施工在时间排列上所处状态的参数，称为时间参数。时间参数包括流水节拍、流水步距、工期、平行搭接时间、技术间歇时间和组织管理间歇时间等。

1. 流水节拍

在组织流水施工时，每个专业工作队在各个施工段上完成相应的施工任务所需要的工作延续时间，称为流水节拍，通常以 t 表示，它是流水施工的基本参数之一。

流水节拍的大小，可以反映出流水施工速度的快慢、节奏感的强弱和资源消耗量的多少。根据流水节拍数值特征，一般可将流水施工又分为全等节拍专业流水、异节拍专业流水和无节奏专业流水等施工组织方式。

影响流水节拍数值大小的主要因素有项目施工时所采取的施工方案、各施工段投入的劳动力人数或施工机械台数、工作班次以及该施工段工程量的多少。为避免工作队转移时浪费工时，流水节拍在数值上最好是半个班的整倍数。流水节拍数值的确定，可按以下几种方法进行：

（1）定额计算法　这种方法根据各施工段的工程量、能够投入的资源量（工人数、机械台数和材料量等），按式（3-4）及式（3-5）进行计算。

$$t_i = \frac{Q_i}{S_i R_i N_i} = \frac{P_i}{R_i N_i} \tag{3-4}$$

或

$$t_i = \frac{Q_i H_i}{R_i N_i} = \frac{P_i}{R_i N_i}$$

$$P_i = \frac{Q_i}{S_i} \tag{3-5}$$

式中 t_i——某专业工作队在第 i 施工段的流水节拍；

Q_i——某专业工作队在第 i 施工段要完成的工程量；

S_i——某专业工作队的计划产量定额；

H_i——某专业工作队的计划时间定额；

P_i——某专业工作队在第 i 施工段需要的劳动力数量或机械台班数量；

R_i——某专业工作队投入的工作人数或机械台数；

N_i——某专业工作队的工作班次。

在式（3-4）和式（3-5）中，S_i 和 H_i 最好符合本项目经理部的实际水平。

（2）经验估算法　这种方法根据以往的施工经验进行估算。一般为了提高其准确程度，往往先估算出流水节拍的最长、最短和正常（即最可能）三种时间，然后据此求出期望时间作为某专业工作队在某施工段上的流水节拍。因此，这种方法也称为三种时间估算法，一般按式（3-6）进行计算。

$$t = \frac{a + 4b + c}{6} \tag{3-6}$$

式中 t——某施工过程在某施工段上的流水节拍；

a——某施工过程在某施工段上的最短估算时间；

b——某施工过程在某施工段上的正常估算时间；

c——某施工过程在某施工段上的最长估算时间。

这种方法多适用于采用新工艺、新方法和新材料等没有时间定额可循的工程项目。

（3）工期计算法　对某些施工任务在规定日期内必须完成的工程项目，往往采用倒排进度法计算流水节拍，具体步骤如下：

1）根据工期倒排进度，确定某施工过程的工作持续时间。

2）确定某施工过程在某施工段上的流水节拍。

若同一施工过程的流水节拍不相等，则用经验估算法进行计算；若流水节拍相等，则按式（3-7）进行计算。

$$t = \frac{T}{m} \tag{3-7}$$

式中 t——流水节拍；

T——某施工过程的工作持续时间；

m——某施工过程划分的施工段数。

当施工段数确定后，若流水节拍大，则工期相应就较长。因此，从理论上讲，总是希望流水节拍越小越好。但实际上，由于受到工作面的限制，每一个施工过程在各施工段上都有最小的流水节拍，其数值可按式（3-8）计算。

$$t_{\min} = \frac{A_{\min}\mu}{S} \tag{3-8}$$

式中 $t_{\min}$——某施工过程在某施工段的最小流水节拍；

$A_{\min}$——每个工人所需最小工作面；

μ——单位工作面工程量含量；

S——产量定额。

2. 流水步距

在组织流水施工时，相邻两个专业工作队在保证施工顺序、满足连续施工、最大限度搭接和保证工程质量要求的条件下，相继投入施工的最小时间间隔，称为流水步距。流水步距以 K 表示，它是流水施工的基本参数之一。

（1）确定流水步距的原则 图3-11所示为某一工程项目的流水施工组织过程中流水步距与工期之间的关系。图中，Ⅰ、Ⅱ两个施工过程相继投入第一个施工段开始施工的时间间隔为4d，即流水步距 $K=4$d，其他相邻两个施工过程的流水步距均为4d。

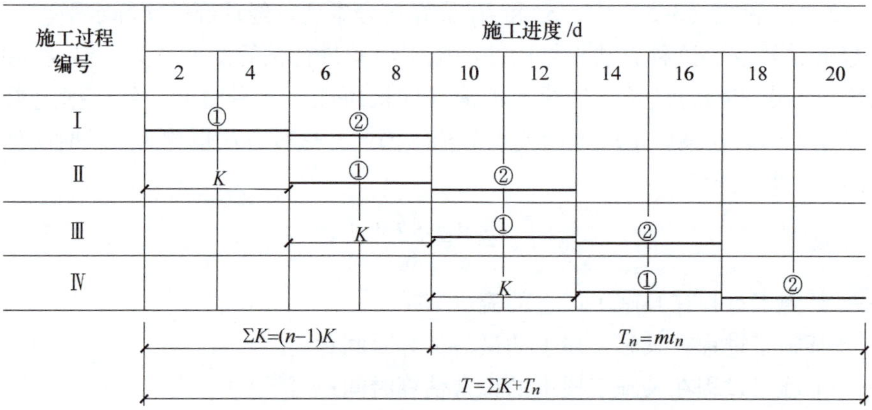

图3-11 流水步距与工期的关系

从图中可以看出，当施工段确定后，流水步距的大小直接影响着工期的长短。如果施工段不变，流水步距越大，则工期越长；反之，工期就越短。

通过研究还可以得出下面的结论：当施工段不变时，流水步距随流水节拍的增大而增大，随流水节拍的缩小而缩小。如果人数不变，增加施工段数，且使每段人数达到饱和，而该段施工持续时间总和不变，则流水节拍和流水步距都会相应地缩小，但工期拖长了。

从上述几种情况分析，可以得到确定流水步距的原则，如下几点所述：

1）流水步距要满足相邻两个专业工作队在施工顺序上的相互制约关系。

2）流水步距要保证各专业工作队都能连续作业。

3）流水步距要保证相邻两个专业工作队在开工时间上最大限度地、合理地搭接。

4）流水步距的确定要先保证工程质量、满足安全生产要求。

（2）确定流水步距的方法 流水步距的确定方法有很多，比较简捷的方法有图上分析法、分析计算法、取大差法。

1）图上分析法：根据横道图的排列情况计算，即在确保各工序能够连续施工以及施工段被充分利用的前提下，有效地排列各横道，从而得到流水步距。这里不再赘述。

2）分析计算法：在各流水节拍不变的情况下，运用分析计算法可以很简单地计算出各工序间的流水步距。其计算公式为

$$K_{i,i+1}=\begin{cases}t_i & (t_i\leqslant t_{i+1})\\ mt_i-(m-1)t_{i+1} & (t_i>t_{i+1})\end{cases} \tag{3-9}$$

式中 $K_{i,i+1}$——第 i 个施工过程和第 $i+1$ 个施工过程间的流水步距；

t_i——第 i 个施工过程的流水节拍；

t_{i+1}——第 $i+1$ 个施工过程的流水节拍；

m——项目施工段数。

3）取大差法：又称为累加数列法，这种方法通常在计算异节拍、无节奏专业流水时使用，较为简捷、准确。取大差法计算步骤为：根据专业工作队在各施工段上的流水节拍，求累加数列；根据施工顺序，对所求的相邻两累加数列，错位相减；根据错位相减的结果，确定相邻专业工作队之间的流水步距，即相减结果中数值最大者为流水节拍。

【例3-4】 某项目由四个施工过程组成，分别由A、B、C、D四个专业工作队完成，在平面上划分成四个施工段，每个专业工作队在各施工段上的流水节拍见表3-2，试确定相邻专业工作队之间的流水步距。

表3-2 某项目各专业工作队在各施工段上的流水节拍 （单位：d）

工作队	施工段			
	①	②	③	④
A	4	3	2	3
B	3	3	2	2
C	3	2	3	2
D	2	2	3	3

解：

（1）求各专业工作队的累加数列

A：4，7，9，12

B：3，6，8，10

C：3，5，8，10

D：2，4，7，10

（2）错位相减

A与B

$$\begin{array}{rrrrrr} & 4 & 7 & 9 & 12 & \\ - & & 3 & 6 & 8 & 10 \\ \hline = & 4 & 4 & 3 & 4 & -10 \end{array}$$

$K_{A,B}=4d$

B与C

$$\begin{array}{rrrrrr} & 3 & 6 & 8 & 10 & \\ - & & 3 & 5 & 8 & 10 \\ \hline = & 3 & 3 & 3 & 2 & -10 \end{array}$$

$K_{B,C}=3d$

C与D

	3	5	8	10	
−		2	4	7	10
=	3	3	4	3	−10

$K_{C,D}=4d$

3. 工期

工期是指完成一项工程任务或一个流水组施工所需的时间，其计算公式为

$$T=\sum K_{i,i+1}+T_n \tag{3-10}$$

式中 $\sum K_{i,i+1}$——流水施工中各流水步距的总和；

T_n——流水施工中最后一个施工过程的持续时间，可按式（3-11）计算。

$$T_n=mt_n \tag{3-11}$$

式中 m——施工段数；

t_n——流水施工中最后一个施工过程的流水节拍。

在组织流水施工时，往往要考虑施工组织的实际情况，故还存在以下两种时间参数，这两种时间参数的存在直接影响到流水步距的大小。

4. 平行搭接时间

在组织流水施工时，有时为了缩短工期，在工作面允许的条件下，如果前一个专业工作队完成部分施工任务后，能够提前为后一个专业工作队提供工作面，使后者提前进入前一个施工段，这样两者就在同一施工段上平行搭接施工，这个搭接的时间称为平行搭接时间。平行搭接时间一般用 $t_{d(i,j)}$ 表示。

5. 技术间歇时间与组织管理间歇时间

在组织流水施工时，除要考虑相邻专业工作队之间的流水步距外，有时根据建筑材料或现浇构件等的工艺性质，还要考虑合理的工艺等待间歇时间，这个等待时间称为技术间歇时间，如混凝土浇筑后的养护时间、砂浆抹面和油漆面的干燥时间等。

在流水施工中，由于施工技术或施工组织的原因造成的在流水步距以外增加的间歇时间，称为组织管理间歇时间，如墙体砌筑前的墙身位置弹线和施工人员、机械转移以及回填土前地下管道检查验收等都会产生组织管理间歇时间。技术间歇时间与组织管理间歇时间一般用 $t_{j(i,j)}$ 表示。

在组织流水施工时，项目经理部对技术间歇时间和组织管理间歇时间可根据项目施工中的具体情况分别考虑或统一考虑；但两者的概念、作用和内容是不同的，必须结合具体情况灵活处理。

课题3 全等节拍专业流水

在组织流水施工时，如果所有的施工过程在各个施工段上的流水节拍彼此相等，这种流水施工组织方式称为全等节拍专业流水，也称为固定节拍流水或同步距流水。

3.3.1　全等节拍专业流水的基本特点

（1）流水节拍彼此相等　如有 n 个施工过程，流水节拍为 t，则有

$$t_1 = t_2 = \cdots = t_{n-1} = t_n = t(t\text{ 为常数})$$

（2）流水步距彼此相等，并且等于流水节拍，即

$$K_{1,2} = K_{2,3} = \cdots = K_{n-1,n} = K = t(t\text{ 为常数})$$

（3）每个专业工作队都能够连续施工，没有空闲施工段

（4）专业工作队数（m）等于施工过程数(n)

3.3.2　全等节拍专业流水的组织步骤

（1）确定项目施工起点和流向，分解施工过程

（2）确定施工顺序，划分施工段

1）无技术间歇时间和组织管理间歇时间时，取 $m=n$。

2）有技术间歇时间和组织管理间歇时间时，为了各专业工作队能连续施工，应取 $m>n$。此时，每层施工段空闲数为（$m-n$)，若一个空闲施工段的时间为 t，则每层的空闲时间为

$$(m-n)t = (m-1)K$$

若一个楼层内各施工过程间的技术间歇时间和组织管理间歇时间之和为 $\sum t_{\mathrm{j}}$，楼层间的技术间歇时间和组织管理间歇时间为 Z_1。如果每层的 $\sum t_{\mathrm{j}}$ 均相等，Z_1 也相等，而且为了保证连续施工，施工段上除 $\sum t_{\mathrm{j}}$ 和 Z_1 外无空闲，则有

$$(m-n)K = \sum t_{\mathrm{j}} + Z_1$$

所以，每层的施工段数 m 可按式（3-12）确定。

$$m = n + \frac{\sum t_{\mathrm{j}}}{K} + \frac{Z_1}{K} \tag{3-12}$$

如果每层的 $\sum t_{\mathrm{j}}$ 不完全相等，Z_1 也不完全相等，应取各层中最大的 $\sum t_{\mathrm{j}}$ 和 Z_1，并按式（3-13）确定施工段数。

$$m = n + \frac{\max \sum t_{\mathrm{j}}}{K} + \frac{\max Z_1}{K} \tag{3-13}$$

划分施工段时，一般情况下应使 $m=n$，并应使每个施工段的工作量大致相等，以使每个施工班组在每个施工段上的持续时间相同，从而可以组织全等节拍施工。

（3）计算流水节拍　根据全等节拍专业流水要求，按式（3-4）、式（3-5）、式（3-6）、式（3-7）或式（3-8）计算流水节拍的数值。

（4）确定流水步距

$$K_{i,j} = t + t_{\mathrm{j}(i,j)} - t_{\mathrm{d}(i,j)} \tag{3-14}$$

式中　$t_{\mathrm{j}(i,j)}$——两施工过程之间的技术间歇时间和组织管理间歇时间；

$t_{\mathrm{d}(i,j)}$——两施工过程之间的平行搭接时间。

（5）计算流水施工的工期

1）无技术间歇时间和组织管理间歇时间时，工期可按式（3-15）计算。

$$T = \sum_{i=1}^{n-1} K_{i,j} + T_n = (m+n-1)t \tag{3-15}$$

2）有技术间歇时间和组织管理间歇时间时，工期可按式（3-16）计算。

$$\begin{aligned} T &= \sum_{i=1}^{n-1} K_{i,j} + T_n \\ &= (n-1)t + \sum_{i=1}^{n-1} t_{\mathrm{j}(i,j)} - \sum_{i=1}^{n-1} t_{\mathrm{d}(i,j)} + mt \\ &= (m+n-1)t + \sum t_{\mathrm{j}} - \sum t_{\mathrm{d}} \end{aligned} \tag{3-16}$$

式中 $\sum t_{\mathrm{j}}$——技术间歇时间和组织管理间歇时间总和；

$\sum t_{\mathrm{d}}$——施工搭接时间总和。

（6）绘制流水施工进度图

［能力训练］

训练题目1 无间歇时间全等节拍专业流水施工的组织

某工程由四个分项工程组成，划分成五个施工段，每个施工班组在各个施工段上的作业时间均为3d，无技术间歇时间、组织管理间歇时间，试确定流水步距和计算工期，并绘制流水施工进度计划图。

（1）目的 能够在相应条件已知的情况下，正常地组织全等节拍专业流水施工，即通过流水步距、工期的计算，最终得到能够组织施工的流水施工进度计划图。

（2）能力及标准要求 正确理解施工过程和施工段的概念，了解流水节拍、流水步距及工期等时间参数的相关概念及其相互之间的关系，从而能够组织全等节拍专业流水施工。

（3）准备工作 熟悉概念，熟知各时间参数的相互关系，熟悉施工进度计划图的表示方法。

（4）步骤

1）确定流水步距。由全等节拍专业流水的特点可得：

$$K = t = 3\mathrm{d}$$

2）计算工期。由式（3-15）可得：

$$\begin{aligned} T &= (m+n-1)t \\ &= (5+4-1) \times 3\mathrm{d} \\ &= 24\mathrm{d} \end{aligned}$$

3）绘制流水施工进度计划图（见图3-12）。

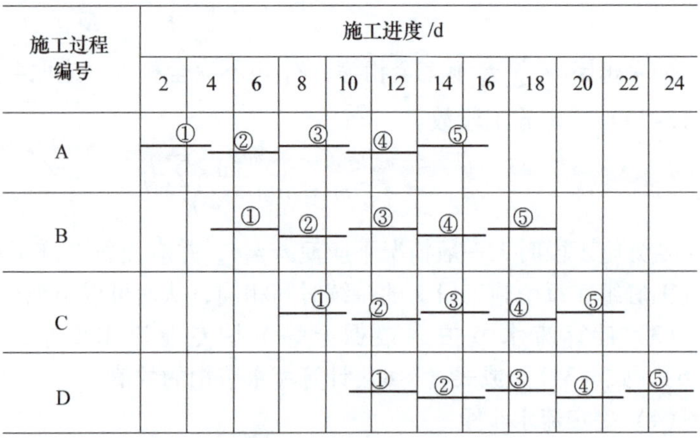

施工过程编号	施工进度/d											
	2	4	6	8	10	12	14	16	18	20	22	24
A	①		②	③		④	⑤					
B			①	②		③	④		⑤			
C				①		②	③		④	⑤		
D						①	②		③	④		⑤

图3-12 某工程流水施工进度计划图

（5）注意事项 本训练的组织方式相对比较简单，施工进度计划图绘制时有两种表示方法，即横道图与斜线图。

对施工中常用的进度计划图能真正领会其作用，同时，通过这一训练对流水施工的特点能理解并掌握。

训练题目 2　有间歇时间全等节拍专业流水施工的组织

某项目由Ⅰ、Ⅱ、Ⅲ、Ⅳ四个施工过程组成，划分成两个施工层组织流水施工，施工过程Ⅱ完成需再养护 2d 后下一个施工过程才能施工，且层间技术间歇时间为 3d，分成六个施工段组织施工，各流水节拍均为 2d。试确定流水节拍和计算工期，并绘制流水施工进度计划图。

(1) 目的　与训练题目 1 相比，本训练主要考虑到实际施工时，存在楼层（施工层）以及有技术间歇时间和组织管理间歇时间的情况下，能够组织全等节拍专业流水施工。

(2) 能力及标准要求　在训练题目 1 的基础上，正确掌握存在施工层的情况下，如何组织全等节拍专业流水施工，尤其是存在技术间歇时间和组织管理间歇时间时对流水步距及工期等时间参数的影响。

(3) 准备工作　熟悉概念，熟知各时间参数的相互关系，熟悉横道图的表示方法。

(4) 步骤

1) 确定流水步距。根据题意，$t_{j(\text{Ⅱ},\text{Ⅲ})} = 2\text{d}$，$t_{j(\text{Ⅳ},\text{Ⅰ}')} = 3\text{d}$，其他施工过程之间无技术间歇时间和组织管理间歇时间以及平行搭接时间，故有

$$K_{\text{Ⅱ},\text{Ⅲ}} = K_{\text{Ⅱ}',\text{Ⅲ}'} = t + t_{j(\text{Ⅱ},\text{Ⅲ})} = (2+2)\text{d} = 4\text{d}$$

$$K_{\text{Ⅳ},\text{Ⅰ}'} = t + t_{d(\text{Ⅳ},\text{Ⅰ}')} = (2+3)\text{d} = 5\text{d}$$

其余各施工过程之间的流水步距均为 $K = t = 2\text{d}$

考虑施工层的存在，本训练题目中实际共有 8 个施工过程。

2) 计算工期。

$$\begin{aligned} T &= \sum_{i=1}^{7} K_{i,j} + T_n \\ &= (4\times2 + 5 + 2\times4 + 2\times6)\text{d} \\ &= 33\text{d} \end{aligned}$$

3) 绘制流水施工进度计划图（见图 3-13）。

施工层	施工过程编号	2	4	6	8	10	12	14	16	18	20	22	24	26	28	30	32	34
		施工进度 /d																
第一施工层	Ⅰ	①	②	③	④	⑤	⑥											
	Ⅱ		①	②	③	④	⑤	⑥										
	Ⅲ				①	②	③	④	⑤	⑥								
	Ⅳ					①	②	③	④	⑤	⑥							
第二施工层	Ⅰ′								①	②	③	④	⑤	⑥				
	Ⅱ′									①	②	③	④	⑤	⑥			
	Ⅲ′											①	②	③	④	⑤	⑥	
	Ⅳ′												①	②	③	④	⑤	⑥

图 3-13　某项目流水施工进度计划图

(5) 注意事项　本训练应着重把握存在多个施工层时如何组织流水施工；同时，由于

施工过程之间存在技术间歇时间和组织管理间歇时间，其对流水步距及工期的影响也是需要注意的问题。

（6）讨论 参与流水施工的施工过程之间存在技术间歇时间和组织管理间歇时间时，将会延长整个施工过程的工期，而如果采用搭接施工，则会缩短工程的工期，因此，在表示施工进度计划图时也需要注意。

课题4 异节拍专业流水

在进行全等节拍专业流水施工时，有时由于各施工过程的性质、复杂程度各不相同，可能会出现某些施工过程所需要的人数或机械台数超出施工段上工作面所能容纳数量的情况。这时，只能按施工段所能容纳的人数或机械台数确定这些施工过程的流水节拍，这可能使某些施工过程的流水节拍是其他施工过程流水节拍的倍数，从而形成异节拍专业流水。

【例3-5】 拟兴建四幢大板结构房屋，施工过程为基础、结构安装、室内装修和室外工程，每幢为一个施工段，经计算各施工过程的流水节拍见表3-3。

表3-3 各施工过程的流水节拍

施工过程	基 础	结构安装	室内装修	室外工程
流水节拍/d	5	15	10	5

从表3-3可知，这是一个异节拍专业流水，其进度计划图如图3-14所示。

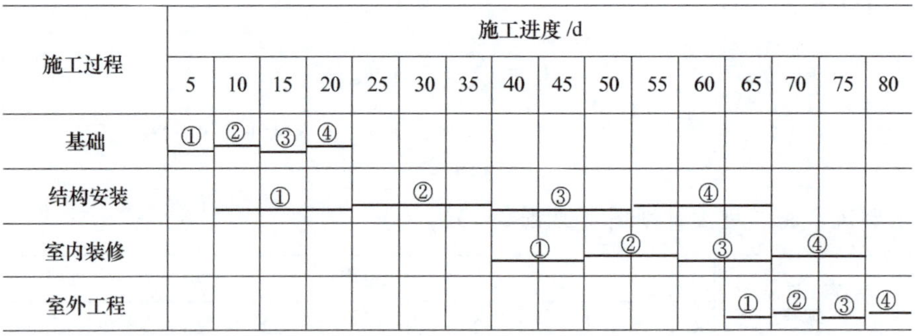

施工过程	施工进度/d															
	5	10	15	20	25	30	35	40	45	50	55	60	65	70	75	80
基础	①	②	③	④												
结构安装			①			②			③			④				
室内装修								①		②		③		④		
室外工程													①	②	③	④

图3-14 异节拍专业流水进度计划图

从上面的实例可以看出，组织这样的流水施工，流水施工的特点无法得到最大限度的体现，但由于各流水节拍之间存在一定的数量关系，可组织异节拍专业流水施工。

异节拍专业流水是指在组织流水施工时，如果同一个施工过程在各施工段上的流水节拍彼此相等，不同施工过程在同一施工段上的流水节拍彼此不等而互为倍数的流水施工方式，也称为成倍节拍专业流水。有时，为了加快流水施工速度，在资源供应满足的前提下，对流水节拍长的施工过程，组织几个同工种的专业工作队来完成同一施工过程在不同施工段上的任务，从而就形成了一个工期最短、类似于全等节拍专业流水的等步距的异节拍专业流水施工方案。这里主要讨论等步距的异节拍专业流水——成倍节拍专业流水施工。

3.4.1 异节拍专业流水的基本特点

1）同一施工过程在各施工段上的流水节拍彼此相等；不同的施工过程在同一施工段上

的流水节拍彼此不等，但互为倍数关系。

2）流水步距彼此相等，且等于流水节拍的最大公约数。

3）各专业工作队都能够保证连续施工，施工段没有空闲。

4）专业工作队数大于施工过程数，即 $n_1 > n$。对于流水节拍相对较长的施工过程，安排多个施工班组组织施工。

3.4.2 异节拍专业流水的组织步骤

1）确定施工起点和流向，分解施工过程。

2）确定施工顺序，划分施工段。不划分施工层时，可按划分施工段的原则确定施工段数；划分施工层时，每层的施工段数可按式（3-17）确定。

$$m = n_1 + \frac{\max\sum t_j}{K_b} + \frac{\max Z_1}{K_b} \tag{3-17}$$

式中 n_1——专业工作队总数；

K_b——等步距的异节拍专业流水的流水步距。

其他符号含义同前。

3）按异节拍专业流水确定流水节拍（其流水节拍之间互为整倍数）。

4）按式（3-18）确定流水步距。

$$K_b = 最大公约数\{t_1, t_2, \cdots, t_n\} \tag{3-18}$$

这里的流水节拍没有考虑平行搭接时间和技术间歇时间与组织管理间歇时间的存在，若存在则在计算总工期时予以考虑。

5）按式（3-19）和式（3-20）确定专业工作队数。

$$b_j = \frac{t_j}{K_b} \tag{3-19}$$

$$n_1 = \sum_{j=1}^{n} b_j \tag{3-20}$$

式中 t_j——施工过程 j 在各施工段上的流水节拍；

b_j——施工过程 j 所要组织的专业工作队数；

j——施工过程编号，$1 \leqslant j \leqslant n$。

6）确定计划总工期，可按式（3-21）或式（3-22）进行计算。

$$T = (rn_1 - 1)K_b + T_n + \sum t_j - \sum t_d \tag{3-21}$$

$$T = (m + rn_1 - 1)K_b + \sum t_j - \sum t_d \tag{3-22}$$

式中 r——施工层数，不分层时 $r=1$，分层时 r 取实际施工层数。

其他符号含义同前。

7）绘制流水施工进度计划图。

[能力训练]

训练题目1 成倍节拍专业流水施工的组织

某项目划分为六个施工段和三个施工过程，各施工过程的流水节拍分别为 $t_{\mathrm{I}} = 2\mathrm{d}$、

$t_{Ⅱ}=6d$、$t_{Ⅲ}=4d$，试组织成倍节拍专业流水施工。

(1) 目的 组织异节拍专业流水施工，对于一个工程施工组织者来说是十分重要的，也是十分必要的。在实际工程中，由于施工过程的性质差异以及各工种所需工作面及工作效率差异很大，同时，工程性质也决定了大部分工程项目很难组织全等节拍专业流水施工。但为了能够很好地体现流水施工的性质，如何组织成倍节拍专业流水，其意义十分重要。本训练的目的就在于真正理解和组织成倍节拍专业流水施工。

(2) 能力及标准要求 组织成倍节拍专业流水施工，首先要求对成倍节拍专业流水施工的特点有所了解，然后对组织成倍节拍专业流水的条件及应用情况有所理解和掌握，了解流水节拍、流水步距及工期等时间参数的相关概念及其相互之间的关系，从而能够组织成倍节拍专业流水施工。

(3) 准备工作 熟知各时间参数的相互关系，熟悉成倍节拍专业流水的组织步骤。

(4) 步骤 根据已知条件，各流水节拍之间存在倍数关系，可以组织成倍节拍专业流水施工。

1) 按式 (3-18) 确定流水步距：

$$K_b = \text{最大公约数}\{2d,6d,4d\} = 2d$$

2) 由式 (3-19) 及式 (3-20) 求专业工作队数：

$$b_{Ⅰ} = \frac{t_{Ⅰ}}{K_b} = \frac{2}{2}\text{个} = 1\text{ 个}$$

$$b_{Ⅱ} = \frac{t_{Ⅱ}}{K_b} = \frac{6}{2}\text{个} = 3\text{ 个}$$

$$b_{Ⅲ} = \frac{t_{Ⅲ}}{K_b} = \frac{4}{2}\text{个} = 2\text{ 个}$$

$$n_1 = \sum_{1}^{3} b_j = (1+3+2)\text{ 个} = 6\text{ 个}$$

3) 计算工期

$$T = (6+6-1)\times 3d = 33d$$

或

$$T = [(6-1)\times 3 + 6\times 3]d = 33d$$

4) 绘制流水施工进度计划图，如图 3-15 所示。

(5) 注意事项 成倍节拍专业流水施工中的施工过程并不完全等同于全等节拍专业流水施工中的施工过程，因为这里的施工过程包含着可能由多个专业工作队进行着的相同的工艺过程，其施工过程数不等于专业工作队的总数；而全等节拍专业流水施工中的施工过程，只能由单一的专业工作队去组织和实施，其施工过程数等于专业工作队的总数。

(6) 讨论 实际施工时，组织成倍节拍专业流水，若各施工过程的流水节拍的最小值为 1d，组织成倍节拍专业流水是否合适（能最大限度地考虑施工的特点及流水施工的优点的发挥）？什么情况下组织流水施工最符合工程的要求？

训练题目 2 具有多施工层的成倍节拍专业流水施工的组织

某两层现浇钢筋混凝土结构，施工过程为支模板（用 A 表示）、绑钢筋（用 B 表示）和浇混凝土（用 C 表示）。已知每段每层各施工过程的流水节拍分别为：$t_A=4d$，$t_B=4d$，$t_C=2d$。当支模板工作队转移到第二结构层的第一段施工时，需待第一层第一段的混凝土养

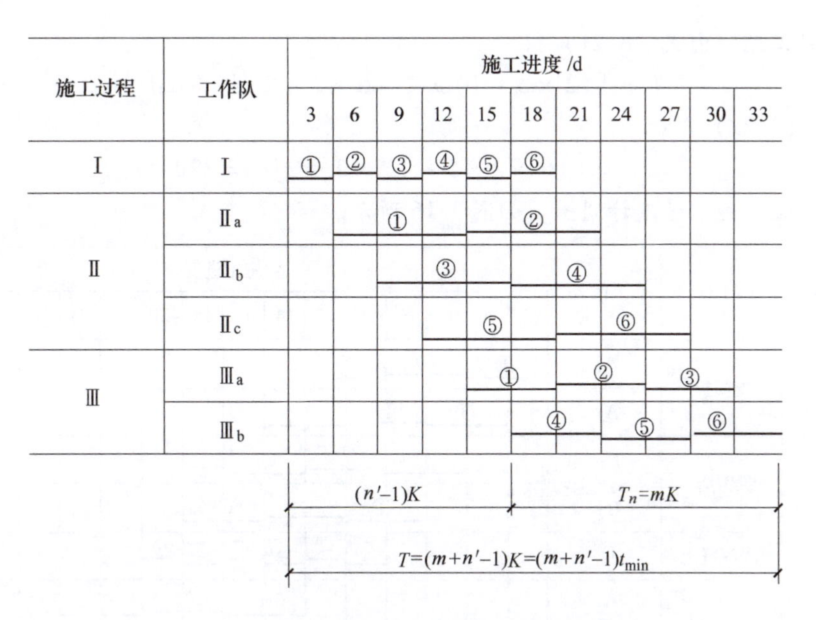

图3-15　成倍节拍专业流水施工进度计划图

护2d后才能进行。在保证各工作队连续施工的条件下，求该工程每层最少的施工段数，并绘出流水施工进度计划图。

(1) 目的　多层结构是十分常见的建筑工程项目，本训练的目的就在于真正理解和组织多施工层的成倍节拍专业流水施工。

(2) 能力及标准要求　能组织一般的成倍节拍专业流水，能够掌握专业工作队与施工过程的关系。

(3) 准备工作　熟悉多个施工层的施工，熟悉一般情况下的成倍节拍专业流水的施工。

(4) 步骤　按要求，本工程宜采用等步距异节拍专业流水施工，即成倍节拍流水施工。

1) 确定流水节拍。由式 (3-18) 得：

$$K_b = \text{最大公约数}\ \{4\text{d},\ 4\text{d},\ 2\text{d}\} = 2\text{d}$$

2) 确定专业工作队数。由式 (3-19) 得：

$$b_A = \frac{t_A}{K_b} = \frac{4}{2}\text{个} = 2\ \text{个}$$

$$b_B = \frac{t_B}{K_b} = \frac{4}{2}\text{个} = 2\ \text{个}$$

$$b_C = \frac{t_C}{K_b} = \frac{2}{2}\text{个} = 1\ \text{个}$$

代入式 (3-20) 得：

$$n_1 = \sum_1^3 b_j = (2+2+1)\ \text{个} = 5\ \text{个}$$

3) 确定每层的施工段数。为保证专业工作队的连续施工，其施工段数可按式 (3-17) 确定：

$$m = n_1 + \frac{\max \sum t_j}{K_b} = \left(5 + \frac{2}{2}\right)\text{段} = 6\ \text{段}$$

4）计算工期。由式（3-21）得：

$$T = [(2 \times 5 - 1) \times 2 + 6 \times 2 + 2]\mathrm{d} = 32\mathrm{d}$$

或由式（3-22）得：

$$T = [(6 + 2 \times 5 - 1) \times 2 + 2]\mathrm{d} = 32\mathrm{d}$$

5）绘制流水施工进度计划图，如图3-16所示。

施工层	施工过程	工作队	施工进度 /d															
			2	4	6	8	10	12	14	16	18	20	22	24	26	28	30	32
第一层	支模板	A_1	①		②		③											
		A_2		④		⑤		⑥										
	绑钢筋	B_1			①		②		③									
		B_2				④		⑤		⑥								
	浇混凝土	C					①	②	③	④	⑤	⑥						
第二层	支模板	A_1							①		②		③					
		A_2								④		⑤		⑥				
	绑钢筋	B_1									①		②		③			
		B_2										④		⑤		⑥		
	浇混凝土	C											①	②	③	④	⑤	⑥

图3-16 具有多个施工层的成倍节拍专业流水施工进度计划图

（5）注意事项 成倍节拍专业流水施工组织的重点在于专业施工班组的确定，所以要正确理解和计算专业工作队的数量。

（6）讨论 组织成倍节拍专业流水时，若施工过程之间存在技术间歇时间与组织管理间歇时间，该如何组织？

课题5 无节奏专业流水

在项目实际施工中，通常每个施工过程在各个施工段上的工程量彼此不等，各专业工作队的生产效率相差也较大，导致大多数的流水节拍也彼此不等，从而不可能组织成倍节拍专业流水或异节拍专业流水。在这种情况下，往往利用流水施工的基本概念，在保证施工工艺、满足施工顺序要求的前提下，按照一定的计算方法确定相邻专业工作队之间的流水步距，并使其在开工时间上最大限度地、合理地搭接起来，形成每个专业工作队都能连续作业的流水施工方式，这种流水施工方式称为无节奏专业流水，也叫作分别流水，它是流水施工的普遍形式。

3.5.1 无节奏专业流水的基本特点

1）每个施工过程在各个施工段上的流水节拍不尽相等。

2）在多数情况下，流水步距彼此不相等，而且流水步距与流水节拍之间存在着某种函数关系。

3）各专业工作队都能连续施工，个别施工段可能有空闲。

4）专业工作队数等于施工过程数，即 $n_1 = n$。

3.5.2 无节奏专业流水的组织步骤

1）确定施工起点和流向，分解施工过程。

2）确定施工顺序，划分施工段。

3）按相应的公式计算各施工过程在各个施工段上的流水节拍。

4）按一定的方法确定相邻两个专业工作队之间的流水步距。

5）按式（3-10）计算流水施工的计划工期。如果施工过程之间存在技术间歇时间与组织管理间歇时间或搭接时间，则式（3-10）演变为公式（3-23）：

$$T = \sum_{1}^{n-1} K_{i,i+1} + T_n + \sum t_{\mathrm{j}} - \sum t_{\mathrm{d}} \tag{3-23}$$

6）绘制流水施工进度计划图。

[能力训练]

训练题目1　流水节拍相对稳定的分别流水施工的组织

某工程分为三个施工过程组织施工，其流水节拍分别为 $t_A = 3d$、$t_B = 5d$、$t_C = 4d$，施工时分为三个施工段，在劳动力相对固定的情况下，试组织流水施工。

（1）目的　本项目的施工过程的流水节拍并不相等，在劳动力相对固定的情况下，无法组织异节拍专业流水施工，所以只能组织分别流水施工。这是一种较为常见的例子，本训练的目的就是合理地选择流水步距的计算方法，从而开展分别流水施工。

（2）能力及标准要求　了解分别流水的特点，能够运用常用的流水步距的计算方法，即理论计算法与取大差法（累加数列法）。

（3）准备工作　进一步熟悉流水步距的计算方法。

（4）步骤　在施工过程数、施工段数以及流水节拍都已知的情况下，组织流水施工的关键在于确定流水步距，并进一步确定该工程的工期。

1）考虑到本训练中的各流水节拍相对稳定，故采用理论计算法计算各施工过程之间的流水步距。

因为 $t_A < t_B$，故 $K_{A,B} = t_A = 3d$。

因为 $t_B > t_C$，故 $K_{B,C} = mt_B - (m-1)t_C = [3 \times 5 - (3-1) \times 4]d = 7d$

2）按式（3-10）计算，该工程的工期为

$$T = \sum K + T_n = (3 + 7 + 3 \times 4)d = 22d$$

3）绘制流水施工进度计划图，如图3-17所示。

（5）注意事项　分别流水的组织重点在于计算其流水步距，从而确定各专业施工班组投入时间的差距，以保证各施工段的施工能够正常进行。

（6）讨论　实际施工时组织分别流水，流水施工的优点是否能最大限度地体现出来？

施工过程编号	施工进度/d																					
	1	2	3	4	5	6	7	8	9	10	11	12	13	14	15	16	17	18	19	20	21	22
A		①			②			③														
B						①					②					③						
C													①				②				③	

图3-17 流水节拍相对稳定的分别流水施工进度计划图

训练题目2 无节奏专业流水施工的组织

某项目经理部拟承建一工程，该工程有Ⅰ、Ⅱ、Ⅲ、Ⅳ、Ⅴ五个施工过程。施工时在平面上划分成四个施工段，每个施工过程在各个施工段上的流水节拍见表3-4。规定施工过程Ⅱ完成后，其相应施工段至少养护2d；施工过程Ⅳ完成后，其相应施工段要留有1d的准备时间。为了尽早完工，允许施工过程Ⅰ与Ⅱ之间搭接施工1d，试编制流水施工方案。

表3-4 各施工过程在各施工段上的流水节拍 （单位：d）

施工段	施工过程				
	Ⅰ	Ⅱ	Ⅲ	Ⅳ	Ⅴ
①	3	1	2	4	3
②	2	3	1	2	4
③	2	5	3	3	2
④	4	3	5	3	1

(1) 目的 明确本训练与训练题目1的区别，即流水步距的确定方法以及两种常用方法适合在什么情况下使用。

(2) 能力及标准要求 了解分别流水的特点，能够运用流水步距的常用的计算方法，即理论计算法与取大差法（累加数列法）。

(3) 准备工作 进一步熟悉流水步距的计算方法。

(4) 步骤 根据题设要求，该工程只能组织无节奏专业流水。由于各流水节拍之间没有相互关系，所以这里采用取大差法计算各施工过程之间的流水步距。

1）求流水节拍的累加数列。

Ⅰ：3，5，7，11

Ⅱ：1，4，9，12

Ⅲ：2，3，6，11

Ⅳ：4，6，9，12

Ⅴ：3，7，9，10

2）确定流水步距。

Ⅰ与Ⅱ

$$\begin{array}{rrrrrr} & 3 & 5 & 7 & 11 & \\ - & & 1 & 4 & 9 & 12 \\ \hline = & 3 & 4 & 3 & 2 & -12 \end{array}$$

$K_{\mathrm{I},\mathrm{II}}=4\mathrm{d}$

Ⅱ与Ⅲ

$$\begin{array}{rrrrrr} & 1 & 4 & 9 & 12 & \\ - & & 2 & 3 & 6 & 11 \\ \hline = & 1 & 2 & 6 & 6 & -11 \end{array}$$

$K_{\mathrm{II},\mathrm{III}}=6\mathrm{d}$

Ⅲ与Ⅳ

$$\begin{array}{rrrrrr} & 2 & 3 & 6 & 11 & \\ - & & 4 & 6 & 9 & 12 \\ \hline = & 2 & -1 & 0 & 2 & -12 \end{array}$$

$K_{\mathrm{III},\mathrm{IV}}=2\mathrm{d}$

Ⅳ与Ⅴ

$$\begin{array}{rrrrrr} & 4 & 6 & 9 & 12 & \\ - & & 3 & 7 & 9 & 10 \\ \hline = & 4 & 3 & 2 & 3 & -10 \end{array}$$

$K_{\mathrm{IV},\mathrm{V}}=4\mathrm{d}$

3）确定计划工期。由题给条件可知：

$t_{j(\mathrm{II},\mathrm{III})}$、$t_{j(\mathrm{IV},\mathrm{V})}$、$t_{d(\mathrm{I},\mathrm{II})}$，代入式（3-23）得：

$$T=[(4+6+2+4)+(3+4+2+1)+2+1-1]\mathrm{d}=28\mathrm{d}$$

4）绘制流水施工进度计划图，如图3-18所示。

施工过程	施工进度/d																											
	1	2	3	4	5	6	7	8	9	10	11	12	13	14	15	16	17	18	19	20	21	22	23	24	25	26	27	28
Ⅰ		①		②		③				④																		
Ⅱ				①		②				③				④														
Ⅲ													①	②		③				④								
Ⅳ																①			②		③			④				
Ⅴ																				①			②				③	④

图3-18　无节奏专业流水施工进度计划图

（5）注意事项　取大差法在应用时，一是要注意其步骤为：累加数、错位减、取大差，二是要注意其应用的场合。

（6）讨论 实际施工时组织分别流水，流水施工的优点是否能最大限度地体现出来？

训练题目3 劳动力相对固定条件下流水施工的组织

某工程由A、B、C、D四个施工过程组成，施工顺序为A→B→C→D，各施工过程的流水节拍为：$t_A=2\text{d}$，$t_B=4\text{d}$，$t_C=4\text{d}$，$t_D=2\text{d}$。在劳动力相对固定的条件下，试确定流水施工方案。

（1）分析 本例从流水节拍特点来看，可组织异节拍专业流水（成倍节拍专业流水），但因劳动力不能增加，无法做到等流水步距。为了保证专业工作队能连续施工，应按无节奏专业流水方式组织施工。

在本训练中，流水步距的计算按取大差法和理论计算法都可进行，解题时按取大差法进行。

需要说明的是，全等节拍专业流水和异节拍专业流水的组织是需要条件的，而组织分别流水施工受到的制约要少得多，但其流水施工的优点的体现也受到了限制。

（2）步骤

1）确定施工段数。为使专业工作队能连续施工，施工段数应等于施工过程数，即有

$$m = n = 4$$

2）求累加数列。

A：2，4，6，8

B：4，8，12，16

C：4，8，12，16

D：2，4，6，8

3）确定流水步距。

A与B

$$\begin{array}{rrrrrr} & 2 & 4 & 6 & 8 & \\ - & & 4 & 8 & 12 & 16 \\ \hline = & 2 & 0 & -2 & -4 & -16 \end{array}$$

$K_{A,B}=2\text{d}$

B与C

$$\begin{array}{rrrrrr} & 4 & 8 & 12 & 16 & \\ - & & 4 & 8 & 12 & 16 \\ \hline = & 4 & 4 & 4 & 4 & -16 \end{array}$$

$K_{B,C}=4\text{d}$

C与D

$$\begin{array}{rrrrrr} & 4 & 8 & 12 & 16 & \\ - & & 2 & 4 & 6 & 8 \\ \hline = & 4 & 6 & 8 & 10 & -8 \end{array}$$

$K_{C,D}=10\text{d}$

4）计算工期。由式（3-23）可得：

$$T = [(2+4+10)+2\times4]\text{d} = 24\text{d}$$

5）绘制流水施工进度计划图，如图3-19所示。

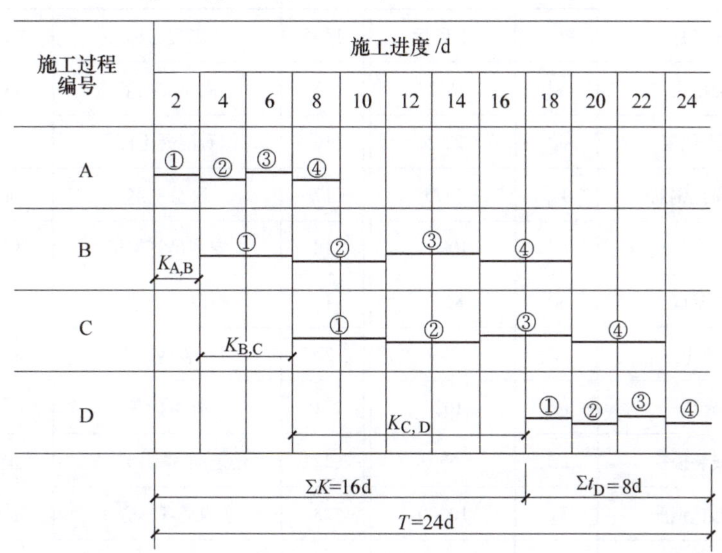

图3-19 流水施工进度计划图

从图3-19可知，当同一施工段上不同施工过程的流水节拍不相同但互为整倍数关系时，如果不组织多个同工种专业工作队完成同一施工过程的施工任务，流水步距必然不等，只能用无节拍专业流水的形式组织施工；如果以缩短流水节拍长的施工过程方式达到等步距流水施工的目的，就要在可增加劳动力的情况下，检查工作面是否满足要求；如果延长流水节拍短的施工过程，工期就要延长。

因此，到底采取哪一种流水施工的组织形式，除要分析流水节拍的特点外，还要考虑工期要求和项目经理部自身的具体施工条件。

任何一种流水施工的组织形式，仅仅是一种组织管理手段，其最终目的是要实现企业目标，即工程质量好、工期短、成本低、效益高和安全施工。

课题6 流水施工组织实例

3.6.1 砖混结构房屋的流水施工

某五层三单元砖混结构房屋，建筑面积为3075m²。采用钢筋混凝土条形基础，上砌基础墙（内含防潮层）。主体工程为砖墙承重，预制空心楼板、预制楼梯；为增加结构的整体性，每层设有现浇钢筋混凝土圈梁。铝合金门窗，门上设预制混凝土过梁。屋面工程为屋面板上铺细石混凝土屋面防水层和贴一毡二油分仓缝。楼地面工程为空心楼板及地坪三合土上做细石混凝土地面。外墙用水泥混合砂浆抹灰，内墙用石灰砂浆抹灰。其工程量一览表见表3-5。

对于砖混结构多层房屋的流水施工组织，一般先考虑分部工程的流水施工，然后再考虑各分部工程之间的相互搭接施工。本例中组织施工的方法如下所述。

表3-5 一幢五层三单元砖混结构房屋工程量一览表

序号	工程名称	单位	工程量	序号	工程名称	单位	工程量
1	基础挖土	m^3	432	15	屋面第二次灌缝	m	840
2	混凝土垫层	m^3	22.5	16	细石混凝土面层	m^2	639
3	基础绑扎钢筋	kg	5475	17	贴分仓缝	m	160.5
4	基础混凝土	m^3	109.5	18	安装吊篮架子	根	54
5	砌砖基墙	m^3	81.6	19	拆除吊篮架子	根	54
6	回填土	m^3	399	20	安装钢门窗	m^2	318
7	砌砖墙	m^3	1026	21	外墙抹灰	m^2	1782
8	圈梁安装模板	m^3	635	22	楼地面和楼梯抹灰	m^2	2500，120
9	圈梁绑扎钢筋	kg	10000	23	室内地坪三合土	m^3	408
10	圈梁浇筑混凝土	m^3	78	24	顶棚抹灰	m^2	2658
11	安装预制过梁	根	357	25	内墙抹灰	m^2	3051
12	安装楼板	块	1320	26	安装木门	扇	210
13	安装楼梯	座	3	27	安装玻璃	m^2	318
14	楼板灌缝	m	4200	28	油漆门窗	m^2	738

1. 基础工程

基础工程包括基槽挖土、浇捣混凝土垫层、绑扎钢筋、浇筑混凝土、砌筑基础墙和回填土六个施工过程。当基础工程全部采用手工操作时，其主要施工过程是浇筑混凝土工程。若土方工程由专门的施工队采用机械开挖时，通常将机械挖土与其他手工操作的施工过程分开考虑。

本工程基槽挖土采用斗容量为0.2m^3的蟹斗式挖土机进行施工，共需（432/36）台班＝12台班和36工日。如果采用一台机械进行两班制施工，则基槽挖土6d就可完成。

浇捣混凝土垫层工程量不大，采用一个10人的施工班组1.5d即可完成；为了不影响其他施工过程的流水施工，可以将其紧接在挖土过程完成之后安排，工作1d后，再进行其他施工过程。

基础工程中其余四个施工过程（$N_1=4$）组织全等节拍流水。根据划分施工段的原则和其结构特点，以房屋的一个单元作为一个施工段，即在房屋平面上划分成三个施工段（$M_1=3$）。主导施工过程是浇捣基础混凝土，共需70工日；若采用一个12人的施工班组进行一班制施工，则每一施工段浇捣混凝土这一施工过程的持续时间为［70/（3×1×12）］d≈2d。为使各施工过程能相互紧凑搭接，其他施工过程在每个段上的施工持续时间也为2d（$t_1=2$）。因此基础工程的施工持续时间为

$$T_1=6+1+(M_1+N_1-1)t_1=[6+1+(3+4-1)\times 2]\mathrm{d}=19\mathrm{d}$$

2. 主体工程

主体工程包括砌筑砖墙、安装过梁或浇筑圈梁（包括支模板、绑钢筋、浇混凝土）、安

装楼板和楼梯、楼板灌缝六个施工过程，其中主导施工过程为砌筑砖墙工程。为组织主导施工过程进行流水施工，在平面上也划分为三个施工段。每个楼层划分两个施工层，每一施工段上每一施工层的砌筑砖墙时间为1d，则每一施工段砌筑砖墙的持续时间为2d（$t_2=2$）。由于现浇混凝土圈梁工程量较小，故组织混合施工班组进行施工，支模板、绑钢筋、浇混凝土共1d，第二天为圈梁养护。这样，现浇圈梁在每一施工段上的持续时间仍为2d（$t_2=2$）。安装一个施工段的楼板和楼梯所需时间为一个台班（即1d）；第二天进行灌缝，这样两者就合并为一个施工过程，它在每一施工段上的持续时间仍为2d（$t_2=2$）。因此主体工程的施工持续时间为

$$T_2=(M_2+N_2-1)t_2=[(5\times3+3-1)\times2]\text{d}=34\text{d}$$

3. 屋面工程

屋面工程包括屋面板第二次灌缝、细石混凝土屋面防水层、贴分仓缝。由于屋面工程通常耗费劳动量较少，且其顺序与装修工程相互制约，因此考虑到其工艺要求，与装修工程搭接施工即可。

4. 装修工程

装修工程包括安装门窗、室内外抹灰、门窗油漆、楼地面等十一个施工过程，其中抹灰是主导施工过程。由于安装门窗和安装玻璃可以同时进行，安装和拆除吊篮架子、地坪三合土三个施工过程可与其他施工过程平行施工，不占绝对工期。因此，在计算装修工程的施工持续时间时，施工过程数$N_4=11-1-3=7$。

装修工程采用自上而下的施工顺序。结合装修工程的特点，把房屋的每层作为一个施工段（$M_4=5$）。考虑到内部抹灰工艺上的要求，在每一施工段上的持续时间最少需3～5d，本例中取$t_4=4$。又考虑到装修工程内部各工种搭配所需的间歇时间为10d，则装修工程的施工持续时间为

$$T_4=(M_4+N_4-1)t_4+\sum t_j=[(5+7-1)\times3+10]\text{d}=43\text{d}$$

本例中砌筑砖墙工程是在地下工程中的回填土工程为其创造了足够的工作面后才开始的，即在每一施工段上待土方回填后才开始砌筑砖墙。因此基础工程与主体工程两个分部工程相互搭接4d。同样，装修工程与主体工程两个分部工程也考虑3d的搭接时间。屋面工程与装修工程平行施工，故不占工期。因此，总工期为

$$T=T_1+T_2+T_4-\sum t_\text{d}=[19+34+43-(4+3)]\text{d}=89\text{d}$$

本工程流水施工进度计划安排略。

3.6.2　现浇混凝土工业厂房的流水施工

某三层工业厂房，其主体结构为现浇钢筋混凝土框架。框架全部由6m×6m的单元构成。横向为3个单元，纵向为21个单元，划分为三个温度区段。其平面及剖面简图如图3-20所示。

施工工期2.5个月。施工时平均气温为15℃。劳动力要求为：木工不得超过20人，混凝土工与钢筋工可根据计划要求配备。机械设备为：J_1—400混凝土搅拌机2台，混凝土振捣器和卷扬机可根据计划要求配备。

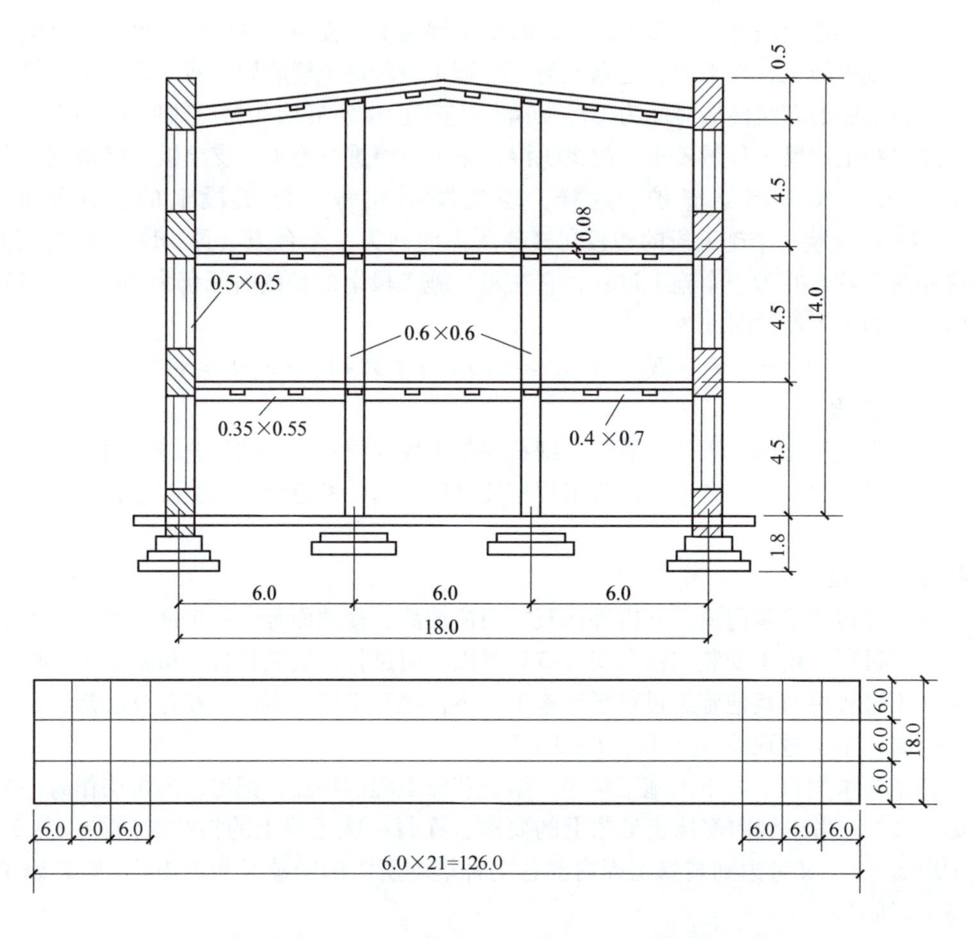

图3-20 某钢筋混凝土框架结构工业厂房平面、剖面简图（单位：m）

施工方案：模板采用定型模板；混凝土为半干硬性，坍落度1～3cm；采用J_1—400混凝土搅拌机搅拌，振捣器捣固；双轮车水平运输；垂直运输采用钢管井架；楼梯与框架同时施工。

1. 计算工程量与劳动量

本工程每层每个温度区段的模板、钢筋、混凝土的工程量根据施工图计算；定额根据劳动定额手册和工人实际生产率确定；劳动量按工程量和定额计算。工程量、定额、劳动量汇总列于表3-6中。

表3-6 某厂房钢筋混凝土框架工程量、定额、劳动量

结构部位	分项工程名称		单位	时间定额 工日/单位产品	每层每个温度区段的工程量与劳动量					
					工程量			劳动量（工日）		
					一层	二层	三层	一层	二层	三层
框架	支模板	柱	m^2	0.0833	332	311	311	27.7	25.9	25.9
		梁	m^2	0.08	698	698	720	55.8	55.8	57.6
		板	m^2	0.04	554	554	528	22.2	22.2	21.1

（续）

结构部位	分项工程名称		单位	时间定额 工日/单位产品	每层每个温度区段的工程量与劳动量					
					工程量			劳动量（工日）		
					一层	二层	三层	一层	二层	三层
框架	绑钢筋	柱	t	2.38	10.9	10.3	10.3	26	24.5	24.5
		梁	t	2.86	9.80	9.80	10.1	28	28	28.9
		板	t	4.00	6.40	6.40	6.73	25.6	25.6	26.9
	浇混凝土	柱	m^3	1.47	46.1	43.1	43.1	67.8	63.4	63.4
		梁板	m^3	0.784	156.2	156.2	156.2	122.5	122.5	122.5
楼梯	支模板		m^2	0.16	34.8	34.8	—	5.7	5.7	—
	绑钢筋		t	5.56	0.45	0.45	—	2.5	2.5	—
	浇混凝土		m^3	2.21	6.6	6.6	—	14.6	14.6	—

2. 划分施工过程

本工程框架部分采用以下施工顺序：绑柱钢筋→支柱模板→支主梁模板→支次梁模板→支板模板→绑梁钢筋→绑板钢筋→浇柱混凝土→浇梁板混凝土。

根据施工顺序和劳动组织，划分为以下四个施工过程：绑柱钢筋，支模板，绑梁板钢筋，浇混凝土。各施工过程均包括楼梯间部分。

3. 划分施工段、确定流水节拍及绘制施工进度计划图

由于本工程三个温度区段大小一致，各层构造基本相同，各施工过程工程量相差均小于15%，所以首先考虑组织全等或成倍节拍专业流水。

（1）划分施工段　考虑结构的整体性，利用温度缝作为分界线，最理想的是每层划分为3个施工段。为了保证各工作队能连续施工，按全等节拍组织流水施工，每层最少施工段数应按下式计算：

$$m = n + \frac{\sum t_j}{K} + \frac{Z_1}{K} - \frac{\sum t_d}{K} \tag{3-24}$$

式中的符号意义同前。其中，$n=4$；$K=t$；$Z_1=0$；$\sum t_j=1.5\text{d}$（根据气温条件，混凝土达到初凝强度需要36h），$\sum t_d=0.5t$（只考虑绑钢筋和支模板之间可搭接施工，取搭接时间为$0.5t$）。代入式（3-24）中，得：

$$m = 4 + \frac{1.5}{t} - \frac{0.5t}{t}$$

所以每层如划分三个施工段则不能保证工作队连续工作。根据该工程的结构特点，将每个温度区段分为2段，每层划分为6个施工段。施工段数大于计算所需的段数，则各工作队可以连续工作，各施工段层间增加了间歇时间。这是可取的。

（2）确定流水节拍和各工作队人数　根据工期要求，按全等节拍专业流水工期公式，先初算流水节拍［采用公式$T=(jm+n-1)K+\sum Z_1-\sum t_d$，其中$j$为层数］。因$K=t$；$Z_1=0$；$\sum t_d=0.5t$；$j=3$；$T=62.5\text{d}$（规定工期为2.5个月，每月按25个工作日计算，工期为62.5d)。

$$t = \frac{T}{jm + n - 1 - 0.5} = \frac{62.5\text{d}}{3 \times 6 + 4 - 1 - 0.5} = 3.05\text{d}$$

故流水节拍选用3d。

将各施工过程每层每个施工段的劳动量汇总于表3-7中。

表3-7 各施工过程每段需要劳动量

施工过程	需要劳动量(工日)			附注
	一层	二层	三层	
绑柱钢筋	13.0	12.3	12.3	
支模板	55.7	54.8	52.3	包括楼梯
绑梁板钢筋	28.1	28.1	27.9	包括楼梯
浇混凝土	102.4	100.3	93.0	包括楼梯

1)确定绑柱钢筋的流水节拍和工作人数。由表3-7,绑柱钢筋所需劳动量为13个工日。由劳动定额知绑柱钢筋工人小组至少需要5人,则流水节拍等于(13/5)d=2.6d。取3d。

2)确定支模板的流水节拍和工作队人数。框架结构支柱、梁、板模板,根据经验一般需2~3d。流水节拍采用3d。所需工人数为(55.7/3)人=18.6人。由劳动定额知,支模板要求工人小组一般为5~6人。本方案木工工作队采用18人,分3个小组施工。木工人数满足规定的人数条件。

3)确定绑梁板钢筋的流水节拍和工作队人数。流水节拍采用3d,所需工人数为(28.1/3)人=9.4人。由劳动定额知绑梁板钢筋要求工人小组一般为3~4人。本方案钢筋工作队采用9人,分3个小组施工。

4)确定浇混凝土的流水节拍和工作队人数。根据表3-6,浇混凝土工程量最多的施工段的工程量为[(46.1+156.2+6.6)/2]m^3=104.5m^3。每台J_1—400混凝土搅拌机搅拌半干硬性混凝土的生产率为36m^3/台班。故需要台班数(104.5/36)台班=2.9台班。选用1台混凝土搅拌机,流水节拍采用3d。所需工人数为(102.4/3)人=34.1人。根据劳动定额知浇混凝土要求工人小组一般为20人左右。本方案混凝土工作队采用34人,分2个小组施工。

(3)绘制流水施工进度计划图 所需工期为

$$T = (jm + n - 1)K + \sum Z_1 - \sum t_d = [(3 \times 6 + 4 - 1) \times 3 + 0 - 1.5]\text{d} = 61.5\text{d}$$

其施工进度计划图如图3-21所示。

3.6.3 高层住宅的流水施工

某建筑为一大模板高层住宅,由三个单元组成,呈一字形。建筑物总长为147.5m,宽18.46m,檐口高度41.00m,总高43.58m,建筑面积为29700m^2,地下室为2.7m高的设备层,地上部分共14层,层高均为2.9m。每个单元设两部电梯,其平面图如图3-22所示。

本建筑采用外壁板内大模的结构形式;现浇钢筋混凝土地下室基础,基础以下设无筋混凝土垫层;地面为水泥砂浆抹面,室内墙面为一般喷涂,顶棚为钢筋混凝土板下喷白,外墙面装饰随壁板在预制厂做好;屋面为二毡三油卷材防水层;采用一般给排水设施、热水采暖系统和照明配电。其主要工程量见表3-8。

层次	施工过程	工程量		时间定额	需要劳动量/工日	流水节拍/d	工人人数	施工进度/d																														
		单位	数量					2	4	6	8	10	12	14	16	18	20	22	24	26	28	30	32	34	36	38	40	42	44	46	48	50	52	54	56	58	60	62
一层	绑柱钢筋	t	32.7	2.38	78	3	5																															
	支模板	m^2	4856.4	0.0685	334.2	3	18																															
	绑梁板钢筋	t	49.95	3.38	168.6	3	9																															
	浇混凝土	m^3	627.7	0.97	614.4	3	34																															
二层	绑柱钢筋	t	30.9	2.38	73.8	3	5																															
	支模板	m^2	4793.4	0.0685	328.8	3	18																															
	绑梁板钢筋	t	49.95	3.38	168.8	3	9																															
	浇混凝土	m^3	617.7	0.97	601.8	3	34																															
三层	绑柱钢筋	t	30.9	2.38	73.8	3	5																															
	支模板	m^2	4467.0	0.0664	313.8	3	18																															
	绑梁板钢筋	t	49.95	3.38	167.4	3	9																															
	浇混凝土	m^3	597.9	0.93	558	3	34																															

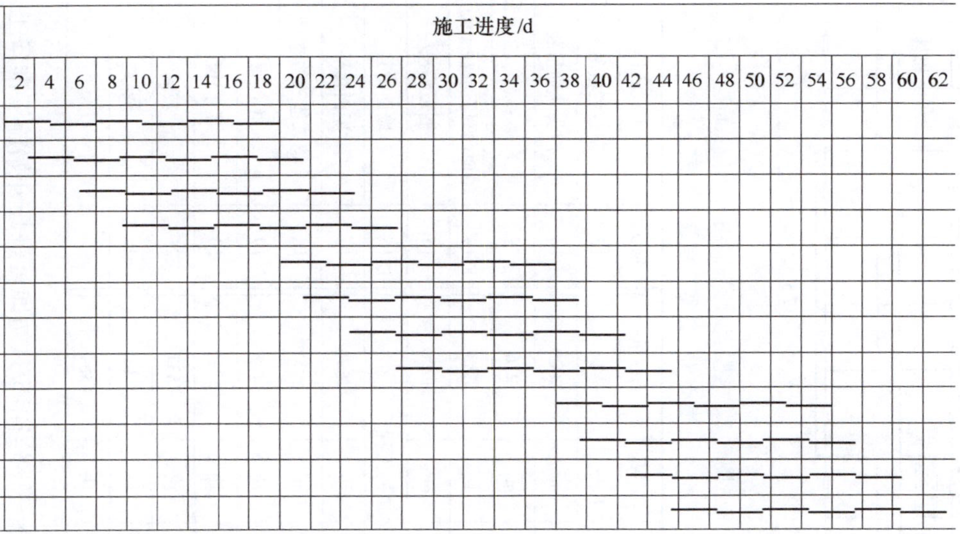

图3-21　某现浇混凝土工业厂房施工进度计划图

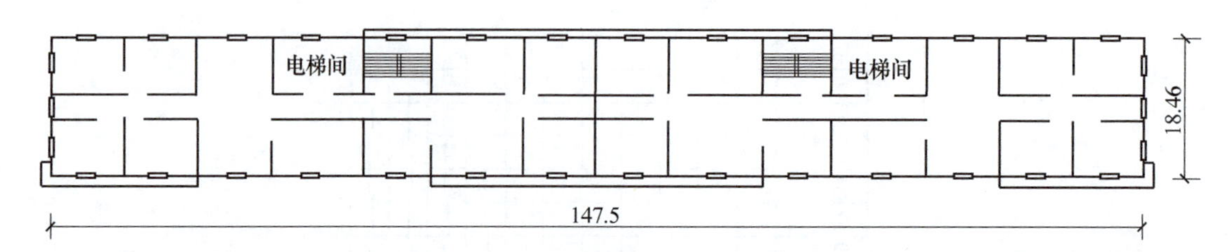

图3-22 建筑设计平面图（单位：m）

表3-8 主要工程量一览表

项次	工程名称	单位	工程量	项次	工程名称	单位	工程量
一	地下室工程			12	阳台栏板吊装	块	2330
1	挖土	m^3	9000	13	门头花饰吊装	块	672
2	混凝土垫层	m^3	216	三	装修工程		
3	楼板	块	483	14	楼地面豆石混凝土垫层	m^2	19800
4	回填土	m^3	1200	15	棚顶喷浆	m^2	21625
二	大模板主体结构工程			16	墙面喷浆	m^2	60290
5	壁板吊装	块	1596	17	屋面找平	m^2	3668
6	内墙隔板混凝土	m^3	1081	18	铺二毡三油卷材	m^2	3668
7	通风道吊装	块	495	19	木门窗	扇	2003
8	圆孔板吊装	块	5329	20	钢门窗	扇	1848
9	阳台板吊装	块	637	21	玻璃	m^2	7728
10	垃圾道吊装	块	84	22	油漆	m^2	22364
11	楼梯休息板吊装	块	354				

根据合同要求，项目经理部当年5月初即可进场开始施工准备工作，当年12月中旬工程必须竣工。

本建筑具有结构新、层数多、挖土量大和工期短等特点。因此，要特别注意基础土方开挖和主体工程的组织管理。

考虑工期要求和项目特点，拟定控制工期为：施工准备工作1个月，地下部分1个月，主体结构2.5个月，装修工程与主体结构穿插施工。

1. 基础工程

基础工程包括土方开挖、浇基础垫层、绑基础钢筋、浇底板混凝土、绑地下室墙钢筋、支墙模板、浇墙混凝土、吊装地下室顶板和回填土九个施工过程。由于土方开挖深3.7m，土质为Ⅱ类土，地下水位为-5.0m，而且基坑四周比较狭窄，修整边坡困难，故选用W—100型反铲挖土机1台，其所需工日为

$$T=\frac{Q}{BS}=\frac{9000}{1\times 529}\text{d}=17\text{d}$$

式中 T——机械挖土所需工日数；

Q——挖土工程量；

S——所选反铲挖土机的台班产量；

B——每日工作班次，这里取挖土机械施工$B=1$。

挖土、浇基础垫层与浇底板混凝土搭接进行；绑钢筋、支墙模板、浇墙混凝土和吊装地下室顶板则分四段组织流水施工。

2. 主体工程

主体工程包括绑墙钢筋、支墙大模板、立门口、吊装外壁板、浇墙混凝土、吊装内墙板、吊装楼板、支板缝梁模板、绑板缝梁钢筋和浇板缝梁混凝土十个施工过程。

根据本建筑的高度、平面尺寸、构件的最大质量和公司能够提供（或项目经理部能够租赁到）的机械情况，选择 TQ60/80 型塔式起重机作为主体结构施工的水平、垂直运输机械。

施工中选用三台 TQ60/80 型塔式起重机，其数量按式（3-25）进行计算得到。

$$N = \frac{1}{TBK}\frac{Q}{S} \tag{3-25}$$

式中 N——所需起重机台数；

Q——主体工程要求的最大施工强度，本工程为 2064 吊次，其计算见表 3-9；

T——工期，按主体结构施工控制进度要求，取每层 4d；

B——每日工作班次，取 $B=2$；

K——时间利用系数，取 $K=0.9$；

S——起重机台班产量定额，取 $S=100$ 吊/台班。

表 3-9 每层工程量表

塔式起重机项目	单位	标准单元一层吊次	塔式起重机项目	单位	标准单元一层吊次
横墙混凝土	m^3	234	通风道、垃圾道	根	39
纵墙混凝土	m^3	105 } 951 吊次	楼梯板	件	24
板缝混凝土	m^3	24	钢筋片	片	144（18 吊次）
外墙壁板	块	114	钢模板	吊次	288
隔断墙板	块	114	其他、安全网架	吊次	120
楼板、阳台	块	396	总吊次	吊次	2064

将表 3-9 中各数值代入式（3-25）得：

$$N = \left(\frac{1}{4\times2\times0.9}\times\frac{2064}{100}\right)\text{台} = 2.86\text{台(取 3 台)}$$

3 台塔式起重机布置在建筑物北侧同一轨道上，分别负责 1 个单元的垂直运输，其起重能力复核验算从略。

主体结构施工时，每个单元分成 4 个施工段，且 3 个单元同时施工，采用自东向西的方向进行流水施工。

3. 局面及装修工程

主体封顶后，即开始屋面工程。

室内墙面抹灰、顶板抹灰随主体结构进行，当主体进行到四层时即插入底板勾缝和室内地面施工。总的施工流向是自下而上，施工顺序是先湿后干、先地面后顶棚、先房间后走道，最后再进行楼梯抹灰。

外装饰分两段进行施工，一段从 6 层开始往下进行到 1 层，另一段从顶层开始往下进行到 7 层。

水、暖、电与主体结构穿插进行。

本工程的流水施工进度计划图如图 3-23 所示。

序号	分部分项名称		工程量 单位	工程量 数量	时间定额	需要劳动量/工日	工作天数/d	工人人数
1	地下结构工程	土方开挖	m^3	9000	529	17	17	6
2	地下结构工程	浇基础垫层混凝土	m^3	216	0.57	123	3	40
3	地下结构工程	绑基础钢筋	t	50	1.5	75	2	36
4	地下结构工程	浇底板混凝土	m^3	1000	0.5	616	6	108
5	地下结构工程	绑墙钢筋	t	2.7	1.5	405	12	34
6	地下结构工程	支墙大模板	m^2	46.5	0.06	277	12	24
7	地下结构工程	浇墙混凝土	m^3	217	1	217	12	18
8	地下结构工程	吊地下室顶板	块	478	0.5	239	12	24
9	地下结构工程	回填土	m^3	1200	0.2	240	3	80
10	主体结构工程	绑墙钢筋	t	387	15	5805	64	90
11	主体结构工程	支墙大模板	m^2	54016	0.06	3240	64	51
12	主体结构工程	立门框	个	1670	0.1	167	64	3
13	主体结构工程	外壁板吊装	块	1710	1	1710	64	26
14	主体结构工程	浇墙混凝土	m^3	4599	1	4599	64	72
15	主体结构工程	内墙板吊装	块	1106	1	1106	64	17
16	主体结构工程	楼板吊装	块	7163	0.5	3582	64	56
17	主体结构工程	支板缝、梁模板	m^2	5063	0.5	2920	64	45
18	主体结构工程	绑板缝、梁钢筋	t	111	20	2220	64	35
19	主体结构工程	浇板缝、梁混凝土	m^3	702	2	1404	64	22
20	装饰工程 层面工程	铺焦渣	m^3	128	2.03	260	2	130
21	装饰工程 层面工程	抹找平层	m^2	1654	0.15	165	6	28
22	装饰工程 层面工程	铺卷材	m^2	1654	0.15	160	8	20
23	装饰工程 室内装饰	墙面抹灰	m^2	14685	0.41	6000	64	94
24	装饰工程 室内装饰	壁板白缝抹灰	m^2	21625	0.05	1000	64	17
25	装饰工程 室内装饰	厨厕抹灰	m^2	2130	0.5	1015	64	16
26	装饰工程 室内装饰	豆石混凝土地面	m^2	27000	0.2	5800	64	92
27	装饰工程 室内装饰	门窗安装	扇	1670	0.21	360	28	13
28	装饰工程 室内装饰	门窗油漆、玻璃	m^2	128 / 2239	0.06 / 0.15	400 / 3358	28	15 / 120
29	装饰工程 室内装饰	楼梯栏杆扶手	m	530	0.5	265	20	14
30	装饰工程 室内装饰	楼梯抹灰	m^2	1077	0.5	540	20	27
31	装饰工程 室内装饰	喷浆	m^2	181100	0.004	324	28	12
32	装饰工程 室外装饰	外墙抹水泥	m^2	3962	0.51	2000	52	39
33	装饰工程 室外装饰	外墙水刷石	m^2	2031	0.50	1015	8	117
34	装饰工程 室外装饰	散水、台阶	m^2	32 / 8	1	160	4	40
35	水电安装							
36	其他工程					40000		

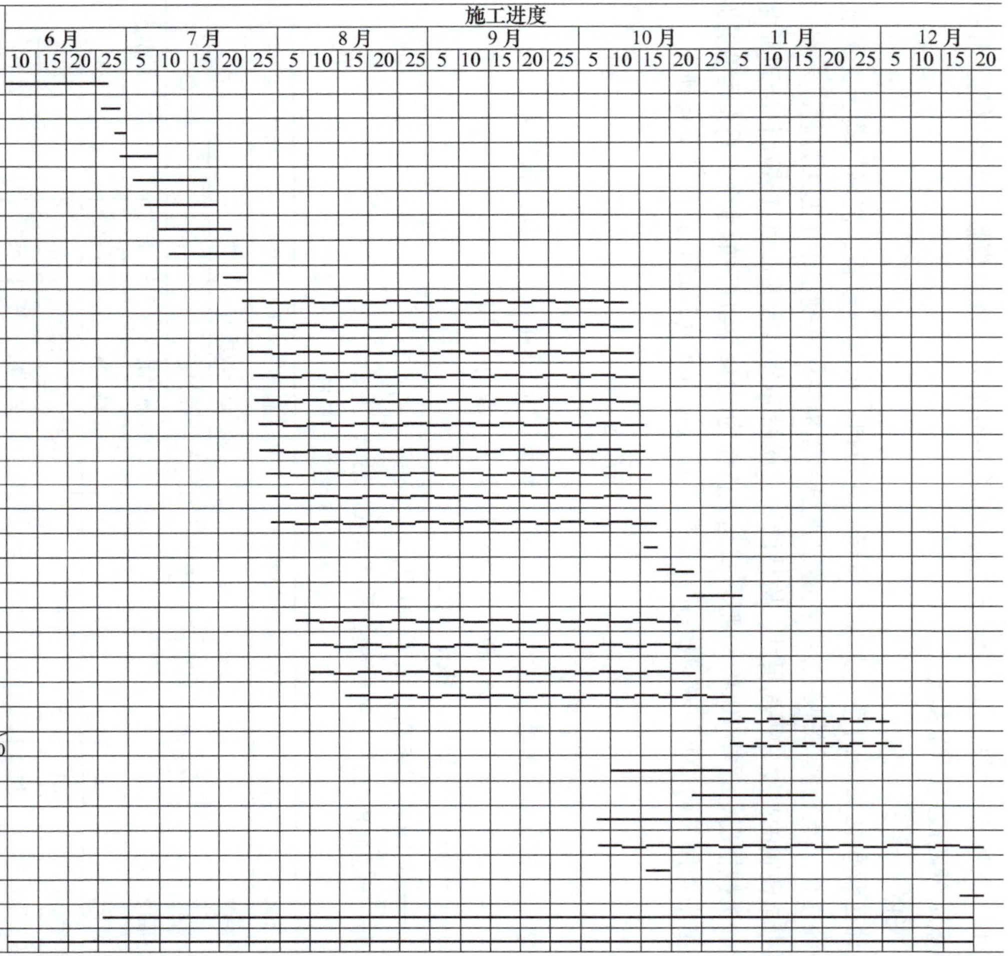

施工进度：6月、7月、8月、9月、10月、11月、12月（每月分 5、10、15、20、25 日）

图 3-23 流水施工进度计划图

单元小结

本单元主要讲述了流水施工的基本原理。流水施工是项目施工有效的科学组织方法，它充分利用了时间和空间，保证了施工生产的连续性和均衡性，使施工企业的生产能力能充分地发挥，劳动力能得到合理的安排和使用，从而能带来较好的经济效果。

1. 根据流水施工组织的范围，流水施工通常可分为：分项工程流水施工（也称为细部流水施工）、分部工程流水施工、单位工程流水施工、群体工程流水施工。其表达方式主要有横道图、斜线图和网络图。

2. 组织流水施工的必要条件有四个：划分工程量（或劳动量）相等或基本相等的若干个施工段（流水段），每个施工过程组织独立的施工班组，安排主要施工过程的施工班组进行连续、均衡的流水施工，不同的施工班组按施工工艺要求，尽可能组织平行搭接施工。

3. 在组织项目流水施工时，用以表达流水施工在工艺流程、空间布置和时间排列等方面开展状态的参数，称为流水参数。流水参数分为工艺参数、空间参数和时间参数三类。工艺参数包括施工过程和流水强度；空间参数包括工作面、施工段和施工层；时间参数包括流水节拍、流水步距、平行搭接时间、技术间歇时间和组织管理间歇时间。

4. 根据流水节拍特征的不同，流水施工的组织方式分为全等节拍专业流水、异节拍专业流水和无节奏专业流水。

1）全等节拍专业流水的特点是在组织流水施工时，所有施工过程在各个施工段上的流水节拍均相等，流水步距等于流水节拍，它是流水施工的理想形式。

2）异节拍专业流水的特点是同一施工过程在各施工段上的流水节拍相等，不同施工过程在各施工段上的流水节拍不相等。这种流水方式根据各施工过程流水节拍间的关系，可通过增加工作队组的方法加快施工进度。

3）无节奏专业流水的特点是不同施工过程在各施工段上的流水节拍不相等，且同一施工过程在各施工段上的流水节拍也不相等。在这种情况下，往往利用流水施工的基本概念，在保证施工工艺、满足施工顺序要求的前提下，按照一定的计算方法，确定相邻专业工作队之间的流水步距，使其在开工时间上最大限度地、合理地搭接起来，形成每个专业工作队都能连续作业的流水施工方式。无节奏专业流水又称为分别流水，是流水施工的普遍形式。

复习思考题

3-1 组织施工的方式有哪几种？它们各有什么特点？

3-2 流水作业的实质是什么？组织流水施工的条件是什么？

3-3 流水施工的主要参数有哪些？如何确定主要流水参数？

3-4 施工段划分的基本要求是什么？

3-5 什么是流水节拍、流水步距？流水节拍如何确定？

3-6 流水施工按节奏不同可分为哪几种？各有什么特点？

3-7 划分施工过程应考虑哪些因素？

实训练习题

练习题1　某工程有A、B、C三个施工过程，每个施工过程均划分为四个施工段。设$t_A=2d$，$t_B=4d$，$t_C=3d$。试分别计算顺序施工、平行施工及流水施工的工期，并绘出各自的施工进度计划图。

练习题2　已知某工程划分为五个施工过程，并分五个施工段组织流水施工，流水节拍均为3d。在第二个施工过程结束后有2d技术间歇时间和组织管理间歇时间，试计算其工期并绘制施工进度计划图。

练习题3　试组织某三层房屋由Ⅰ、Ⅱ、Ⅲ、Ⅳ四个施工过程组成的分部工程流水施工。流水节拍分别为4d、2d、2d、4d。Ⅰ、Ⅱ和Ⅲ、Ⅳ施工过程之间的技术间歇时间各为1d，层间技术间歇时间为2d，试确定流水步距、工作队数、施工段数、总工期，并绘制流水施工进度计划图。

练习题4　试根据表3-10所列数据，计算：

1）各相邻施工过程之间的流水步距。

2）总工期，并绘制流水施工进度计划图。

表3-10　工期表　（单位：d）

施工过程	施工段			
	Ⅰ	Ⅱ	Ⅲ	Ⅳ
A	3	2	4	2
B	2	3	2	1
C	6	5	1	3
D	4	2	5	5

单元4　网络计划技术

【单元概述】

网络计划技术产生于20世纪50年代末期，20世纪60年代末由已故著名数学家华罗庚教授首先介绍到我国，并在吸收国外网络计划技术的基础上，建立了“统筹法”科学体系。本单元按照网络计划技术国家标准，叙述了网络图的表达方法、绘制要求和步骤以及网络图时间参数的计算方法，并介绍了网络计划技术在项目管理中的应用。

【学习目标】

通过本单元的学习、训练，应了解网络计划技术的基本原理，掌握双代号网络图的概念和基本组成要素，熟练掌握双代号网络图的绘制、时间参数的计算，掌握时标网络计划的绘制、应用及工程项目网络计划的编制，了解网络计划技术在项目管理中的应用。

课题1　网络计划的基本概念

4.1.1　网络计划的定义及特点

1. 定义

网络计划是用网络图表达任务构成、工作顺序并加注工作时间参数的进度计划。

例如，某钢筋混凝土工程包括支模板、绑钢筋、浇混凝土三个施工过程，并分三段施工，流水节拍分别为：$t_{支模板}=3\mathrm{d}$，$t_{绑钢筋}=2\mathrm{d}$，$t_{浇混凝土}=1\mathrm{d}$。该工程项目的进度计划若用网络图表示，如图4-1所示。

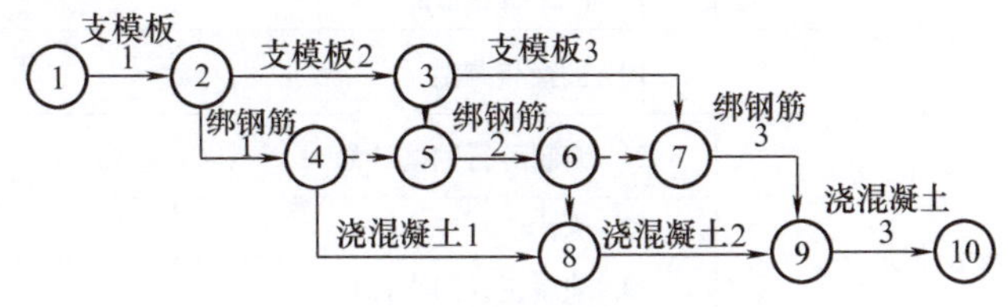

图4-1　某工程项目的网络计划

2. 特点

网络计划具有以下几个特点：

1）网络计划是以箭线和节点按照一定规则组成的用以表示工作流程、有向有序的网状图形。

2）网络计划将施工过程各有关工作组成一个有机的整体，全面、明确地反映出各项工作间相互制约、相互依赖的关系。

3）通过对网络计划各项工作时间参数的计算，能确定对全局性有影响的关键工作和关键线路，便于管理人员抓住施工中的主要矛盾，集中精力，确保工期，避免盲目抢工。同时，利用各项工作的机动时间，充分调配人力、物力，达到降低成本的目的。

当然，网络计划存在着一些缺点，如不能清晰、直观地反映出流水作业的情况；对一般的网络计划，计算其人力和资源时，不能利用叠加方法。

4.1.2 网络计划的分类

网络计划的分类有多种，按表示方法分类，可分为单代号网络计划和双代号网络计划；按有无时间坐标分类，可分为时标网络计划和非时标网络计划；按编制层次分类，可分为总网络计划和局部网络计划等。

4.1.3 网络计划技术在工程项目中的应用

网络计划技术在工程项目领域，已广泛应用于各项单体工程、群体工程，特别是应用于大型、复杂、协作广泛的项目。网络计划能提供项目工程管理所需的多种信息，有利于加强工程管理。

根据相关规定，网络计划的程序一般分为7个阶段、17个步骤，见表4-1。

表4-1 网络计划的程序

阶段	步骤
一、准备阶段	1. 确定网络计划目标
	2. 调查研究
	3. 施工方案设计
二、绘制网络图	4. 项目分析
	5. 逻辑关系分析
	6. 绘制网络图
三、时间参数计算并确定关键线路	7. 计算工作持续时间
	8. 计算其他时间参数
	9. 确定关键线路
四、编制可行网络计划	10. 检查与调整
	11. 编制可行网络计划
五、优化并确定正式网络计划	12. 优化
	13. 编制正式网络计划
六、实施调整与控制	14. 网络计划的控制
	15. 检查和数据采集
	16. 调整、控制
七、结束	17. 总结分析

课题2　双代号网络计划

双代号网络计划图，以下简称双代号网络图，是以一条箭线表示一项工作，用箭线首尾两个节点（圆圈）编号作为工作代号的网络图形。

4.2.1　双代号网络图的组成

组成双代号网络图的三个基本要素为：箭线、节点和线路。

1. 箭线

双代号网络图中，一条箭线代表一项工作。箭线的方向表示工作的开展方向，箭尾表示工作的开始，箭头表示工作的结束。将工作名称标注于箭线上方，将工作持续时间标注于箭线的下方，如图4-2所示。

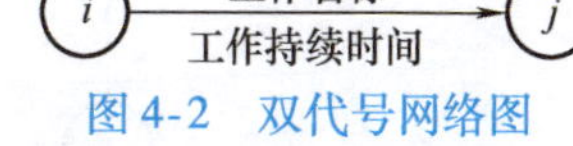

图4-2　双代号网络图表示一项工作的基本形式

（1）双代号网络图中工作的性质　双代号网络图中的工作可分为实工作和虚工作。

1）实工作。对于一项实际存在的工作，它消耗了一定的资源和时间，称为实工作。只消耗时间而不消耗资源的工作，如混凝土的养护，也作为一项实工作考虑。实工作用实箭线表示。

2）虚工作。在双代号网络图中，既不消耗时间也不消耗资源，仅表示相邻工作之间先后顺序关系的工作，称为虚工作。虚工作用虚箭线表示，如图4-3所示。虚工作在双代号网络图中起着正确表达工序间逻辑关系的重要作用。

图4-3　双代号网络图——虚工作的表达形式

（2）双代号网络图中工作间的关系　双代号网络图中工作间有紧前工作、紧后工作和平行工作三种关系，如图4-4所示。

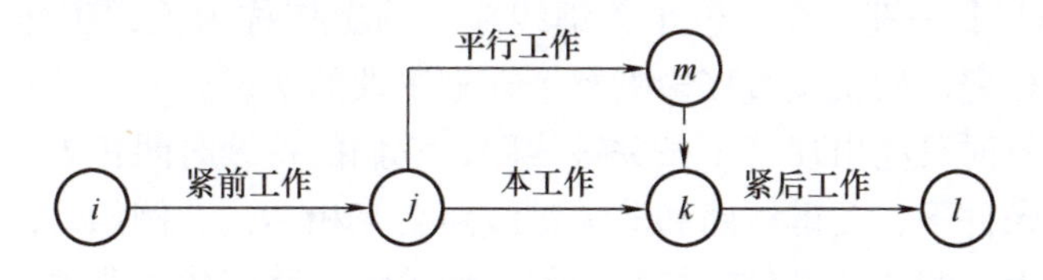

图4-4　双代号网络图中工作间的三种关系

2. 节点

在双代号网络图中，圆圈“○”代表节点。节点表示一项工作的开始时刻或结束时刻，同时它也是工作的连接点。

（1）节点的分类　一项工作，箭线指向的节点是工作的结束节点；引出箭线的节点是工作的开始节点。一项网络计划的第一个节点，称为起点节点，它表示一项计划的开始；一项网络计划的最后一个节点，称为终点节点，它表示一项计划的结束。其余节点则称为中间节点。

（2）节点的编号　为了便于网络图的检查和计算，需对网络图中的各节点进行编号。编号顺序由起点节点沿箭线方向至终点节点。要求每一项工作的开始节点号码都小于结束节点号码，并以不同的编码代表不同的工作，做到不重号、不漏编。可采用不连续编号方法，以便网络图调整时留有备用节点号。

3. 线路

网络图中，由起点节点沿箭线方向经过一系列箭线与节点至终点节点所形成的路线，称为线路。图4-5所示的网络图中共有5条线路，图4-5中同时绘制出了它们所经过的线路及持续时间。

（1）关键线路与非关键线路 在一项计划的所有线路中，持续时间最长的线路对整个工程的完工起着决定性作用，这条线路称为关键线路；其余线路称为非关键线路。关键线路的持续时间即为该项计划的计算总工期。在网络图中一般以双箭线、粗箭线或其他颜色的箭线表示关键线路，如图4-5所示。

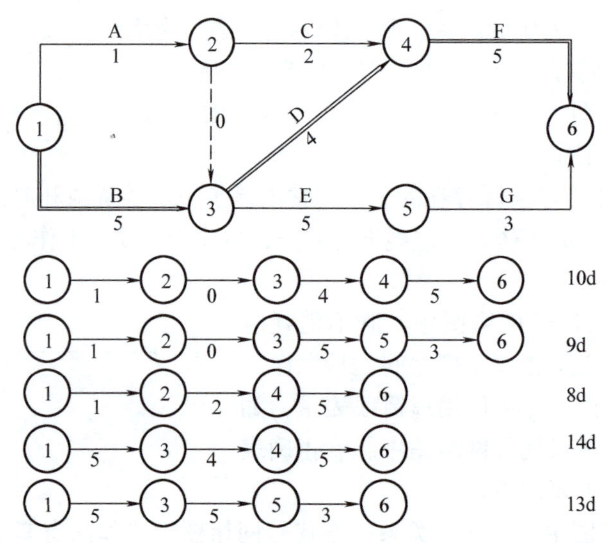

图4-5 双代号网络图——线路

（2）关键工作与非关键工作 位于关键线路上的工作称为关键工作，其余工作称为非关键工作。关键工作完成的快慢直接影响整个计划工期的实现。

一个网络图中有时可能出现若干条关键线路，它们的持续时间相等。关键线路并不是一成不变的，在一定条件下，关键线路和非关键线路会互相转化。例如，采取一定的技术组织措施缩短关键线路上某些关键工作的持续时间，使关键线路转化为非关键线路。非关键工作是非关键线路上关键工作以外的工作，在保证网络计划工期的前提下，它具有一定的机动时间，这个时间称为时差。利用非关键工作具有的时差可以科学、合理地调配资源和进行网络计划优化。

4.2.2 双代号网络图的绘制

正确绘制双代号网络图是网络计划技术应用的关键。因此在绘图时，应正确表达工作间的逻辑关系并遵守绘图的基本规则。

1. 双代号网络图逻辑关系的表达方法

逻辑关系是指网络计划中各项工作间存在的一种相互依赖、相互制约的先后顺序关系。这种关系在项目施工中有两类：一类是工艺关系，是指项目施工工艺所决定的各工作间的先后顺序关系，它是客观存在的一种逻辑关系，当项目的施工方法确定后，这种工艺关系随之也被确定；另一类是组织关系，它是在施工组织安排中，考虑了劳动力、机具、材料、工期等的影响，为各工作主观安排的先后顺序关系，如反映各施工工序在平面或空间上开展的先后顺序关系，这种组织关系可调整、优化，以达到较好的经济效果。

双代号网络图中常见的逻辑关系表达方法见表4-2。

表4-2 双代号网络图中常见的逻辑关系表达方法

序号	工作间的逻辑关系	网络图中的表达方法	说明
1	A工作完成后进行B工作	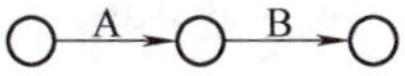	A工作的结束节点是B工作的开始节点
2	A、B、C三项工作同时开始	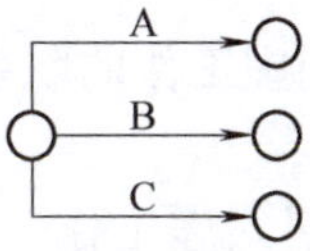	三项工作具有共同的开始节点
3	A、B、C三项工作同时结束	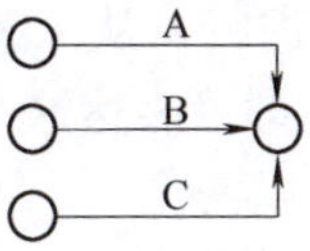	三项工作具有共同的结束节点
4	A工作完成后进行B和C工作	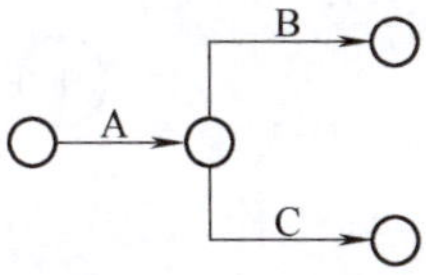	A工作的结束节点是B、C工作的开始节点
5	A、B工作完成后进行C工作	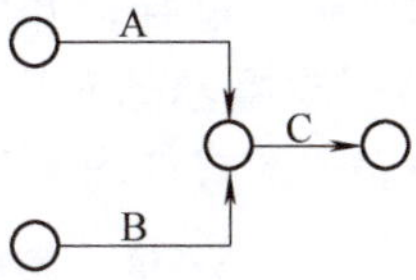	A、B工作的结束节点是C工作的开始节点
6	A、B工作完成后进行C、D工作	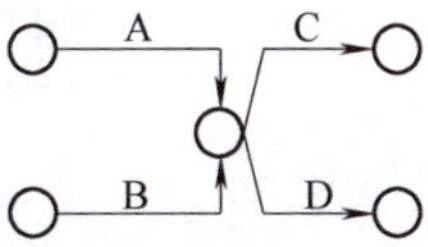	A、B工作的结束节点是C、D工作的开始节点
7	A工作完成后进行C工作，且A、B工作完成后进行D工作	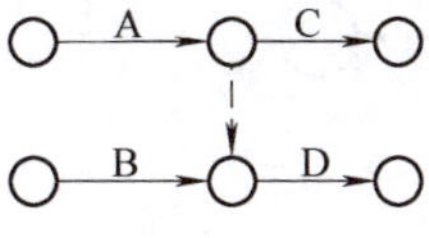	引入虚箭线，使A工作成为D工作的紧前工作
8	A、B工作完成后进行D工作，B、C工作完成后进行E工作	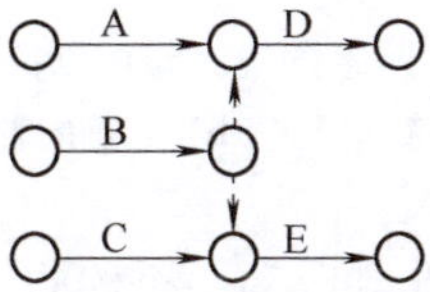	引入两道虚箭线，使B工作成为D、E共同的紧前工作

（续）

序号	工作间的逻辑关系	网络图中的表达方法	说明
9	A、B、C工作完成后进行D工作，B、C工作完成后进行E工作	A D B E C	引入虚箭线，使B、C工作成为D工作的紧前工作
10	A、B两个施工过程，按三个施工段流水施工	A_1 A_2 A_3 B_1 B_2 B_3	引入虚箭线，B_2工作的开始受到A_2和B_1两项工作的制约

2. 虚工作的运用

在双代号网络图的绘制中，灵活运用虚工作的联系、区分和断路作用，以保证网络图逻辑关系的准确表达。

（1）联系作用　在双代号网络图中引入虚工作，应将有组织关系或工艺关系的相关工作用虚箭线连接起来，以确保逻辑关系的正确表达。见表4-2第10项，B_2工作的开始，从组织关系上讲，须在B_1工作完成后才能进行；从工艺关系上讲，B_2工作的开始，须在A_2工作结束后才能进行，那么引入虚箭线，即可表达这一逻辑关系。

（2）区分作用　双代号网络图中，以两个代号表示一项工作，对于同时开始、同时结束的两项平行工作的表达，需要引入虚工作以示区别，如图4-6所示。

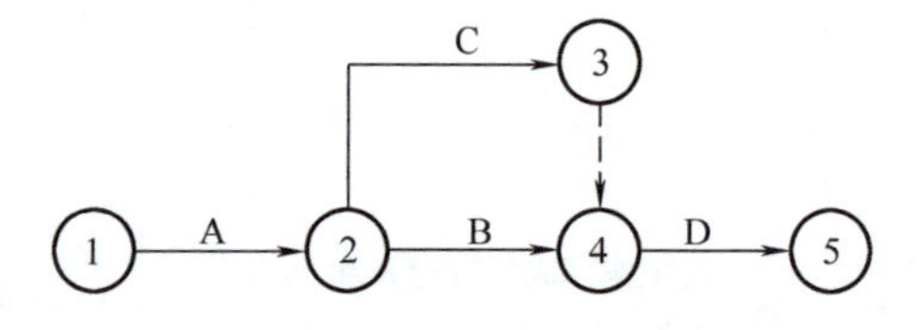

图4-6　网络图虚工作的区分作用

（3）断路作用　在双代号网络图中引入虚工作，可在线路上隔断无逻辑关系的各项工作。例如，绘制某基础工程的网络图，该基础工程有挖基槽、铺垫层、做墙基、回填土四个施工过程，并分两段施工。如图4-7a所示的网络图，其逻辑关系的表达是错误的，如第一段墙基的施工并不需要待第二段基槽开挖后再进行，故须用虚工作将它们断开。正确的表达形式如图4-7b所示。

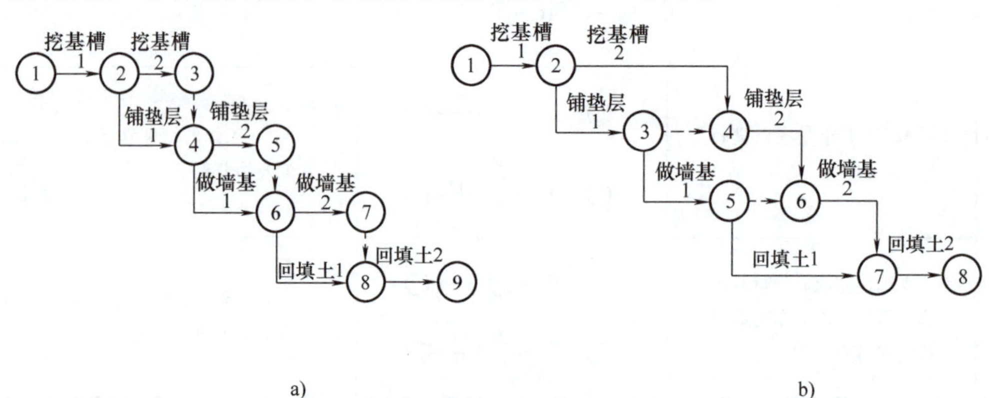

图4-7　网络图虚工作的断路作用

a）错误的表达形式　b）正确的表达形式

3. 双代号网络图的绘制原则

（1）一个网络图中应只有一个起点节点和一个终点节点　如图4-8a出现①、②两个起点节点，⑧、⑨、⑩三个终点节点是错误的。该网络图正确的画法如图 4-8b 所示，将①、②两个节点合并成一个起点节点，将⑧、⑨、⑩三个节点合并成一个终点节点。

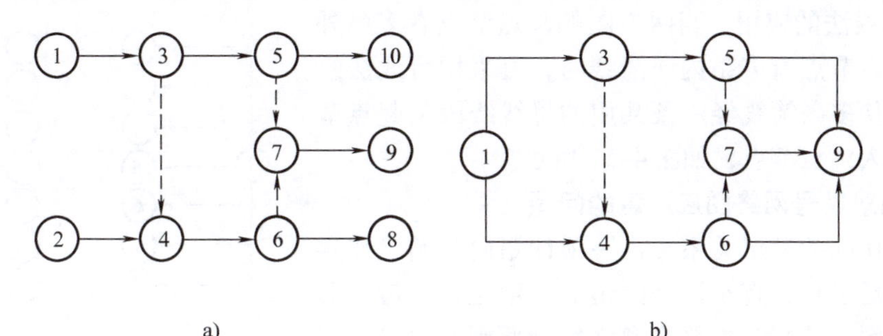

图 4-8　只允许有一个起点节点和终点节点

a）错误的表达形式　b）正确的表达形式

（2）网络图中不允许出现循环回路

在网络图中从某一节点出发，若沿箭线方向又回到此节点，就会出现循环现象，即循环回路。如图 4-9 所示的网络图中②→③→④→②形成循环回路，它所表示的工艺关系是错误的。

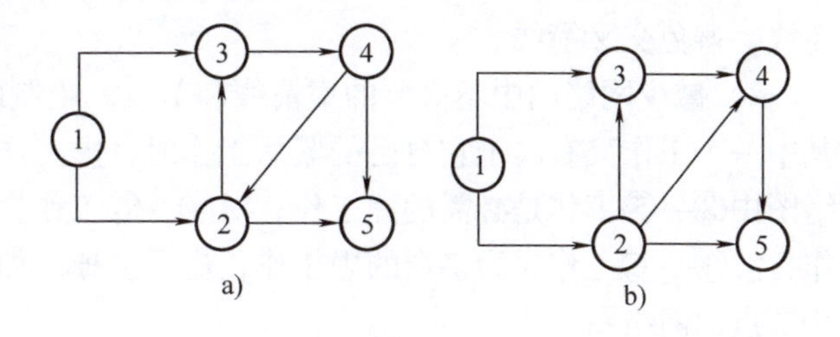

图 4-9　不允许出现循环回路

a）错误的表达形式　b）正确的表达形式

（3）在网络图中不允许出现无开始节点或无结束节点的情况　错误和正确的表现形式如图 4-10 所示。

（4）网络图中不允许出现双向箭线或无箭头箭线　如图 4-11 所示的图形是错误的。网络图是一种有向图，施工的开展应按箭头方向进行，出现无向或双向箭线均不正确。

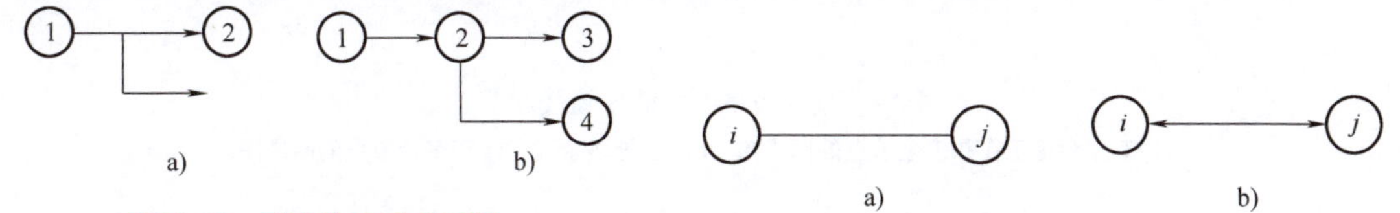

图 4-10　不允许出现无开始节点或结束节点的情况

a）错误的表达形式　b）正确的表达形式

图 4-11　不允许无箭头或双向箭线

a）无箭头箭线　b）双向箭线

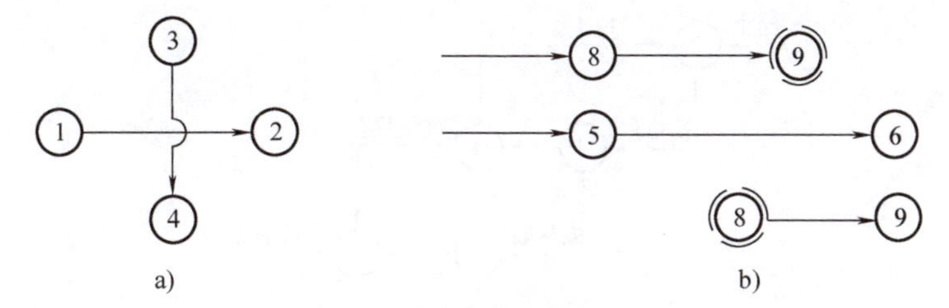

图 4-12　箭线交叉的处理

a）过桥法　b）指向法

（5）网络图中交叉箭线的处理　绘制网络图时，应尽量避免箭线的交叉。当无法避免时，可采用过桥法或指向法加以处理，如图4-12所示。其中指向法还可用于网络图的换行、换页指示。

(6) 母线法的应用 当网络图的起点节点有多条外向箭线或终点节点有多条内向箭线时，可采用母线法绘制，这样可使多条箭线经一条共用的母线线段从起点节点引出或引入终点节点，如图4-13所示。

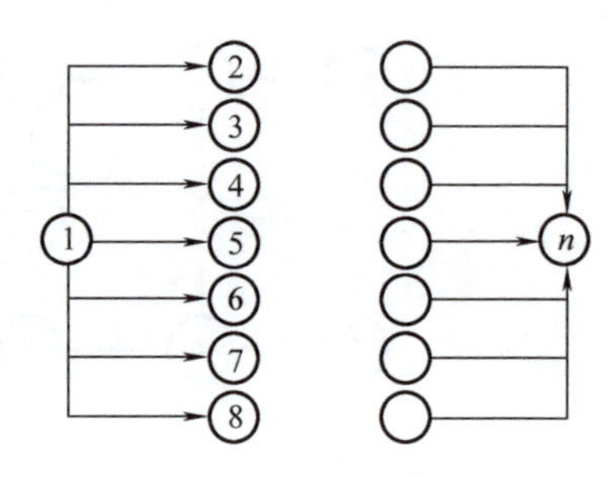

图4-13 母线法

4. 绘制双代号网络图应注意的问题

根据工作间的逻辑关系，将一项计划由开始工作逐项绘出其紧后工作，直至计划的最后一项工作，最终形成网络计划图。绘制时应严格遵守绘制原则及要求，同时注意以下几个方面的问题：

1) 网络图布局要规整，层次清楚，重点突出。尽量采用水平箭线和垂直箭线，少用斜箭线，避免交叉箭线。

2) 减少网络图中不必要的虚箭线和节点。绘制时，若两个工作有共同的紧后工作，而其中一个工作又有属于它自己的紧后工作时，虚工作的加设是必需的。如图4-14a所示的网络图中③→⑤工作是必需的虚工作；对④→⑥工作，因②→④工作没有单独属于它的紧后工作，故④→⑥工作成为多余的虚工作，应予去掉。如图4-14b所示即为去掉多余虚工作和多余节点的网络图。

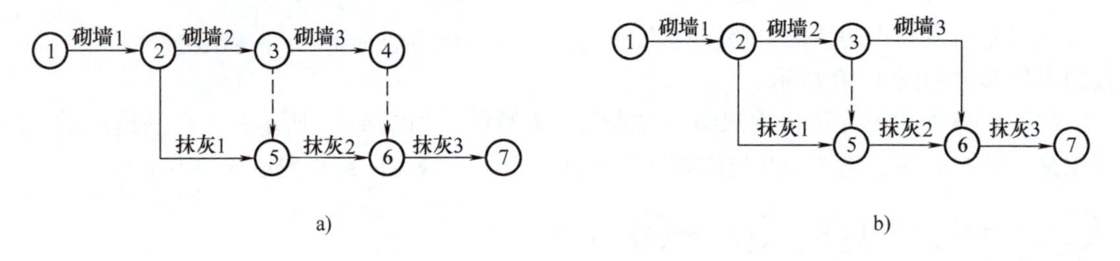

图4-14 减少网络图中的虚箭线和节点

a) 有多余虚工作和多余节点的网络图 b) 去掉多余虚工作和多余节点的网络图

3) 灵活应用网络图的排列形式，应能够便于网络图的检查、计算和调整。如可按组织关系或工艺关系进行排列。

以水平方向表示组织关系进行排列，如图4-15所示。

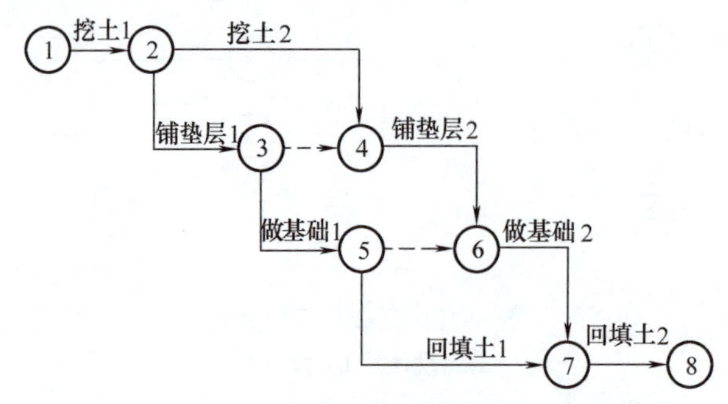

图4-15 以水平方向表示组织关系的网络图排列形式

以水平方向表示工艺关系进行排列（如按施工段或房屋栋号、楼层分层排列），如图4-16所示。

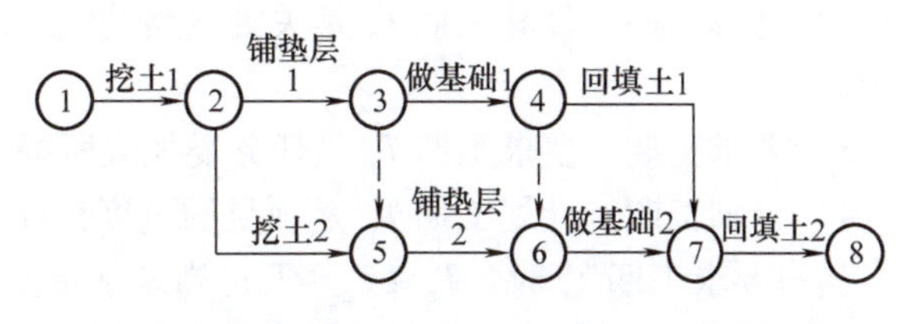

图4-16　以水平方向表示工艺关系的网络图排列形式

4.2.3　双代号网络图时间参数的计算

没有标注时间参数的网络图，仅仅是施工项目工艺或组织的流程图，而要应用双代号网络图对建筑工程项目做出施工进度安排，需对网络图进行时间参数计算，并在此基础上确定关键线路、关键工作，找出非关键工作的机动时间，实现对网络计划的调整、优化，从而使其起到指导或控制工程施工的作用。

网络图时间参数的计算方法主要有分析计算法、图上计算法、表上计算法、矩阵计算法等。较为简单的网络计划，可采用人工计算；大型、复杂的网络计划则采用计算机程序进行绘制并计算。

1. 双代号网络图时间参数计算的内容

双代号网络图的时间参数包括工作持续时间、节点时间参数、工作时间参数和线路时间参数四类。

（1）工作持续时间 D_{i-j}　工作持续时间 D_{i-j} 是一项工作从开始到完成的时间，它的计算可采用定额计算法和三种时间估算法。

1）定额计算法。定额计算法根据各项工作的工程量及完成该项工作能够投入的资源量（包括人工、机械、材料等），按式（4-1）进行计算，即

$$D_{i-j}=\frac{Q_{i-j}}{S_{i-j}R_{i-j}N_{i-j}}=\frac{Q_{i-j}H_{i-j}}{R_{i-j}N_{i-j}}=\frac{P_{i-j}}{R_{i-j}N_{i-j}} \tag{4-1}$$

式中　D_{i-j}——完成施工项目的工作持续时间（d）；

Q_{i-j}——该施工项目的工程量（m^3，m^2，m，t…）；

R_{i-j}——该施工项目上每班安排的施工班组人数或机械台数（人或台）；

S_{i-j}——该施工项目采用的产量定额［（m^3，m^2，m，t…）/工日］；

H_{i-j}——该施工项目采用的时间定额［工日/（m^3，m^2，m，t…）］；

N_{i-j}——工作班制；

P_{i-j}——某施工项目所需的劳动量（或机械台班量）。

2）三种时间估算法。三种时间估算法根据以往的施工经验，首先估算出该项工作最长、最短和最可能的三种持续时间，然后对三者进行加权平均计算，即

$$D_{i-j}=\frac{a+4m+b}{6} \tag{4-2}$$

式中　D_{i-j}——完成该施工项目的工作持续时间（d）；

a——完成该施工项目的最长持续时间（d）；

b——完成该施工项目的最短持续时间（d）；

m——完成该施工项目的可能持续时间（d）。

（2）线路时间参数　线路时间参数包括线路时间、计算工期、要求工期、计划工期等。

1）线路时间。线路时间是完成线路上全部工作所需要的时间总和。

2）计算工期。计算工期 T_c 是关键线路的线路时间，也可根据节点或工作时间参数计算确定。

3）要求工期。要求工期 T_r 是任务委托人所提出的指令性工期。

4）计划工期。计划工期 T_p 是项目的进度目标值，可根据要求工期和计算工期确定。

当有要求工期 T_r 时，$T_c \leqslant T_p \leqslant T_r$；当未规定要求工期 T_r 时，$T_p = T_c$

（3）节点时间参数 节点时间参数包括节点最早时间和节点最迟时间，分别用 ET_i 和 LT_i 表示。

（4）工作时间参数 网络计划各项工作的时间参数，主要包括工作的最早开始时间 ES_{i-j} 和完成时间 EF_{i-j}、工作的最迟开始时间 LS_{i-j} 和完成时间 LF_{i-j}、总时差 TF_{i-j}、自由时差 FF_{i-j}。

2. 双代号网络图节点时间参数 ET_i 和 LT_i 的计算

（1）节点最早时间 ET_i 的计算 一个节点的最早时间是以该节点为结束节点的所有工作全部完成的时间，它也是以该节点为开始节点的各项工作可能的最早开始时刻。一项网络计划的各节点最早时间的计算是顺箭线方向由起点节点向终点节点计算的。

1）起点节点的最早时间 ET_1 按规定开工日期确定，当未规定开工日期时其值取零，即

$$ET_1 = 0 \tag{4-3}$$

2）其他节点的最早时间 ET_j 的计算公式为

$$ET_j = \max[ET_i + D_{i-j}] \quad (i < j) \tag{4-4}$$

当某节点前面只连接一个节点时，则有：

$$ET_j = ET_i + D_{i-j} \quad (i < j) \tag{4-5}$$

3）一项网络计划终点节点的最早时间 ET_n 即为整个项目的计算工期，同时是该终点节点的最迟时间，即

$$ET_n = T_c \tag{4-6}$$

$$ET_n = LT_n \tag{4-7}$$

（2）节点最迟时间 LT_i 的计算 节点最迟时间是在不影响网络计划总工期的前提下以该节点为结束节点的各项工作最迟必须完成的时间。一项网络计划各节点最迟时间的计算是逆箭线方向由终点节点向起点节点计算的。

1）终点节点的最迟时间 LT_n 按规定工期确定，或按式（4-8）计算。

$$LT_n = T_c = ET_n \tag{4-8}$$

2）其他节点最迟时间 LT_i 的计算公式为

$$LT_i = \min[LT_j - D_{i-j}] \quad (i < j) \tag{4-9}$$

当某节点之后只有一个连接节点时，则有：

$$LT_i = LT_j - D_{i-j} \quad (i < j) \tag{4-10}$$

3. 双代号网络图工作基本时间参数的计算

（1）工作最早开始时间 ES_{i-j} 和最早完成时间 EF_{i-j} 的计算 工作最早开始时间是指该工作的紧前工作全部完成后的开始时间，即为该工作开始节点的最早时间，即

$$ES_{i-j} = ET_i \tag{4-11}$$

该工作的最早完成时间等于该工作最早开始时间与工作持续时间之和，即

$$EF_{i-j} = ES_{i-j} + D_{i-j} \tag{4-12}$$

在计算上述两个时间参数时，若未计算节点时间参数值，则可顺箭线方向由起点节点向终点节点依据以下各式展开计算：

1）第一项工作的最早开始时间 ES_{1-j} 按规定开工日期确定，当未规定开工日期时其值取零，即

$$ES_{1-j} = 0 \tag{4-13}$$

该工作的最早完成时间等于该工作最早开始时间与工作持续时间之和，即

$$EF_{1-j} = ES_{1-j} + D_{1-j} \tag{4-14}$$

2）中间各项工作的最早开始时间 ES_{i-j} 与最早完成时间 EF_{i-j} 的计算公式为

$$ES_{i-j} = \max[EF_{h-i}] \quad (h < i < j) \tag{4-15}$$

$$EF_{i-j} = ES_{i-j} + D_{i-j} \quad (h < i < j) \tag{4-16}$$

当某工作只有一项紧前工作时，则有：

$$ES_{i-j} = EF_{h-i} \quad (h < i < j) \tag{4-17}$$

3）最后一项工作最早完成时间的最大值即为该计划的计算工期，即

$$T_c = \max[EF_{i-n}] \tag{4-18}$$

（2）工作最迟开始时间 LS_{i-j} 和工作最迟完成时间 LF_{i-j} 的计算　工作最迟完成时间等于该工作结束节点的最迟时间，即

$$LF_{i-j} = LT_j \tag{4-19}$$

工作最迟开始时间等于该工作最迟完成时间与工作持续时间之差，即

$$LS_{i-j} = LF_{i-j} - D_{i-j} \tag{4-20}$$

在计算上述两个时间参数时，若未计算节点时间参数值，则可逆箭线方向由终点节点向起点节点依据以下各式展开计算：

1）最后一项工作的最迟完成时间 LT_{i-n} 按规定工期确定，或按式（4-21）计算。

$$LF_{i-n} = \max[EF_{i-n}] = T_c \tag{4-21}$$

该工作的最迟开始时间等于该工作最迟完成时间与工作持续时间之差，即

$$LS_{i-n} = LF_{i-n} - D_{i-n} \tag{4-22}$$

2）其他工作的最迟完成时间 LF_{i-j} 与最迟开始时间 LS_{i-j} 的计算公式为

$$LF_{i-j} = \min[LS_{j-k}] \tag{4-23}$$

$$LS_{i-j} = LF_{i-j} - D_{i-j} \tag{4-24}$$

当某工作只有一项紧后工作时，则有：

$$LF_{i-j} = LS_{j-k} \tag{4-25}$$

（3）工作总时差 TF_{i-j} 的计算　工作的总时差是指在不影响总工期的前提下工作所具有的机动时间。它是由工作的最迟开始时间与最早开始时间之间的差异而产生的。利用工作的总时差来延长工作的作业时间或推迟其开工时间，均不会影响网络计划的总工期，其计算公式为

$$TF_{i-j} = LS_{i-j} - ES_{i-j} \tag{4-26}$$

（4）工作自由时差 FF_{i-j} 的计算　一项工作的自由时差是指在不影响其紧后工作最早可能开始时间的条件下，该工作能利用的机动时间，其计算公式为

$$FF_{i-j} = ES_{j-k} - EF_{i-j} \tag{4-27}$$

工作的总时差和自由时差的关系如下几点所述：

1）一项工作的总时差是这项工作所在线路上各工作所共有的，而自由时差是该工作所独有利用的机动时间，总时差大于或等于自由时差。

2）当总时差为零时，自由时差也为零。

4. 关键线路的确定

关键线路是一项网络计划持续时间最长的线路，这种线路是项目能否如期完工的关键所在。关键线路具有如下几点性质：

1）关键线路所持续的时间，即为该网络计划的计算工期。

2）当网络计划的计划工期与计算工期相等时，关键线路上各关键工作的总时差等于零。

5. 图上计算法和表上计算法

上述对双代号网络图时间参数的计算，也可通过图上计算法和表上计算法来表达，这两种方法在实际工作中应用更为广泛。

（1）图上计算法　图上计算法是在图上直接计算时间参数并将所计算的数值标注于网络图上的一种方法。这种方法常用的时间标注形式及每个参数的位置如图4-17所示。

$ET_i|LT_i$　ES_{i-j} | EF_{i-j} | TF_{i-j} / LS_{i-j} | LF_{i-j} | FF_{i-j}　$ET_j|LT_j$

图4-17　图上计算法采用的时间标注形式及参数位置

计算结果按图例位置标注，如图4-18所示。

采用图上计算法计算网络计划的时间参数时较简便、直观，标出关键线路后更可利用时差的特性，来检验计算结果的准确性。

（2）表上计算法　表上计算法是利用表格形式计算网络计划的时间参数并将计算值列于表格中的一种方法。采用表上计算法计算各项工作的时间参数，有利于网络图的图面清晰和数据计算的条理化，见表4-3。

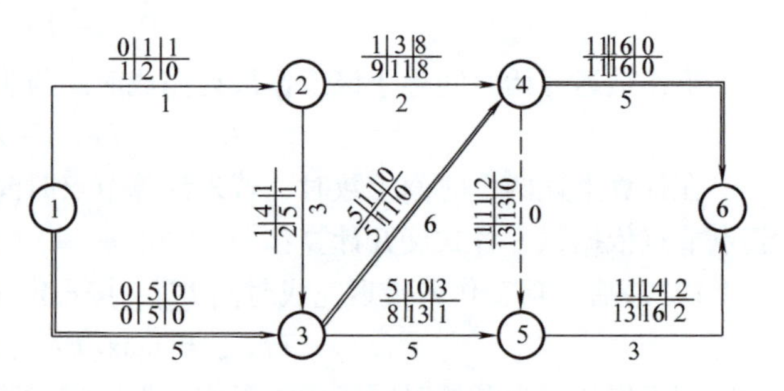

图4-18　图上计算法

表4-3　表上计算法

紧前工作个数 紧后工作个数	工作编号	D_{i-j}	ES_{i-j}	EF_{i-j}	LS_{i-j}	LF_{i-j}	TF_{i-j}	FF_{i-j}	关键工作（√）
(1)	(2)	(3)	(4)	(5) =(3)+(4)	(6) =(7)−(3)	(7)	(8)	(9)	(10)
0/2	1—2	1	0	1	1	2	1	0	
0/2	1—3	5	0	5	0	5	0	0	√
1/2	2—3	3	1	4	2	5	1	1	
1/2	2—4	2	1	3	9	11	8	8	
2/2	3—4	6	5	11	5	11	0	0	√
2/1	3—5	5	5	10	8	13	3	1	
2/1	4—5	0	11	11	13	13	2	0	
2/1	4—6	5	11	16	11	16	0	0	√
2/0	5—6	3	11	14	13	16	2	2	
2/0	6—	—	16	—	—	—	—	—	

[能力训练]

训练题目1　双代号网络图的绘制

某分部工程为钢筋混凝土基础工程，分四段施工，其施工过程及各段的持续时间为：挖土3d，铺垫层1d，做基础4d，回填土2d。试绘制双代号网络图。

(1) 目的　掌握双代号网络图的绘制方法、原则。

(2) 能力及标准要求　熟练准确地绘制双代号网络图。

(3) 步骤

1) 分析该项目所包含的工作内容及工作关系。本项目包括16项实际工作，工作间存在的工艺关系为：挖土→铺垫层→做基础→回填土；组织关系为：第1段工作→第2段工作→第3段工作→第4段工作。

2) 由第一项工作挖土1开始，根据工作间工艺与组织关系，依次绘制各项工作的紧后工作，形成网络图草图，如图4-19所示。

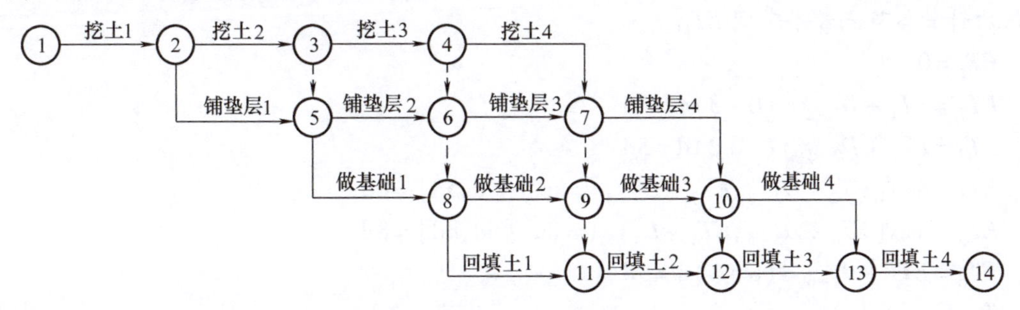

图4-19　网络图草图

3) 以工作间的逻辑关系及绘图原则检查草图，去掉多余节点与多余虚工序后形成正式图，并对节点进行编号。在网络图草图的第三个层次中，做基础2仅与铺垫层2有组织关系，而与挖土3无逻辑关系，故引入虚工作隔断两者的联系。同理，将没有逻辑关系的各项工作间加入虚工作，以表达正确的逻辑关系；之后去掉多余的节点与虚工作，并进行节点编号，最后形成正式网络图，如图4-20所示。

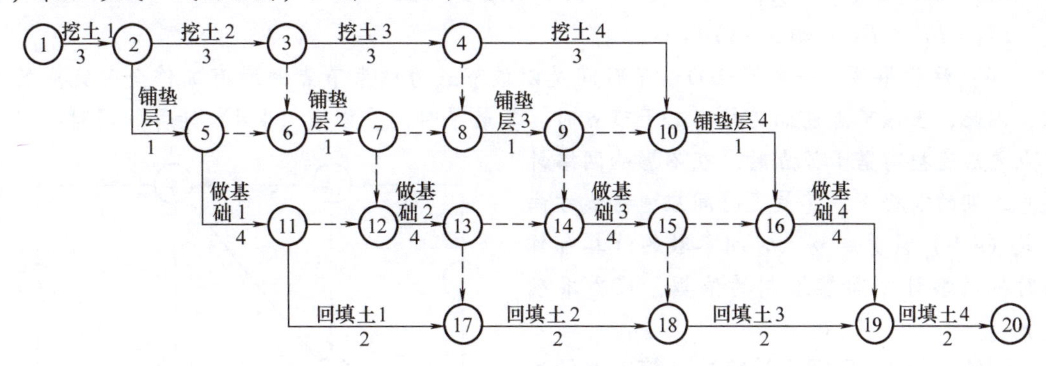

图4-20　正式网络图

(4) 注意事项

1) 双代号网络图的绘制，应充分利用虚工作的联系、隔断、区分作用，正确表达工作间的逻辑关系，准确绘制图形。

2）及时去掉多余的节点与虚工作，简化网络计划。

（5）讨论 本项目网络图是以工艺关系排列表达的，可否采用组织关系排列表达？该如何表达？

训练题目2 节点时间参数的计算

如图4-21所示的网络计划，箭线下方为工作持续时间（d），若工期无规定，试计算节点时间参数及网络计划工期。

（1）目的 掌握双代号网络图节点时间参数的计算原理、方法和步骤。

（2）能力及标准要求 熟练准确地计算双代号网络图节点的时间参数。

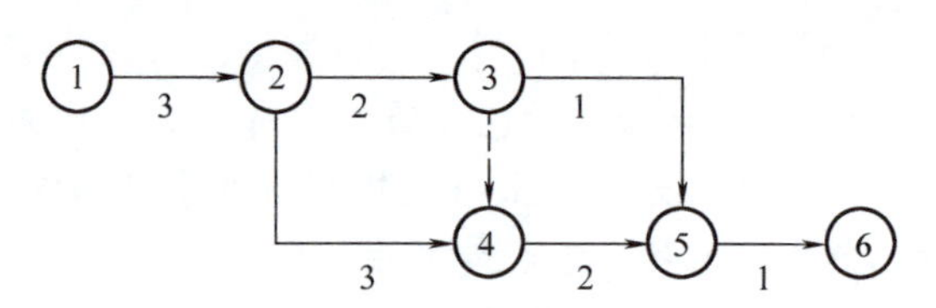

图4-21 节点时间参数计算的网络计划图

（3）步骤

1）顺箭线方向由起点节点向终点节点依次计算各节点最早时间 ET_i。

$ET_1=0$

$ET_2=ET_1+D_{1-2}=(0+3)\text{d}=3\text{d}$

$ET_3=ET_2+D_{2-3}=(3+2)\text{d}=5\text{d}$

$ET_4=\max[ET_2+D_{2-4},ET_3+D_{3-4}]=\max[6\text{d},5\text{d}]=6\text{d}$

$ET_5=\max[ET_3+D_{3-5},ET_4+D_{4-5}]=\max[6\text{d},8\text{d}]=8\text{d}$

$ET_6=ET_5+D_{5-6}=(8+1)\text{d}=9\text{d}$

$T=ET_6=9\text{d}$

2）逆箭线方向由终点节点向起点节点依次计算各节点最迟时间 LT_i。

$LT_6=ET_6=9\text{d}$

$LT_5=LT_6-D_{5-6}=(9-1)\text{d}=8\text{d}$

$LT_4=LT_5-D_{4-5}=(8-2)\text{d}=6\text{d}$

$LT_3=\min[LT_5-D_{3-5},LT_4-D_{3-4}]=\min[7\text{d},6\text{d}]=6\text{d}$

$LT_2=\min[LT_3-D_{2-3},LT_4-D_{2-4}]=\min[4\text{d},3\text{d}]=3\text{d}$

$LT_1=LT_2-D_{1-2}=(3-3)\text{d}=0$

（4）注意事项 一个节点的最早时间是以该节点为结束节点的所有工作全部完成的时间，因此，当该节点前面连接有若干节点时，其最早时间应以式（4-4）计算。同时，当该节点之后连接有若干节点时，在不影响网络计划总工期的前提下，其最迟时间应逆箭线方向以式（4-9）计算。节点时间参数的计算可作为时标网络计划间接绘制的依据，应当准确计算。

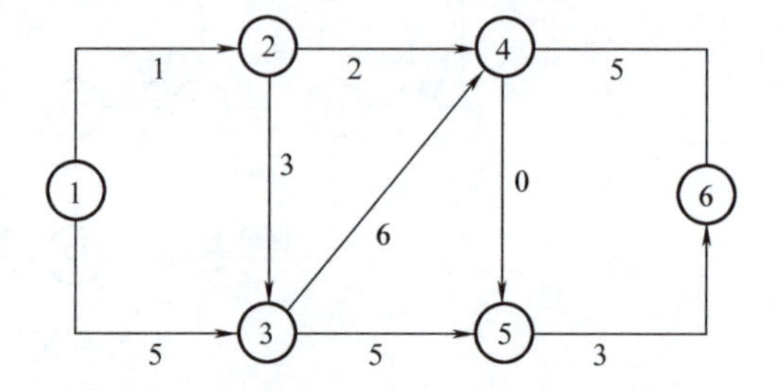

图4-22 图上计算法计算的网络计划图

训练题目3 用图上计算法计算工作的基本时间参数

试用图上计算法计算如图4-22所示的网络图各项工作的时间参数，箭线下方为工作持续时间（d），确定工期（工期无规定）并标出关键线路。

（1）目的　掌握双代号网络图工作时间参数的计算原理、方法和步骤，并能以图上计算法表达。

（2）能力及标准要求　熟练准确地计算双代号网络图工作的时间参数。

（3）步骤

1）确定图例，如图4-23所示。

ES_{i-j}	EF_{i-j}	TF_{i-j}
LS_{i-j}	LF_{i-j}	FF_{i-j}

图4-23　图例

2）计算各项工作的最早开始时间和最早完成时间。顺箭线方向由①节点向⑥节点计算，将计算结果标注于箭线上方，如图4-24所示。

3）计算各项工作的最迟开始时间和最迟完成时间。逆箭线方向由⑥节点向①节点计算，将计算结果标注于图例中要求的位置，如图4-25所示。

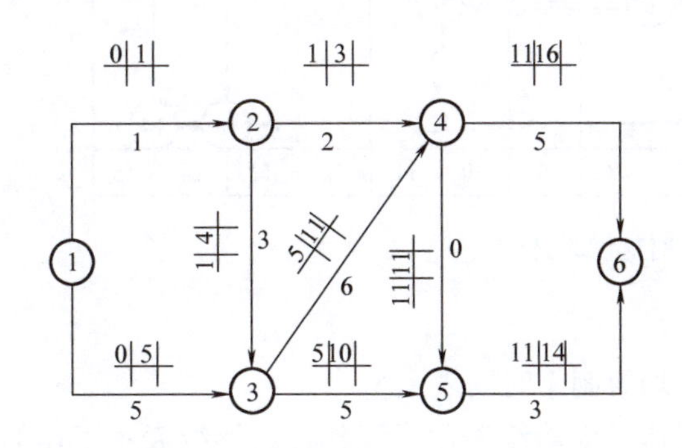

图4-24　工作最早开始时间和最早完成时间计算

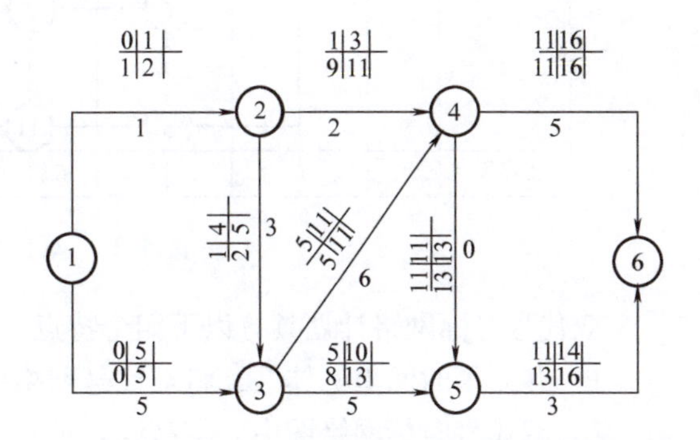

图4-25　工作最迟开始时间和最迟完成时间计算

4）计算各工作的总时差和自由时差。计算结果按图例中要求的位置标注，如图4-26所示。

5）标出关键线路。关键线路的判定：当工期无规定时，总时差为零的各项工作所形成的线路为关键线路。如图4-26所示，关键线路为①→③→④→⑥，工期为16d。

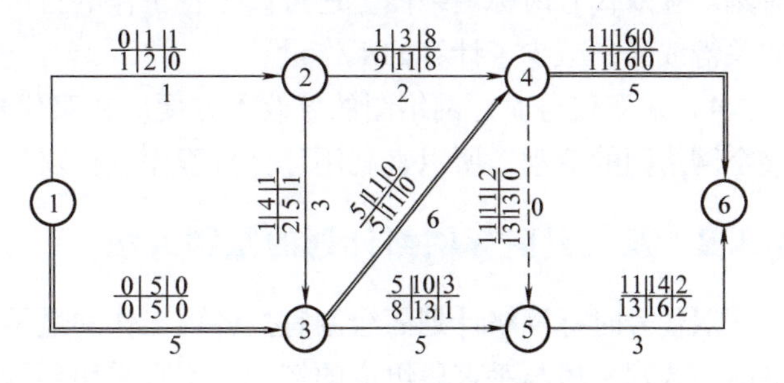

图4-26　工作总时差和自由时差计算

（4）讨论　采用图上计算法计算工作的时间参数时，可以最大线路时间值先行确定并标注出关键线路。在工作时间参数计算完毕后，再利用总时差与自由时差的特性对计算结果进行检验。在关键线路上，各工作总时差为零，自由时差也为零；以关键线路上的节点为结束节点的非关键工作，其总时差与自由时差相等，其他非关键工作的总时差均大于自由时差。

课题3　双代号时标网络计划

4.3.1　双代号时标网络计划的概念及特点

双代号时标网络计划是以时间坐标为尺度绘制的网络计划，它吸取了横道图直观的优点，使工作间不仅逻辑关系明确，而且时间关系也一目了然，如图4-27所示。采用双代号时标网络计划为施工进度的调整与控制、网络计划的优化都提供了便利。双代号时标网络计划适用于编制工作项目较少、工艺过程较简单的施工计划。对于大型复杂的工程，可先编制总的施工网络计划，然后根据工程的性质及所需网络计划的详细程度，每隔一段时间对下段时间应施工的工程区段绘制详细的双代号时标网络计划。

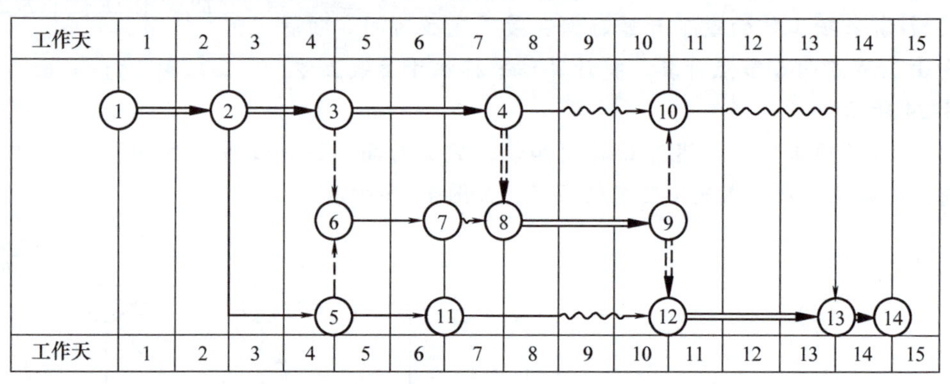

图4-27 双代号时标网络计划

双代号时标网络计划具有以下四个特点：

1）建立了时间坐标体系，将双代号网络计划绘制于时间表上。

2）双代号时标网络图中，实箭线表示实工作，虚箭线表示虚工作，波形线表示工作的自由时差。箭线的长短与工作的时间相关。

3）双代号时标网络图节点的中心位于时标的刻度线上，它表示工作的开始时刻与完成时刻。在双代号时标网络图上还可读出各工作的自由时差、总时差等时间参数以及网络计划的关键线路，减少了计算的工作量。

4）对双代号时标网络图的修改不方便。在双代号时标网络图中修改某一项可能会引起整个网络图的变动，所以宜利用计算机程序进行双代号时标网络计划的编制与管理。

4.3.2 双代号时标网络计划的绘制方法

双代号时标网络计划的绘制宜按各项工作的最早时间进行。表达工作的箭线一般采用水平箭线或水平段与垂直段组成的箭线，不宜采用斜箭线；虚工作的水平段即为其自由时差，应绘成波形线。双代号时标网络计划的绘制方法有间接绘制法和直接绘制法两种。

1. 间接绘制法

间接绘制法是先绘制普通双代号网络计划，计算出工作的时间参数，再确定关键线路，然后依据标注了时间参数的双代号网络图绘制双代号时标网络图的过程。其绘制要点如下所述：

1）绘制普通双代号网络图，计算时间参数，确定关键线路。

2）建立时间坐标体系。时间坐标标注于时标表的顶部、底部，其单位根据需要按小时、天、周、旬、月等确定。

3）将每项工作的箭尾节点按最早开始时间定位于时标表上，各项工作在双代号时标网络图中的布局参照标时网络计划。

4）节点间的箭线，以实箭线表示实工作，水平箭线的长度即为工作的持续时间，若箭线长度不足以到达该工作的结束节点时，用波形线补足；以虚箭线表示虚工作，其持续时间为零，用垂直箭线表示。虚工作的水平段绘成波形线，以表示其自由时差。

5）绘制时先画关键工作、关键线路，再画非关键工作，从而便于网络图的布局。

2. 直接绘制法

直接绘制法是根据工作间的逻辑关系及工作持续时间直接绘制双代号时标网络计划的方法。其绘制要点如下所述：

1）画出双代号网络计划的草图，并按线路时间参数确定出关键线路及项目工期。

2）建立时间坐标体系。

3）将起点节点定位于时标表的起始零刻度线上，并按工作的持续时间绘制起点节点的外向箭线及工作的箭头节点。

4）若工作的箭头节点是几项工作共同的结束节点时，此节点应定位于所有内向箭线中最迟完成的箭线箭头处。不足以到达该节点的实箭线，用波形线补足。

5）虚工作应绘制成垂直的虚箭线，若虚箭线的开始节点与结束节点之间有水平距离，用波形线补足，波形线的长度为该虚工作的自由时差。

6）用上述方法自左至右依次确定其他节点的位置，直至终点节点。

4.3.3　双代号时标网络计划关键线路和时间参数的确定

1. 关键线路的确定

在双代号时标网络图中，自起点节点至终点节点的所有线路中未出现波形线的线路，即为关键线路。如图4-27所示的①→②→③→④→⑧→⑨→⑫→⑬→⑭线路即为关键线路，要用双线、粗线等加以明确标注。

2. 时间参数的确定

（1）工作最早开始时间和最早完成时间的确定

1）工作最早开始时间：工作箭线左端节点中心所对应的时标值即为该工作的最早开始时间。

2）工作最早完成时间：当工作箭线右端无波形线时，则该箭线右端节点中心所对应的时标值即为该工作的最早完成时间；当工作箭线右端有波形线时，则该箭线无波形线部分的右端所对应的时标值即为该工作的最早完成时间。

（2）工作自由时差的确定　工作自由时差即为表示该工作的箭线中波形线的水平投影长度。

（3）工作总时差的确定　工作总时差可逆箭线由终止工作向起始工作逐个推算。当只有一项紧后工作时，工作总时差等于其紧后工作的总时差与本工作的自由时差之和，即

$$TF_{i-j} = TF_{j-k} + FF_{i-j} \quad (i<j<k) \tag{4-28}$$

当有多项紧后工作时，工作总时差等于其所有紧后工作总时差的最小值与该工作自由时差之和，即

$$TF_{i-j} = \min[TF_{j-k}] + FF_{i-j} \quad (i<j<k) \tag{4-29}$$

根据式（4-28）和式（4-29），可将各项工作的总时差标注于双代号时标网络图中各工作箭线上或波形线上。

(4) 工作最迟开始时间和最迟完成时间的确定　工作的最迟开始时间和最迟完成时间可由最早时间推算，计算公式为

$$LS_{i-j} = ES_{i-j} + TF_{i-j} \tag{4-30}$$

$$LF_{i-j} = EF_{i-j} + TF_{i-j} \tag{4-31}$$

[能力训练]

训练题目1　用间接法绘制双代号时标网络图

试将图4-28所示的双代号网络计划绘制成双代号时标网络计划。

(1) 目的　熟悉双代号时标网络计划的特点，掌握间接法绘制的原理与方法。

(2) 能力及标准要求　根据双代号时标网络图的绘制原则，熟练准确地将普通双代号网络图绘制为时标网络计划。

(3) 步骤

1) 计算网络计划的时间参数，如图4-28所示。

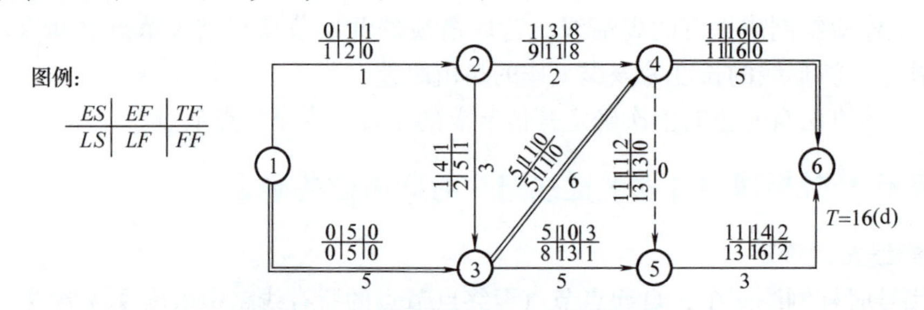

图4-28　间接法绘制双代号时标网络图

2) 建立时间坐标体系，如图4-29所示。

工作天	1	2	3	4	5	6	7	8	9	10	11	12	13	14	15	16	17
网络计划																	
工作天	1	2	3	4	5	6	7	8	9	10	11	12	13	14	15	16	17

图4-29　时间坐标体系

3) 根据普通双代号网络图的时间参数，由起点节点依次将各节点定位于时间坐标的纵轴上，并绘出各工作箭线及时差，如图4-30和图4-31所示。

工作天	1	2	3	4	5	6	7	8	9	10	11	12	13	14	15	16	17
网络计划	1	2				3						4 5					6
工作天	1	2	3	4	5	6	7	8	9	10	11	12	13	14	15	16	17

图4-30　各节点在时标图中的位置

工作天
1 2 3 4 5 6 7 8 9 10 11 12 13 14 15 16 17
网络计划
1
2
3
4
5
6
工作天
1 2 3 4 5 6 7 8 9 10 11 12 13 14 15 16 17

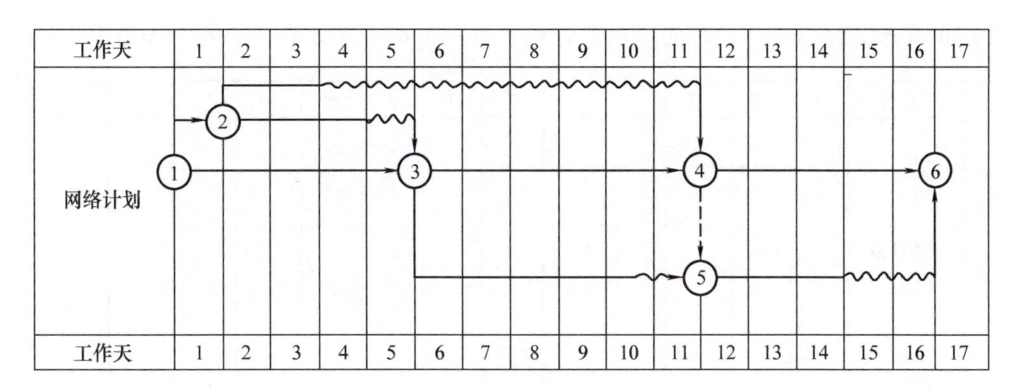

图4-31　双代号时标网络计划

(4) 注意事项

1) 双代号时标网络图应按各项工作的最早时间进行绘制。

2) 采用间接法绘制时，因已计算了工作的时间参数，故可据此对双代号时标网络图进行检查。

训练题目2　用直接法绘制双代号时标网络图

某工程有A、B、C三个施工过程，并分三段施工，各施工过程的流水节拍为：$t_A=3d$，$t_B=1d$，$t_C=2d$。试绘制其双代号时标网络计划，并确定各工作的总时差。

(1) 目的　掌握直接法绘制双代号时标网络计划的原理与方法

(2) 能力及标准要求　熟练应用直接法绘制双代号时标网络计划，准确判定网络计划中各工作的时间参数。

(3) 步骤

1) 绘制双代号网络图，如图4-32所示。其关键线路为①→②→③→⑦→⑨→⑩，工期为12d。

A1
3
A2
3
A3
3
B1
1
B2
1
B3
1
C1
2
C2
2
C3
2
1
2
3
4
5
6
7
8
9
10

图4-32　双代号网络图

2) 绘制时标表，将起点节点①定位于起始刻度线上，并按工作持续时间绘制节点①的外向箭线及箭头节点②，如图4-33所示。

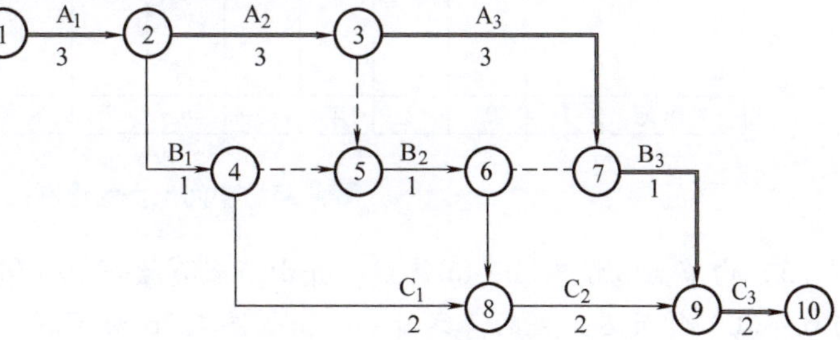

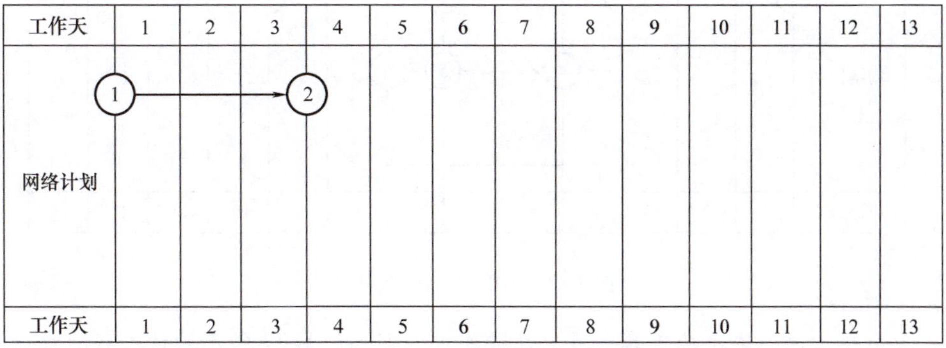

工作天
1 2 3 4 5 6 7 8 9 10 11 12 13
网络计划
1
2
工作天
1 2 3 4 5 6 7 8 9 10 11 12 13

图4-33　时间坐标系及起始工作的绘制

3）由节点②按工作持续时间绘制其外向箭线及箭头节点③和节点④，如图4-34所示。

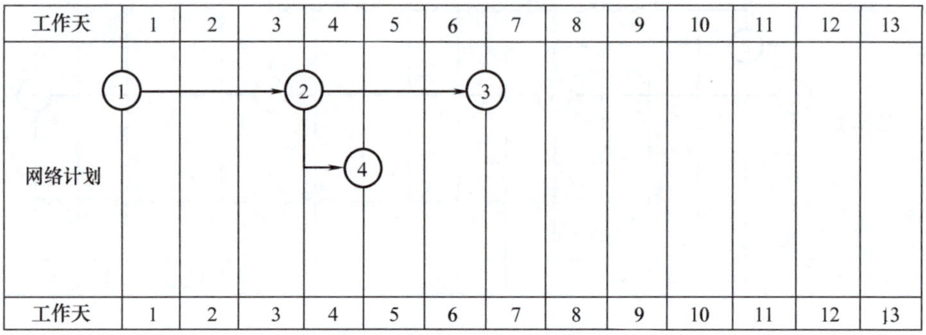

图4-34 中间工作的绘制一

4）由节点③绘制③→⑦箭线，并由节点③、④分别绘制③→⑤和④→⑤两项虚工作，其共同的结束节点为节点⑤。④→⑤工作间的箭线应绘制成波形线，如图4-35所示。

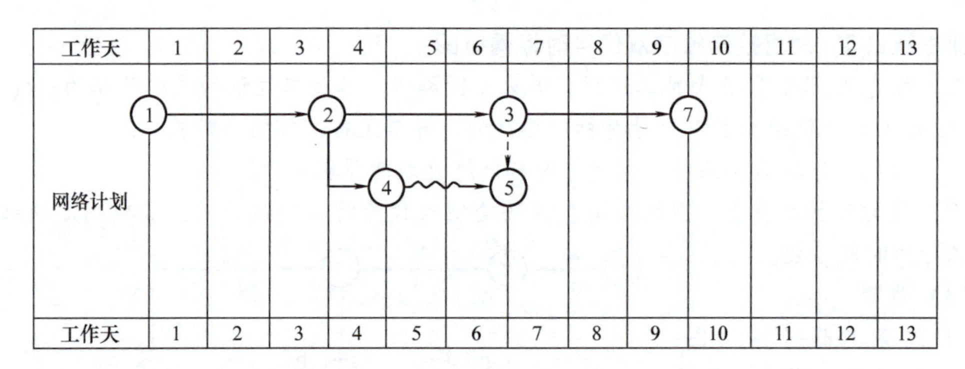

图4-35 中间工作的绘制二

5）由节点⑤绘制⑤→⑥箭线，并由节点⑥绘制⑥→⑧箭线，其中节点⑧定位于④→⑧与⑥→⑧工作最迟完成的箭线箭头处，如图4-36所示。

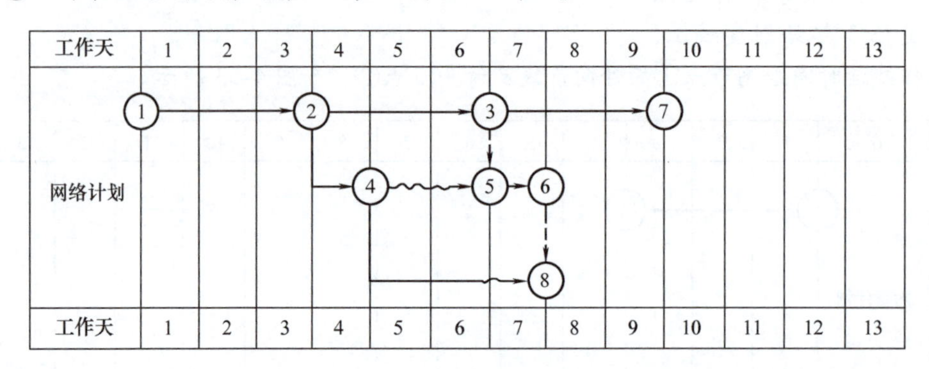

图4-36 中间工作的绘制三

6）按上述方法，依次确定其余节点及箭线，得到如图4-37所示的该工程的双代号时标网络图。

7）逆箭线由终止工作向起始工作逐个推算工作的总时差，并标注于如图4-38所示的双代号时标网络图上。

(4) 注意事项 双代号时标网络图是按各项工作的最早时间绘制的，例如本训练中，节点④的位置应是第4天末，而不是第6天末。

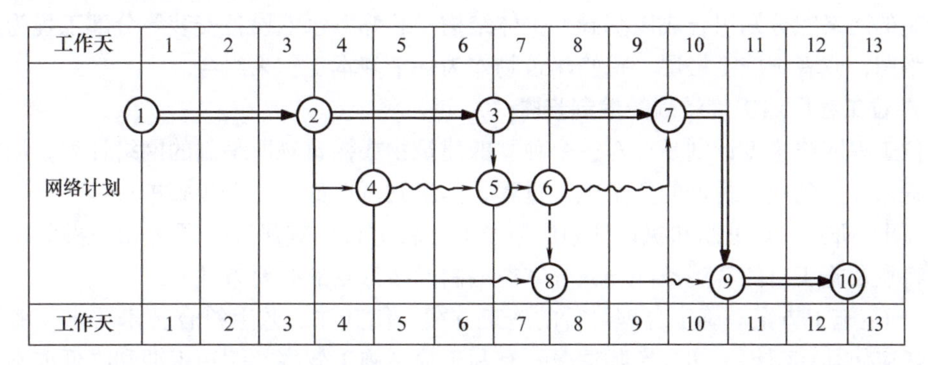

图4-37 双代号时标网络图

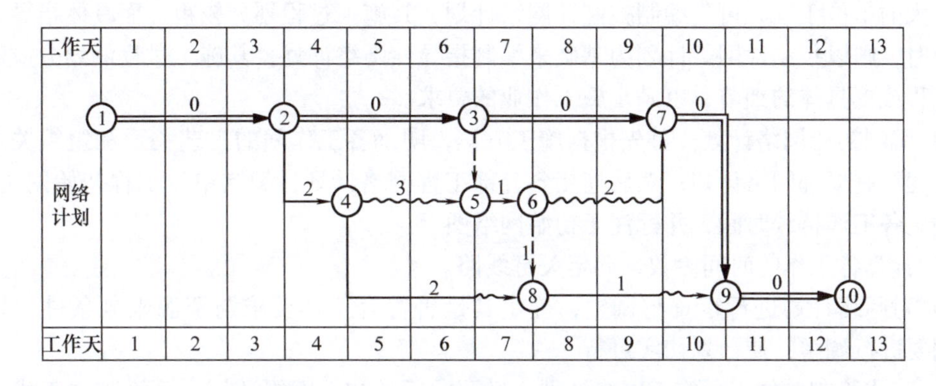

图4-38 标注工作总时差的双代号时标网络图

课题4 工程项目网络进度计划

工程项目网络计划根据编制对象的不同包括分部工程网络计划、单位工程网络计划和群体工程网络计划。

1. 正确表达工程项目网络计划的逻辑关系

如前所述，逻辑关系是指网络计划中各项工作间存在的一种相互依赖、相互制约的先后顺序关系。按照施工部署或施工方案的安排正确表达工作间的工艺关系和组织关系，是编制网络进度计划的基础。

2. 合理进行网络图的连接与工作的组合

(1) 网络图的连接 在绘制单位工程网络计划时，可将项目划分为若干分部工程，先分别绘制各分部工程网络计划，再按照各分部工程间的搭接关系将其连接合成一个总网络图。如一项民用建筑工程项目，可先绘制其基础工程网络计划、主体结构工程网络计划、装修工程网络计划、水电设备安装工程网络计划，然后将各分部工程网络计划合理地连接为该工程的单位工程网络计划。

（2）工作的组合 网络计划由于其对施工管理的作用不同，编制时可粗可细。对于工地管理人员具体执行的网络图需要详尽地加以编制，而控制性网络计划的编制则较为粗略，往往仅将网络图中的一些工作加以组合。如在编制群体工程的一级网络计划时，可将按分项工程绘制的网络图分别组合成以基础、主体结构、装修、水电设备安装等分部工程为基本工作的网络图，或者把施工楼层、每幢建筑物作为一个基本工作来组合。

3. 单位工程网络进度计划的编制步骤

单位工程网络进度计划是针对一个独立的建筑物或构筑物所编制的网络计划，用以指导单位工程从开工到竣工投产的整个施工过程，其编制可按如下几个步骤进行：

1）调查研究。对编制和执行计划所涉及的资料进行调查研究，了解和分析单位工程的构成、特点及施工时的客观条件，充分掌握编制网络计划的必要条件。

2）确定施工方案。确定合理可行的施工方案，使其在工艺上符合技术要求，能够保证质量；还应使其在组织上切合实际情况，有利于提高施工效率、缩短工期和降低成本。

3）划分施工过程。单位工程施工过程划分的粗细程度，一般根据网络计划的需要来进行。较大的单位工程，可先编制控制性网络计划，其施工过程划分较粗，而具体指导施工班组作业时，则以控制性网络计划为基础来编制指导性网络计划，其施工过程的划分应明确到分项工程或更具体的细节，以满足施工作业的要求。

4）编制初始网络计划。首先根据施工方案，明确各工作间的工艺关系和组织关系，按分部工程绘制局部网络计划；然后连接各分部工程网络计划，编制单位工程初始网络计划；最后确定各工作持续时间，并标注于初始网络图上。

5）计算各工作的时间参数，确定关键线路。

6）对网络计划进行审查与调整，确定其是否符合工期要求与资源限制条件，如不符合，则要进行调整，使计划切实可行。

7）正式绘制单位工程施工网络计划。经调整后的初始网络计划，可绘制成正式的网络计划。

4. 群体工程网络进度计划的编制步骤

群体工程网络进度计划是以一个建设项目或建筑群为对象编制的网络计划。群体工程施工具有工程项目多、整体性强、施工周期长和施工单位多的特点，故编制群体工程网络计划，必须先建立整体观、系统观，组织大流水施工，采用分级编制的方法，其编制可按如下几个步骤进行：

1）调查研究。群体工程网络计划所进行的调查研究与单位工程网络计划基本相同，但其内容更为广泛，所要进行的分析与预测工作更多、难度更大，需要更多的施工组织经验。

2）进行施工部署。首先划分施工任务与组织安排，做好组织分工，对施工任务划分区段，明确主攻项目和穿插施工项目，从总体上规划建设期限和施工程序；然后确定重点单位工程的施工方案和主要工种工程的施工方法。

3）分级编制网络计划初始方案。首先，在划分施工段和进行系统分析的基础上，编制一级网络计划，即总体施工网络计划，总体施工网络计划主要控制构成总体的各局部单体网络计划的施工工期，使群体工程的总工期满足合同工期的要求。在总体网络计划中，每个“工作”单元一般为单位工程，网络计划的箭线不宜过多，但要明确表达出系统性、区域性、可控性。

其次，编制二级网络计划。二级网络计划一般是一级网络计划中的重点或复杂的单位工程。二级网络计划的总工期受控于一级网络计划，其工作单元一般是分部（项）工程。

最后，编制三级网络计划。根据施工组织需要而编制的三级网络计划一般是二级网络计划中的一个结构标准层、装修标准层的网络计划或者是设备安装标准层施工网络计划。它根据二级网络计划规定的工期、劳动力资源数等展开编制，是施工工地操作层组织分项工程施工的最具体的实施性计划。

4）分级计算工作的时间参数，确定关键线路。

5）分级进行工期、资源优化。

6）编制各级正式施工网络计划。

单元小结

1. 网络计划是用网络图表达任务构成、工作顺序并加注工作时间参数的进度计划。它以箭线和节点按照一定规则组成，将施工过程各有关工作组成一个有机的整体，全面、明确地反映出各项工作间相互制约、相互依赖的关系。

2. 网络计划有多种分类方法。按表示方法，可分为单代号网络计划和双代号网络计划；按有无时间坐标，可分为时标网络计划和非时标网络计划；按编制层次，可分为总网络计划和局部网络计划等。

3. 双代号网络图是以一条箭线表示一项工作，用箭线首尾两个节点（圆圈）编号作为工作代号的网络图形。组成双代号网络图的三个基本要素是：箭线、节点和线路。

正确绘制双代号网络图是网络计划技术应用的关键。在绘图时应正确表达工作间的逻辑关系并遵守绘图的基本规则。

没有标注时间参数的网络图，仅仅是施工项目工艺或组织的流程图，要应用双代号网络图对建筑工程项目做出施工进度安排，需对网络图进行时间参数计算，在此基础上确定关键线路、关键工作，找出非关键工作的机动时间，实现对网络计划的调整、优化，使其起到指导或控制工程施工的作用。双代号网络图的时间参数包括工作持续时间、节点时间参数、工作时间参数和线路时间参数四类。

4. 双代号时标网络计划是以时间坐标为尺度绘制的网络计划，它吸取了横道图具有直观性的优点，使工作间不仅逻辑关系明确，而且时间关系也一目了然。采用双代号时标网络计划为施工进度的调整与控制、网络计划优化提供了便利。双代号时标网络计划适用于编制工作项目较少，工艺过程较简单的施工计划。对于大型复杂的工程，可先编制总的施工网络计划，然后根据工程的性质，所需网络计划的详细程度，每隔一段时间对下段时间应施工的工程区段绘制详细的双代号时标网络计划。

5. 工程项目网络计划根据编制对象的不同包括分部工程网络计划，单位工程网络计划和群体工程网络计划。单位工程网络计划按照调查研究、确定施工方案、划分施工过程、编制初始网络计划、计算各工作的时间参数、确定关键线路、正式绘制单位工程施工网络计划等步骤进行编制。

复习思考题

4-1 什么是双代号网络图？

4-2 简述双代号网络图的构成要素及其含义。

4-3 网络计划有哪两种逻辑关系？

4-4 什么是虚工作？虚工作有何作用？

4-5 什么是关键线路？关键线路有何作用？应如何确定？

4-6 双代号网络计划的时间参数有哪几种？各如何计算？

4-7 什么是时差？并说明其现实意义。

4-8 双代号时标网络计划有何特点？

实训练习题

练习题1 指出如图4-39所示的网络图中的错误。

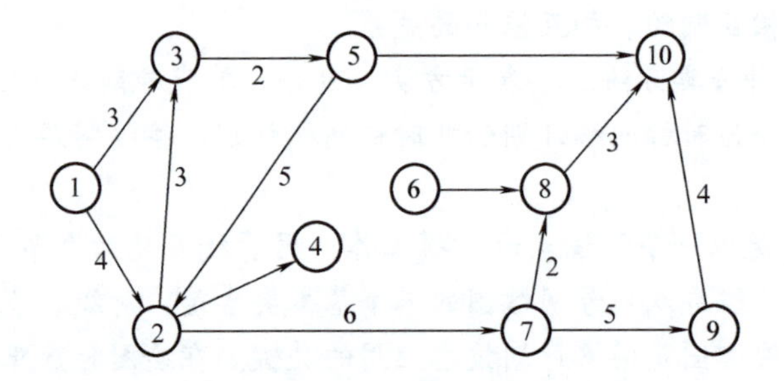

图4-39 某网络图

练习题2 已知各工作间的逻辑关系（见表4-4），试绘制双代号网络图。

表4-4 各工作间的逻辑关系

工作	紧前工作	紧后工作	工作	紧前工作	紧后工作
A	—	B、E、F	F	A	G
B	A	C	G	F	C、H
C	B、G	D、I	H	G	I
D	C、E	—	I	C、H	—
E	A	D、J	J	E	—

练习题3 用图上计算法计算如图4-40所示的网络图中各项工作的最早开始时间与最早完成时间、最迟开始时间与最迟完成时间以及总时差、自由时差等时间参数，并确定关键线路，求出工期。

练习题4 某钢筋混凝土楼板工程，分三段流水施工。施工过程及流水节拍为：支模板6d，绑钢筋4d，浇混凝土3d。试绘制该项目的双代号时标网络图。

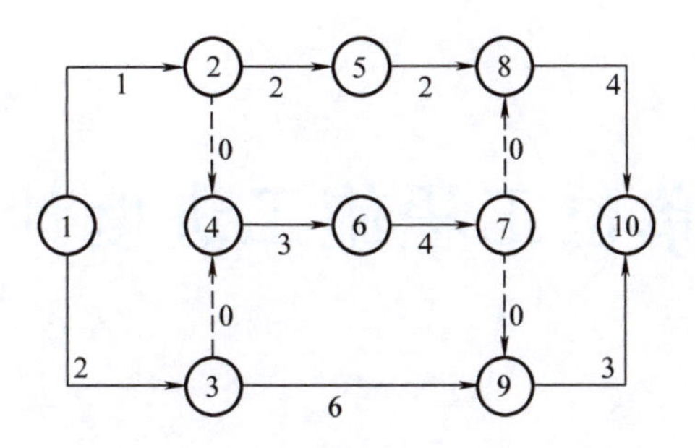

图4-40 某网络图的计算

单元5　单位工程施工进度计划的编制

【单元概述】

本单元主要内容为单位工程施工进度计划的编制依据、程序，单位工程施工进度计划的作用、分类，单位工程施工进度计划的表示方法和编制步骤，单位工程资源需求计划的编制方法，以及使用常用软件编制施工进度计划的方法。

【学习目标】

通过本单元的学习、训练，应熟悉施工进度计划的编制程序，掌握单位工程施工进度计划的编制方法，熟练使用编制施工进度计划的相关软件。

课题1　单位工程施工进度计划的编制依据和编制程序

5.1.1　单位工程施工进度计划的编制依据

编制单位工程施工进度计划，主要依据下列七项资料进行：

1）经过审批的建筑总平面图及全套单位工程施工图，相关的地质图、地形图，工艺设计图与设备基础图，采用的各种相关标准图集及技术资料。

2）施工组织总设计对拟建单位工程的有关规定和要求。

3）施工合同中的施工工期要求及开工、竣工日期。

4）施工条件、劳动力、材料、构件及机械的供应条件、分包单位的情况等。

5）已确定的各分部分项工程的施工方案，包括施工程序、施工段划分、施工流程、施工顺序、施工方法、施工质量标准、组织措施等。

6）相关定额。

7）其他的有关要求和资料，如施工图预算等。

5.1.2　单位工程施工进度计划的编制程序

单位工程施工进度计划的编制程序如图5-1所示。

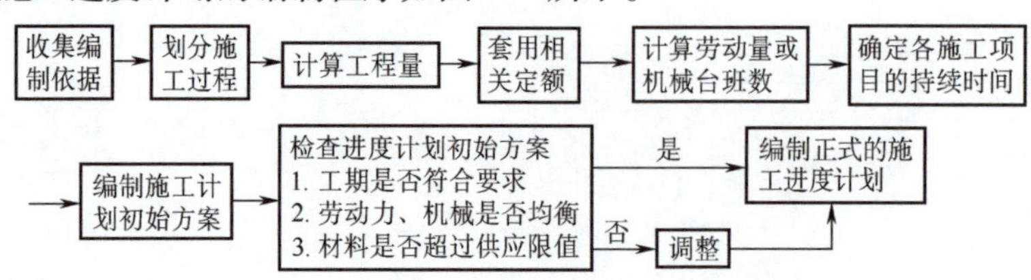

图5-1　单位工程施工进度计划的编制程序

课题2　单位工程施工进度计划的作用与分类

5.2.1　单位工程施工进度计划的作用

单位工程施工进度计划是施工组织设计的重要内容之一，其主要作用如下：

1）它是控制分部分项工程施工进度的主要依据，也是拟建工程在规定工期内保质保量完成施工任务的重要保证。

2）它是确定各分部分项工程的施工起止时间、施工顺序、相互搭接与配合关系的主要依据。

3）它是编制施工准备工作计划和劳动力、施工机具、材料、构配件等各项资源需要量及分阶段供应计划的依据。

4）它是编制季度、月度施工作业计划的依据。

5）它反映土建与其他专业工程的配合关系。

5.2.2　单位工程施工进度计划的分类

单位工程施工进度计划根据分部分项工程划分的粗细程度不同，可分为控制性施工进度计划和指导性施工进度计划两类。

1. 控制性施工进度计划

控制性施工进度计划按分部工程来划分施工过程，以便控制各分部工程的施工起止时间及其相互搭接、配合关系。控制性施工进度计划主要适用于工程结构比较复杂、规模较大、工期较长而且需要跨年度施工的工程（如体育场、火车站等大型公共建筑以及大型工业厂房等）；它也适用于工程规模不大或结构不复杂但各种资源（劳动力、施工机械设备、材料、构配件等）供应尚且不能落实或由于某些建筑结构设计、建筑规模可能还要进行较大的修改、具体方案尚未落实等情况的工程。编制控制性施工进度计划的单位工程，在进行各分部工程施工之前，还要分阶段地编制各分部工程的指导性施工进度计划。

2. 指导性（或实施性）施工进度计划

指导性施工进度计划按分项工程或工序来划分施工过程，以便具体确定每个分项工程或工序的施工起止时间及其相互搭接、配合关系。指导性施工进度计划适用于工程任务具体而明确、施工条件基本落实、各项资源供应比较充足、施工工期不太长的工程。

课题3　单位工程施工进度计划的表示方法及详细编制步骤

5.3.1　单位工程施工进度计划的表示方法

施工进度计划一般用图表来表示，通常有两种形式：一种是横道图，另一种是网络图。横道图形式的施工进度计划见表5-1。

表5-1 施工进度计划

序号	分部分项工程名称	工程量		定额	劳动量		需要机械		每天工作班次	每班工人数	工作天数	施工进度	
		单位	数量		工种	数量	机械名称	台班数				月	月
1													
2													
…													
劳动力动态变化曲线													

从表5-1中可以看出，横道图形式的施工进度计划由左、右两部分组成。以“工作天数”右边的竖线为分界线，左边部分列出各种基本信息和基础数据，如分部分项工程名称、相应的工程量、采用的定额、需要的劳动量或机械台班数等，右边部分则是从规定的开工之日起到竣工之日止的进度指示图表，工程中可用不同线条形象地表示各分部分项工程的施工进度计划和相互之间的搭接关系。应该注意的是，施工进度计划下的分格数量可根据实际需要进行增减，而且一格可代表一天或一周、一旬等。

网络图的表示方法参见前面讲述的相关内容，此处不再赘述。

5.3.2 单位工程施工进度计划的详细编制步骤

如图5-1所示，单位工程施工进度计划的编制程序为：划分施工过程→计算工程量→套用相关定额→计算劳动量或机械台班数→确定各施工项目的持续时间→编制施工进度计划初步方案→检查调整→编制正式的施工进度计划。其具体的编制步骤如下所述：

1. 划分施工过程

施工过程通常是指分部或分项工程，也称为施工项目，它是施工进度计划最基本的组成单元。施工过程划分的一般要求和方法如下：

1）明确划分施工过程的内容。根据施工图、施工方案和施工方法，确定拟建工程划分成哪几个分部工程，每个分部工程又划分成哪些分项工程，并明确每个分部和分项工程划分的范围和所包括的工作内容。如应明确基础回填土中是否包括室内地坪回填土（即房心回填土）。

2）控制施工过程划分的粗细程度。对于控制性施工进度计划，一般其施工过程的划分要粗一些，通常以分部工程作为施工过程的名称；对于指导性施工进度计划，其施工过程的划分应细一些，特别是对主要施工过程，更要详细列出，以便确实起到指导施工的作用。

3）重要的和某些特殊的施工过程应单独列项。凡工程量较大、用工较多、施工时间较长、工艺较复杂的施工过程均应单独列项，如土方工程、基础工程、架子工程、砖墙砌筑工程等；某些影响下道工序施工的施工过程（如回填土）和穿插配合施工的施工过程也应单独列项；垫层施工因与土方工程之间有一个验槽工序，有时可能还有一个地基局部处理工序，且垫层施工与基础工程施工之间有时还有技术间歇时间（即垫层的养护时间），因此垫层施工一般也单独列项。

4）次要的施工过程应适当合并，以便简化施工进度计划。某些次要的施工过程可以合并到主要施工过程中，如基础防潮层、基础构造柱及地梁、基础圈梁等施工过程均可合并到基础施工中；某些紧密相连的或不易分清施工先后顺序的施工过程也可合并成一项施工过程，如预制板顶棚抹板缝、刮腻子与内墙抹灰，可合并为一项（也可分别列项），油漆、玻璃工程或勒脚、散水、明沟等工程，均可合并列项。

5）现浇钢筋混凝土工程的列项。现浇钢筋混凝土结构工程施工一般划分为支模、绑扎钢筋、浇筑混凝土三个施工过程。但在砖混结构工程中，由于现浇钢筋混凝土结构的工程量不大，一般按一个施工过程处理；对于进行抗震设计的砖混结构或全部采用现浇钢筋混凝土楼板的砖混结构，现浇结构部分的施工过程可以划分得细一些。

6）抹灰工程的列项。外墙抹灰一般只列一项，如有粘贴外墙面砖等特殊装饰施工或需喷刷外墙涂料时，可分别列项。室内的各种抹灰应分别列项，如楼地面抹灰（垫层和面层也可分开列项）、顶棚与墙面抹灰（顶棚与墙面抹灰也可分开列项）、楼梯抹灰等，以便组织流水施工。

7）设备安装工程单独列项。土建施工进度计划中的水、暖、电、卫、通信设施和生产设备安装等施工过程一般只合并列为一项，用以表明它们与土建施工的配合关系。这些施工过程不需要细分，其指导性的安装工作进度计划可由各设备安装单位自行编制。

8）划分施工过程时还要考虑施工方案和流水施工的要求。如厂房基础采用敞开式施工方案时，柱基和设备基础施工可合并列项，仅划分为土方工程、基础钢筋混凝土工程和回填土工程三个施工过程；当采用封闭式施工方案时，柱基和设备基础施工要分别列项，则划分为六个施工过程。又如结构吊装工程采用分件吊装法时，应分别列出柱吊装、梁吊装、屋架扶直就位、屋盖（包括屋架、屋架水平撑、剪刀撑、屋面板、天窗架等）吊装四个施工过程；而采用综合吊装法时，只列结构吊装这个施工过程即可。

在组织多层或高层主体结构工程流水施工时，参与流水施工的施工过程数与平面上划分的施工段数之间的关系要符合有关规定。

施工进度计划中，一般只列出在拟建工程工作面上直接施工的过程，在施工工作面以外的预制厂、加工棚等处进行的间接施工过程一般均不列项。但工作面以外的施工过程若对工程工期有影响也应单独列项，如装配式建筑中，现场预制构件部分就应在编制施工进度计划时加以考虑。

2. 计算工程量

各施工过程的工程量应根据施工图、所选用的施工方法和有关的计算规则进行计算。计算工程量时要注意以下几个问题：

1）工程量的计量单位要与下一步将要套用的相关定额的单位一致。施工进度计划中的定额一般为施工定额，但也有个别采用预算定额。为了便于计算劳动量、材料、构配件及施工机具的需要量，工程量的计量单位必须与要采用的相关定额的单位一致。

2）要依据实际采用的施工方法计算工程量。如土方工程施工中，是否放坡和留工作面、放坡系数的大小和工作面的尺寸、是采用条形开挖还是整片开挖方法，都直接影响土方工程量的大小。因此，必须依据拟采用的施工方法计算工程量，以便与施工的实际情况相符合，使施工进度计划真正起到指导作用。

3）要依据施工组织的要求计算工程量。在分层分段组织流水施工时，如各层或各段之间的工程量相差较大时（如超过15%），则应分层分段计算工程量。如果各层或各段的工程量相差不大时，可以先直接计算出总的工程量；如有特殊需要，可再根据总工程量分别被层数或段数相除，即得到每层或每段的工程量；或先计算出一层或一段的工程量，再乘以层数或段数，即可计算出总的工程量。

4）要正确使用预算文件中的已有工程量。如果已编制好预算文件，则施工进度计划中的某些与其计算方法、规则相同的施工过程的工程量，可以将预算工程量的相应项目汇总合并求出相应的总工程量。如砖砌体的工程量可从预算文件中摘抄、汇总而得。当施工进度计划中的施工过程与预算项目之间的工程量的计量方法、计算规则不同时，则应根据情况加以修改、调整或重新计算。

3. 套用相关定额

根据所划分的施工过程、工程量和施工方法，在确定劳动量和机械台班数时，可以套用当地实际采用的劳动定额和机械台班定额。

施工定额有时间定额和产量定额两种形式。时间定额是指某种专业技术等级的工人或工人小组在合理的技术组织条件下，完成单位合格产品所必需的工日数或机械台班数，一般用 H_i 表示，它的单位有工日/m^3、工日/m^2、工日/m、工日/t（或将其中的工日改成台班，如台班/m……）等。由于时间定额的单位均为完成单位合格产品所必需的工日数（或机械台班数），便于计算劳动量（或机械台班数）和进行各种综合计算与统计，因此在施工进度计划和各种统计报表中使用得比较普遍。产量定额是指在合理的技术组织条件下，某种专业技术等级的工人或工人小组在单位时间（工日或台班）内所应完成合格产品的数量，一般用 S_i 表示，它的单位有 m^3/工日、m^2/工日、m/工日、t/工日（对于机械则将其中的“工日”改成“台班”即可，如 m^3/台班……）等。由于产量定额是以单位时间内应完成合格产品的数量来表示的，具有直观、形象的特点，因此在分配施工任务时使用得比较普遍。在施工进度计划中以机械施工为主的施工过程，也经常使用产量定额。

时间定额与产量定额之间互为倒数关系，即

$$H_i = \frac{1}{S_i}\left(\text{或 } S_i = \frac{1}{H_i}\right) \tag{5-1}$$

在施工进度计划中套用施工定额时，必须考虑本单位工人的实际技术等级、施工技术操作水平、施工机械情况和施工现场条件等因素，从而确定能够完成定额的实际水平。作为施工进度计划采用的定额，应使计算出来的劳动量、机械台班数符合本单位和本工程的施工实际，使编制的施工进度计划既合理又切实可行。

对于定额中尚未编入的某些采用新材料、新技术、新工艺、新结构或特殊施工方法的施工过程，可根据实际情况、施工经验，并参考类似施工过程的定额与经验资料来确定相关定额。

4. 计算劳动量和机械台班数

根据计算出的工程量和实际采用的定额，计算各施工过程的劳动量和机械台班数。

1）凡是以人工直接操作为主完成的施工过程，其劳动量均应按式（5-2）计算。

$$P_i = Q_iH_i = \frac{Q_i}{S_i} \tag{5-2}$$

式中 P_i——某施工过程所需的劳动量（工日或台班）；

Q_i——该施工过程的工程量（m^3、m^2、m、t等）；

H_i——该施工过程所采用的时间定额；

S_i——该施工过程所采用的产量定额。

2）当某一施工过程由两个或两个以上的工种组成，或其中虽有属于同一工种的工作，但工作内容和定额标准不完全相同时，其总劳动量为各工种或各工作内容的劳动量之和，可按式（5-3）计算。

$$P_i = P_{i1} + P_{i2} + \cdots + P_{in} \tag{5-3}$$

3）当某一施工过程由属同一工种的工人施工，但工作内容、定额标准不完全相同时，其综合时间定额和综合产量定额可按式（5-4）和式（5-5）计算。

$$\overline{H}_i = \frac{\sum P_{ij}}{\sum Q_{ij}} = \frac{Q_{i1}H_{i1} + Q_{i2}H_{i2} + \cdots + Q_{in}H_{in}}{Q_{i1} + Q_{i2} + \cdots + Q_{in}} \tag{5-4}$$

$$\overline{S}_i = \frac{\sum Q_{ij}}{\sum P_{ij}} = \frac{Q_{i1} + Q_{i2} + \cdots + Q_{in}}{Q_{i1}/S_{i1} + Q_{i2}/S_{i2} + \cdots + Q_{in}/S_{in}} \tag{5-5}$$

例如，某拟建建筑物，其外墙面抹灰装饰有干粘石、贴饰面砖、贴花岗岩三种施工方法，其工程量依次为600m^2、420m^2、300m^2，所采用的产量定额分别为4.25m^2/工日、2.5m^2/工日和2m^2/工日，则其平均产量定额为

$$\begin{aligned}\overline{S}_i &= \frac{\sum Q_{ij}}{\sum P_{ij}} = \frac{Q_{i1} + Q_{i2} + \cdots + Q_{in}}{Q_{i1}/S_{i1} + Q_{i2}/S_{i2} + \cdots + Q_{in}/S_{in}} \\ &= \frac{600+420+300}{600/4.25+420/2.5+300/2}\text{m}^2/\text{工日} = 2.87\text{m}^2/\text{工日}\end{aligned}$$

4）对于有些采用新技术、新材料、新工艺或特殊施工方法的施工过程，若其定额在施工定额手册中没有列入，则可参考类似项目或实测确定。

5）对于其他工程项目所需的劳动量，可根据其内容和数量，并结合施工现场的具体情况，以占总劳动量的百分比计算（一般为10%～20%）。

5. 计算各施工过程的持续时间

施工过程的工作持续时间即为施工进度计划中的工作天数，其计算方法有定额计算法、经验（“三时”）估算法和工期推算法（又称为倒排计划法）三种。

（1）定额计算法　这种方法根据施工过程所需要的总劳动量或机械台班数，以及所能配备的施工队组人数或机械的台数、每天工作班制等情况，按式（5-6）计算。

$$t = \frac{Q}{RSZ} = \frac{QH}{RZ} = \frac{P}{RZ} \tag{5-6}$$

式中　t——施工过程的工作持续时间，按进度计划的需要确定其单位（如d、h、周）；

Q——该施工过程的工程量，可以用实物量单位表示（如m^3、m^2、m等）；

R——拟配备的施工队组人数（或机械台数）；

S——产量定额；

H——时间定额；

Z——该施工过程每天的工作班制；

P——该施工过程所需的劳动量（或机械台班数）。

例如，某工程砌筑墙体的总劳动量为100工日，采用一班制施工，现有工人20人，则该施工过程的持续时间为：$t=\frac{P}{RZ}=\frac{100}{20\times 1}\text{d}=5\text{d}$。

应注意的是，在应用式（5-6）时，必须先确定 R 和 Z 的值。

确定施工队组人数 R 时应考虑的主要因素有以下几个：

1）最小劳动组合的要求。即确保某一施工过程正常进行所必须配备的最少人数及其合理的专业、技术等级组合。如搭设脚手架或人工压浆喷白时，最小劳动组合都不得少于3～4人，否则无法施工；又如砌砖墙施工队组，最小劳动组合不宜少于20人，其中一半是技工，一半为普工，普工主要负责搅拌砂浆、供应砂浆及砖等工作，技工主要负责砌砖墙，且其中高级瓦工不得少于2～3人，否则会使劳动生产率下降。

2）最大施工队组人数。最小工作面所决定的施工队组最多人数。

3）施工单位所能配备的人数。如果所能配备的人员正好介于最小劳动组合与最大施工队组人数之间，则根据实际情况计算施工过程的持续时间即可；如果所能配备的人员（或计算出来的人数）小于最小劳动组合，则应考虑适当增加人数；如果所能配备的人员（或计算出来的人数）超过最大施工队组人数，则应考虑安排该施工过程实行两班制或三班制。

确定各施工过程每天工作班制的基本原则有以下几条：

1）根据建筑工程施工的特点，一般采用一班制（对于白天比较长的夏季，也可以考虑安排早班、晚班两班制）；但为了满足工期或流水施工的要求，某些施工过程应安排三班制或每天只上其中某一班。

2）对于以大型机械施工为主的工程，为了充分发挥机械的效能，一般安排两班制施工，第三班的时间用于机械维护、保养和检修。

3）对于施工工期要求很紧的重要工程或施工技术上要求必须连续施工的工程，可根据实际情况，合理安排两班制或三班制，但同时必须确保施工质量、施工安全的各项技术组织措施和资源供应、机具维修保养、夜间照明等后勤保障措施的落实。

（2）经验估算法　这种方法根据以往的施工经验并按照实际的施工条件进行估算，是一种避免因盲目抢工而造成浪费的有效方法，现在一般很常用。这种方法适用于采用新材料、新技术、新工艺、新结构等无定额可查的施工过程。为了提高估算的准确程度，通常采用“三时”估算法，即先估算出该施工过程的最长时间 a、最短时间 b 和最可能时间 c 三个施工持续时间，然后再计算出期望的施工持续时间作为该施工过程的工作持续时间，其计算公式为

$$t=\frac{a+4c+b}{6} \tag{5-7}$$

（3）工期推算法　工期推算法又称为倒排计划法。当代建筑工程多采用招投标并在中标后签订施工承包合同的方法来承揽施工任务，而工程的工期是在施工承包合同中由建设单位规定的。因此，安排施工进度计划必须以合同规定的工期为主要依据。这种根据工期倒排施工进度计划的方法称为工期推算法（又称为倒排计划法），这是目前安排施工进度计划最常用的方法。而定额计算法只适用于施工工期较宽松或没有严格规定工期的情况。

工期推算法的具体步骤和方法如下所述：

1）根据“在制订计划时要留有余地”的原则和合同规定的工期 T_r，由施工单位自定出

完成施工任务的计划（要求）工期 T_p，使 $T_p < T_r$。

2）根据以往的施工经验及类似工程的实践经验资料，估算各分部工程的施工工期 T_L，也可以根据各分部工程的劳动量与单位工程总劳动量之间的关系估算各分部工程的施工工期。

3）根据各分部工程流水组的施工工期 T_L，先按全等节拍专业流水施工的工期计算公式来计算主导施工过程的流水节拍 t_i（t_i 为小数时，取稍大的整数值），其计算公式为

$$t_i = \frac{T_L - \sum t_j}{m + n - 1} \tag{5-8}$$

式中　T_L——该分部工程总工期；

$\sum t_j$——间歇时间之和；

m——施工段数；

n——施工过程数。

4）根据主导施工过程的流水节拍 t_i 和实践经验确定其他施工过程的流水节拍。

5）根据各施工过程的流水节拍和它们之间的相互搭接关系、技术间歇要求，按合理间断施工绘制各流水组的横道进度计划图。

6）将各流水组的进度计划按其工艺逻辑关系和有关技术要求相互搭接以形成单位工程施工进度计划的初始方案，然后检查和调整施工顺序或平行搭接施工关系，并检查工程的总工期 T_c 是否接近计划工期 T_p，如果相差太大，还要对某些施工过程的流水节拍进行调整。

7）根据总工期符合要求的单位工程施工进度计划中各施工过程的流水节拍 t_i 和施工段数 m 来计算其施工过程的持续时间（$T_i = mt_i$），并利用式（5-9）来计算各施工过程的施工队组人数或机械台数 R_i，即

$$R_i = \frac{P_i}{T_i Z_i} \tag{5-9}$$

式中　P_i、Z_i——各施工过程所需的劳动量（或机械台班数）和每天的工作班制。

8）计算出一个施工段上所能允许的最多施工人数 R_{max}，当某些施工过程的施工队组人数 $R_i > R_{max}$时，则应安排该施工过程采用两班制或三班制施工。

6. 编制施工进度计划初步方案

常用的编制施工进度计划初步方案的方法有以下几种：

1）根据施工经验直接绘制。这种方法根据合同规定工期所自定的计划工期 T_p（当工期不受限制时可按定额计算法确定的流水节拍）和施工经验、有关经验资料，直接在施工进度计划图上按工艺顺序和有关技术要求连续绘制基础工程、主体工程、屋面工程、装修工程的进度计划，从而形成单位工程施工进度计划的初步方案。

2）根据合同规定工期和施工经验，采用分别流水法和工期推算法编制施工进度计划的初步方案（详见本课题的工期推算法）。

3）利用上述两种方法编制时标网络计划（有时可不编制）。

7. 对施工进度计划的初步方案进行检查调整

（1）对施工进度计划的初步方案进行检查调整的主要内容

1）主要检查各施工过程的施工顺序、平行搭接施工方法和技术间歇时间是否合理，是

否符合施工工艺、施工技术和流水施工的要求。

2）检查计划安排（或推算）工期 T_c 是否满足计划要求工期 T_p 和合同规定工期 T_r 的要求。

3）检查劳动力、材料、机具、构配件等各项资源的使用是否满足均衡性的要求。

（2）工期调整的方法　单位工程施工进度计划安排的工期不是越短越好，而是要既能确保合同规定工期的要求，又能使工程总成本较低、施工单位的经济效益较高。因此，要对编制的进度计划初始方案进行工期调整，甚至有时可对建设单位要求的工期进行更改（其前提是成本最低且施工能正常进行）。

（3）资源消耗均衡性的检查调整方法　施工进度计划中的劳动力、材料、构配件与施工机具等各项资源均应尽量做到均衡使用，避免过分集中，以利于施工的顺利进行和企业经济效益的不断提高。资源消耗的均衡性可用资源使用的不均衡系数 K 来表示，用式（5-10）计算。

$$K=\frac{\text{日最高资源使用量}}{\text{日平均资源使用量}}=\frac{R'_{\max}}{R} \tag{5-10}$$

日最高资源使用量可通过该种资源消耗动态曲线图查得，日平均资源使用量则通过该种资源的总需要量与其使用期之比来计算。

例如，主要资源劳动力消耗的均衡性是用劳动力使用的不均衡系数 K_1 来表示的，并用式（5-11）计算。

$$K_1=\frac{R'_{\max}}{R}=\frac{R'_{\max}}{P_{\text{总}}/T} \tag{5-11}$$

式中　$R'_{\max}$——单位工程日最高工人使用量；

$P_{\text{总}}$——单位工程的总劳动量（计划用工日）；

T——单位工程的施工工期（d）。

单位工程的横道图或时标网络施工进度计划图的下方一般都要绘制与其时间坐标完全相同的劳动力消耗动态曲线图，该图中的最高峰人数即为 $R'_{\max}$，施工进度计划中的总工期 T_c 即为 T，计划用工日总和即为总劳动量 $P_{\text{总}}$。

一般认为，当 $K_1 \leqslant 2$ 时，劳动力的消耗（使用）基本均衡，可以不再进行优化（如果再继续优化则更好）；当 $K_1 \leqslant 1.5$ 并接近1时，是最理想的情况；当 $K_1>2.0$ 时，则劳动力使用不均衡，必须进行优化调整，如果多次优化调整都不能使 $K_1 \leqslant 2.0$ 时，则此施工方案要重新修改，并重新编制施工进度计划。

8. 编制正式的施工进度计划

应当指出，上述编制施工进度计划的步骤不是孤立的，而是相互依赖、相互联系的，而且由于建筑施工是一个复杂的生产过程，受周围客观条件影响的因素很多，所以编制出的单位工程施工进度计划也不是一成不变的，在计划执行过程中往往会因某些原因而使实际施工进度提前或拖后。因此，在计划执行过程中，必须随时掌握施工过程的动态进度，并经常不断地检查、调整尚未完成部分的施工进度计划，以确保施工工期。

课题4　单位工程资源需求计划

单位工程施工进度计划编制完成以后，应根据施工图、工程量计算资料、施工方案、施工进度计划等有关技术资料，着手编制劳动力需要量计划和各种主要材料、构配件和半成品需要量计划及各种施工机械的需要量计划。这些计划不仅是为了明确各种技术工人和各种物资的需要量，而且还是做好劳动力与物资的供应、平衡、调度、落实的依据，也是施工单位编制月、季生产作业计划的主要依据之一。它们是保证施工进度计划顺利执行的关键。

5.4.1　劳动力需要量计划

劳动力需要量计划依据施工预算、劳动定额和施工进度计划编制，主要反映工程施工过程中不同时期所需的各工种技工、普工人数，它是安排劳动力的平衡、调配和衡量劳动力耗用指标以及安排生活福利设施的主要依据。劳动力需要量计划的编制方法为：在施工进度计划的下方，按工种分别绘制其劳动力消耗动态曲线图，得出每天（或旬、月）所需的各工种的工人数量，然后再按分阶段的时间进度要求进行汇总，得出不同时期的平均劳动力需用量，再填入劳动力需要量计划表，见表5-2。

表5-2　劳动力需要量计划表

序号	工种名称	需要总工日数	需要人数及时间						备注
			×月			×月			
			上旬	中旬	下旬	上旬	中旬	下旬	

5.4.2　主要材料需要量计划

主要材料需要量计划是依据施工预算、材料消耗定额和施工进度计划编制的，主要反映工程施工过程中所需的各种主要材料在不同时期的需要量和总需要量，它是备料、供料和确定仓库、堆场面积以及组织运输的依据。主要材料需要量计划的编制方法为：将施工进度计划表中各施工过程的工程量按材料名称、规格、数量、使用时间计算汇总，其表格形式见表5-3。

应注意的是，当某分部分项工程由多种材料组成时，应按各种材料分类计算，如混凝土工程应换算成水泥、砂、石、外加剂和水的原材料数量并分别列入表格。

表5-3　主要材料需要量计划

序号	材料名称	规格	需要量		需要时间						备注
			单位	数量	×月			×月			
					上旬	中旬	下旬	上旬	中旬	下旬	

5.4.3　构配件和半成品需要量计划

构配件和半成品需要量计划依据施工图、施工方案与施工方法和施工进度计划编制，主要反映工程施工过程中各种预制构件、配件、加工半成品等的总需要量和供应日期，它是落实加工承包单位并按照所需规格、数量和使用时间来组织加工、运输和确定仓库或堆场的依据。构配件和半成品需要量计划一般应按钢构件、木构件、钢筋混凝土构件等不同种类分别编制，其表格形式见表5-4。

表5-4 构配件和半成品需要量计划

序号	构配件、半成品名称	图号和型号	规格	需要量		加工单位	供应起止日期	备注
				单位	数量			

5.4.4 施工机械需要量计划

施工机械需要量计划是依据所选定的施工方法、施工机具和施工进度计划编制的，主要反映工程施工过程中所需的各类施工机械及设备的名称、规格、型号、数量、进场时间和使用时间，可据此落实机具来源、组织机具进场、安装调试与使用机具。施工机械需要量计划的编制方法为：将单位工程施工进度计划表中的每一个施工过程每天所需的机械类型、数量和施工日期进行汇总，即得施工机械需要量计划，其表格形式见表5-5。

表5-5 施工机械需要量计划

序号	机具名称	规格、型号	需要量		来源	使用起止日期	备注
			单位	数量			

课题5 施工准备工作计划

施工准备工作既是单位工程的开工条件，也是施工中的一项重要内容，开工之前必须为开工创造条件，开工以后必须为作业创造条件，因此，它贯穿于施工过程的始终。施工准备工作的主要内容包括技术资料准备、施工现场准备、施工物资准备、施工组织准备和对外施工准备等。在工程中，对施工准备工作有如下几个要求：

1）施工准备工作要有明确分工。

2）施工准备工作要有严格的保证措施。

3）开工前，应对施工准备工作进行全面检查。

4）施工准备工作应分阶段地进行。

此外，施工准备工作应有计划地进行，为便于检查、监督施工准备工作的进展情况，使各项施工准备工作的内容有明确的分工，要有专人负责，并规定期限，施工准备工作计划拟在施工进度计划编制完成后进行。

单位工程施工进度计划编制完成后，即可依此编制施工准备工作计划，这个计划是施工组织设计的重要组成部分，也是确保单位工程按施工进度计划顺利完成的前提和基础。施工准备工作计划主要反映工程开工前必须完成的各项工作及其进度和施工过程中的主要准备工作及其进度。施工准备工作计划的形式见表5-6。

表5-6 施工准备工作计划

序号	施工准备工作项目	工程量		简要内容	负责单位或负责人	起止日期		备注
		单位	数量			日/月	日/月	

施工准备工作计划是编制单位工程施工组织设计时的一项重要内容。在编制年度、季度、月度生产计划中也应一并考虑并做好贯彻落实工作。

课题6　施工进度计划编制实例

某四层的办公楼工程，建筑面积为1860m^2，主体为现浇框架结构。结合相关定额并考虑工程实际，列出某一标准层的各施工过程名称及相应的工程量，本工程各工种现有人数见表5-7。考虑施工工艺要求，各部分的混凝土浇筑均采用两班制，其余采用一班制。试据此编制该标准层的施工进度计划。

表5-7　某办公楼标准层工程量

序号	施工过程名称	工程量		人数/人	班制	时间定额	
		单位	数量			数值	单位
1	搭脚手架	m^2	900	20	1	0.437	工日/10m^2
2	绑柱钢筋	t	6.3	15	1	4.76	工日/t
3	支柱模板	m^2	580	25	1	1.75	工日/10m^2
4	浇柱混凝土	m^3	98	20	2	1.22	工日/m^3
5	支梁板模板	m^2	1550	45	1	1.38	工日/10m^2
6	绑梁钢筋	t	25.5	40	1	5.76	工日/t
7	绑板钢筋	t	7.2	20	1	5.27	工日/t
8	浇梁板混凝土	m^3	240	20	2	0.49	工日/m^3
9	支楼梯模板	m^2	73	12	1	4.42	工日/10m^2
10	绑楼梯钢筋	t	3.2	10	1	8.11	工日/t
11	浇楼梯混凝土	m^3	83	20	2	1.25	工日/m^3

1. 根据表5-7划分施工进度计划的施工过程

虽然在表5-7中已列出了各个施工过程的名称，但通过观察对比可以看出，某些施工过程的工程量较小，如楼梯的钢筋量只有3.2 t等，而且考虑到某些工种相同、工艺相似的情况，施工中一般往往把梁、板和楼梯的钢筋连续绑扎，对这三者的混凝土同时浇筑。因此，我们可以把梁、板及楼梯的钢筋绑扎合并成一个施工过程，把梁、板及楼梯的混凝土浇筑也合并成一个施工过程，对于整个楼来说通常还可以把梁、板模板支设和楼梯的模板支设合并成一个施工过程。

此时，该标准层的施工过程由表5-7中的11个简化为：搭脚手架、绑柱钢筋、支柱模板、浇柱混凝土、支梁板梯模板、绑梁板梯钢筋、浇梁板梯混凝土7个施工过程。

2. 计算各施工过程的工程量

表5-7中各施工过程的工程量已有，无需再计算。

3. 套用相关定额

根据各施工过程名称，查阅施工定额，找出各施工过程的相应时间定额，见表5-7。

4. 确定劳动量或机械台班数

（1）搭脚手架劳动量

$$P_{搭}=Q_{搭}H_{搭}=[900\times0.437/10]\text{ 工日}=39.3\text{ 工日}$$

（2）绑柱钢筋劳动量

$$P_{绑柱筋}=Q_{绑柱筋}H_{绑柱筋}=(6.3\times4.76)\text{ 工日}=30\text{ 工日}$$

（3）支柱模板和浇柱混凝土劳动量

$$P_{柱模}=101.5\text{ 工日},\ P_{柱混凝土}=119.6\text{ 工日}$$

（4）支梁板梯模板劳动量　该施工过程是合并后的一项内容，且完全满足“当某一施工过程是由两个或两个以上的工种组成，或其中虽有属于同一工种的工作，但工作内容和定额标准不完全相同”的条件，故其总劳动量为“各工种或各工作内容的劳动量之和”。根据式（5-3）可得：

$P_{梁板梯模}=P_{梁、板模}+P_{梯模}=[1550\times1.38/10+73\times4.42/10]\text{ 工日}=(213.9+32.3)\text{工日}=246.2\text{ 工日}$

（5）绑梁板梯钢筋劳动量　同理，根据式（5-3）可得：

$P_{绑梁板梯筋}=P_{绑梁筋}+P_{绑板筋}+P_{绑梯筋}=(25.5\times5.76+7.2\times5.27+3.2\times8.11)\text{工日}=210.8\text{ 工日}$

（6）浇梁板梯混凝土劳动量　同理，可得：

$P_{梁板梯混凝土}=(240\times0.49+83\times1.25)\text{ 工日}=221.4\text{ 工日}$

5. 计算各施工过程的在每一施工段上的工作持续时间 t_i

考虑到该工程四层的建筑面积才只有 $1860m^2$，可知每一层的面积都不太大。为了更好地组织流水施工，可以把该工程的平面平均分为两个施工段，即 $m=2$。这样，在计算每一个施工过程的持续时间 t_i 时，都应把原来计算的劳动量除以 2，从而求得每一段上的劳动量。在此基础上才能求出各施工过程的工作持续时间 t_i。

（1）计算搭脚手架持续时间

$$t_{搭}=\frac{P_{搭}}{mR_{搭}Z_{搭}}=\frac{39.3}{2\times20\times1}d=0.98d\approx1d$$

注意：计算出的 t_i 值必须保留为 0.5 的整倍数。

（2）计算绑柱钢筋持续时间

$$t_{绑柱筋}=\frac{P_{绑柱筋}}{mR_{绑柱筋}Z_{绑柱筋}}=\frac{30}{2\times15\times1}d=1d$$

（3）计算支柱模和浇柱混凝土的持续时间　同理可得：$t_{支柱模}\approx2d$，$t_{浇柱混凝土}\approx1.5d$

（4）计算支梁板梯模板的持续时间

$$t_{梁板梯模}=\frac{P_{梁板梯模}}{mR_{梁板梯模}Z_{梁板梯模}}=\frac{246.2}{2\times(45+12)\times1}d=2.2d\approx2.5d$$

（5）计算绑梁板梯钢筋的持续时间　$t_{绑梁板梯筋}\approx1.5d$

（6）计算浇梁板梯混凝土的持续时间

$$t_{梁板梯混凝土}=\frac{P_{梁板梯混凝土}}{mR_{梁板梯混凝土}Z_{梁板梯混凝土}}=\frac{221.4}{2\times(20+20)\times2}d=1.38d\approx1.5d$$

6. 编制施工进度计划的初始方案

按照工艺的合理性编制施工进度计划的初始方案，见表 5-8。

7. 对施工进度计划的初始方案进行检查调整

首先对施工顺序是否合理等进行检查，此外还要对资源消耗均衡性进行检查调整。

根据式（5-11）计算劳动力消耗的均衡系数，即

$$K_1 = \frac{127}{(39.3 + 30 + 101.5 + 119.6 + 246.2 + 210.8 + 221.4)/14} = 1.84 < 2$$

可见，劳动力消耗基本均衡，故不再进行调整。若把 K_1 调整为 $K_1 \leqslant 1.5$，则资源消耗更为均衡。

表5-8　施工进度计划初始方案

序号	施工过程	劳动量/工日	人数	班制	天数	施工进度/d													
						1	2	3	4	5	6	7	8	9	10	11	12	13	14
1	搭脚手架	39.3	20	1	2														
2	绑柱钢筋	30	15	1	2														
3	支柱模板	101.5	25	1	4														
4	浇柱混凝土	119.6	20	2	3														
5	支梁板梯模板	246.2	57	1	5														
6	绑梁板梯钢筋	210.8	70	1	3														
7	浇梁板梯混凝土	221.4	40	2	3														
劳动力动态变化曲线																			

课题7　施工进度计划编制软件介绍

随着科学技术的进步，对于施工进度计划的表述，市场上推出了不少通用和专用的网络计划软件，包括Project、斑马进度计划等。其中Project由于开发较早，能够与市面上多种软件（如BIM 5D）相结合，故应用较为广泛。现对该软件进行简要介绍。

5.7.1　界面介绍

Project软件编制进度计划，其界面如图5-2所示。

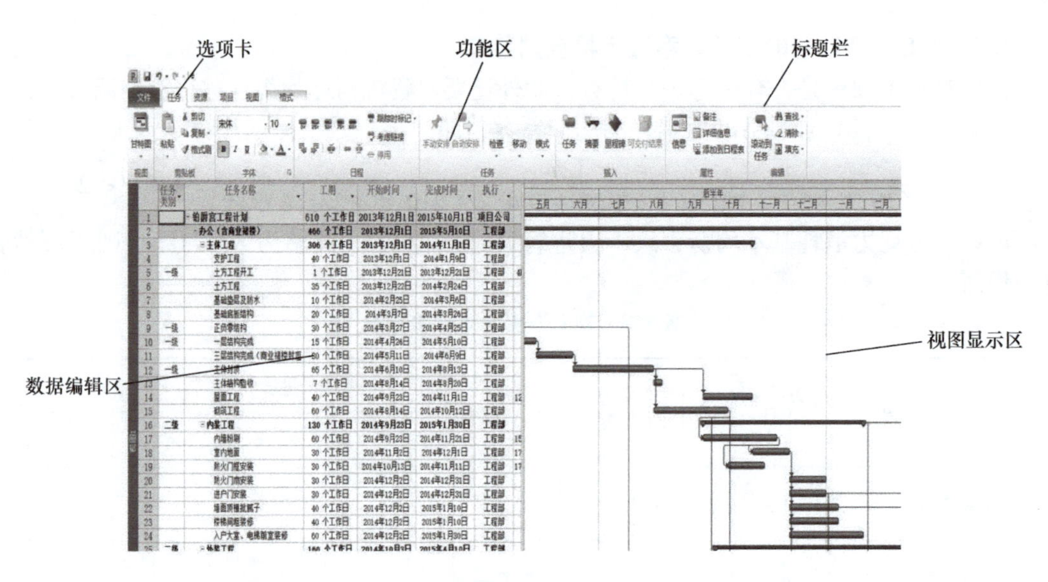

图 5-2 Project 界面

5.7.2 操作介绍

Project 软件编制进度计划的步骤如下。

1. 新建项目

1）单击“文件”选项卡，然后单击“新建”。

2）选定“空白项目”，然后单击右侧窗格上的“创建”，如图 5-3 所示。

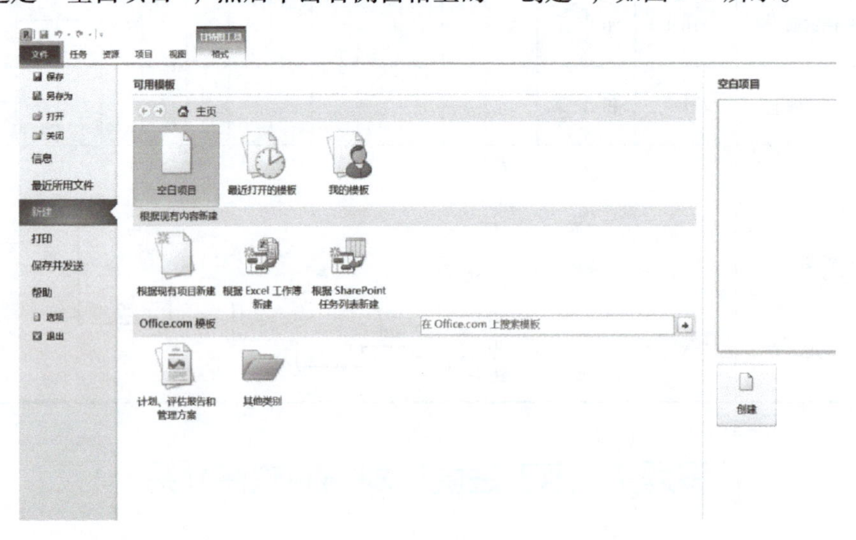

图 5-3 新建项目

2. 设置日历

由于现场施工按照日历天来计算工期，而软件默认以有周末休息日工作时间作为计算方式，因此在形成进度计划时需要设置工期的统计方式。

（1）设置该功能有两种方法 更改默认日历法和创建新日历法。

1）更改默认日历法

① 单击“项目”选项卡，在“属性”组中单击“更改工作时间”，如图 5-4 所示。

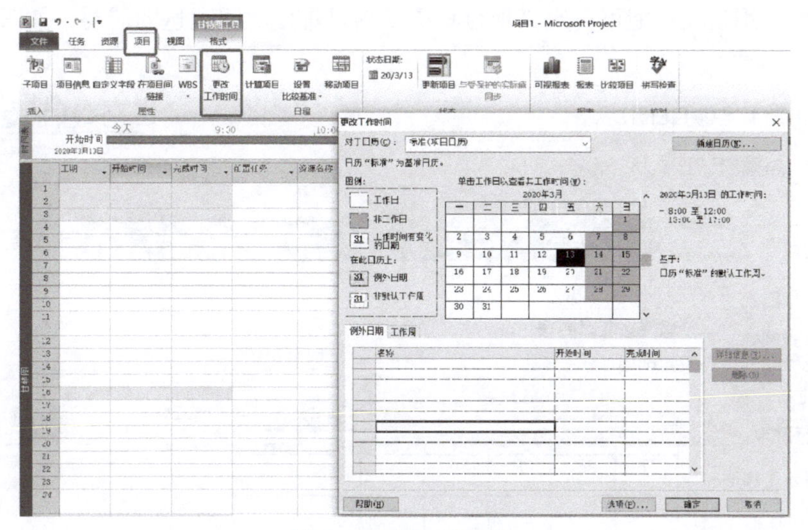

图 5-4　更改工作时间

② 在“对于日历”列表中，单击要更改的日历进行修改。软件中当前项目的项目日历后有“项目日历”字样，其默认设置是“标准项目日历”，有“24 小时”或“夜班”两种选择，如图 5-5 所示。

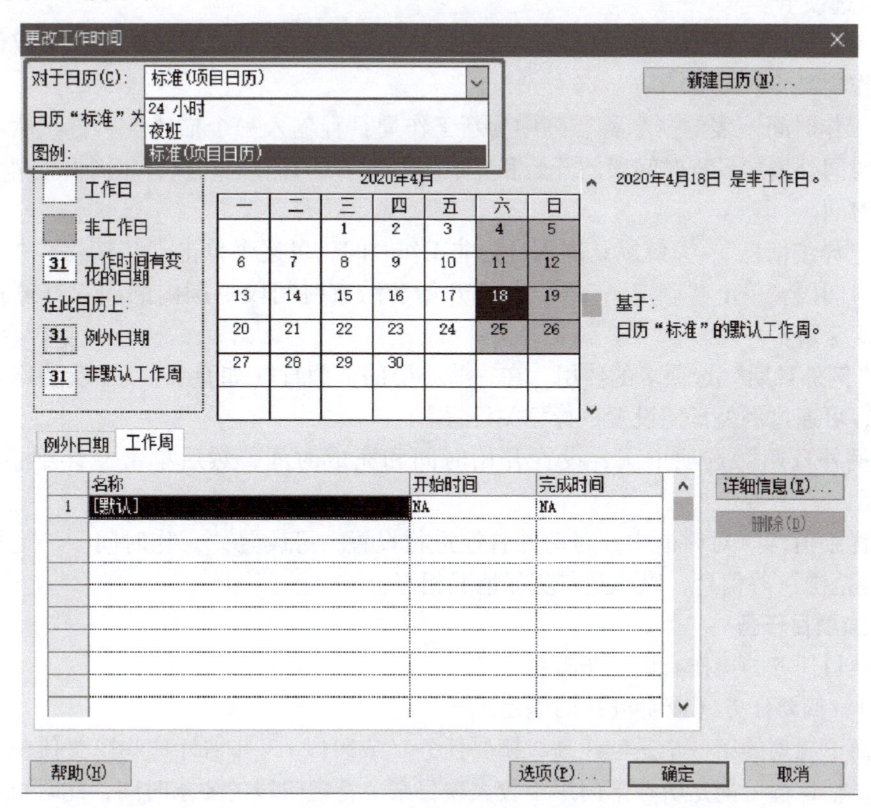

图 5-5　“对于日历”列表

2）创建新日历法。单击“新建日历”，以创建一个新日历。首先输入该日历的名称，然后选择是创建新的基准日历还是基于其他日历的副本创建日历，例如可创建一个包括周末在内的工作周，用这项功能可自定义项目日历来满足进度时间表达的需要，如图5-6所示。

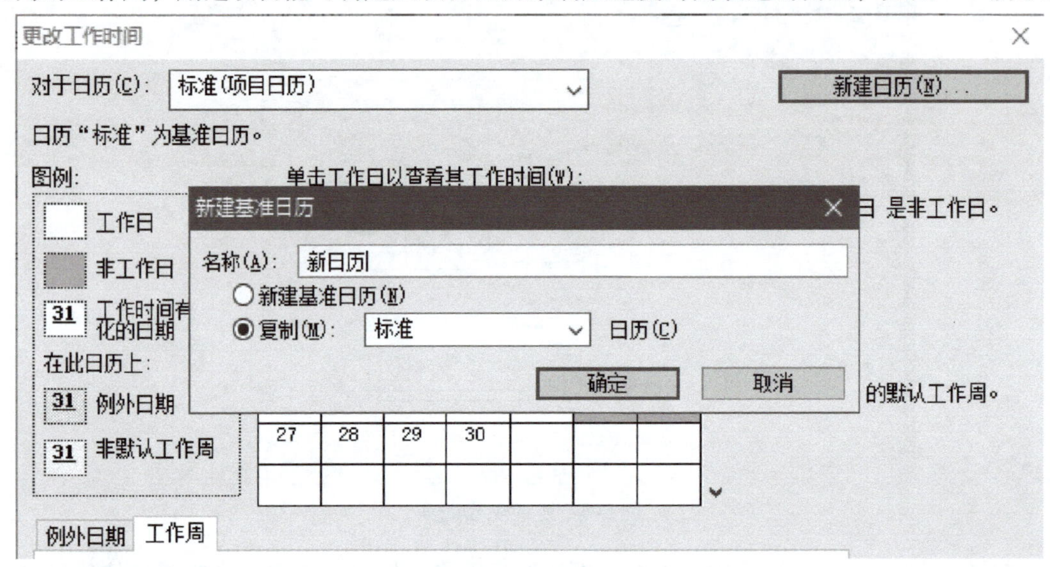

图5-6 创建新日历

（2）“工作周”选项卡的使用 若要更改项目日历或创建新日历的默认工作周，则单击“工作周”选项卡。

在“工作周”选项卡上，可以为不同于默认工作日的某一日期范围，选择或创建其他类型的工作周日程。

在“工作时间”表的“名称”列中为新工作周日程输入一个描述性名称，然后输入将发生默认时间外增加日程时间段的开始和完成时间。若所有周期均执行相同设置可不输入开始和完成时间。

单击“详细信息”，系统默认周六日为非工作时间，可逐个单击“星期六”“星期日”，设置工作时间段。单击“确定”，系统即把开始和结束时间段范围内的周六日设置为工作日，如图5-7所示。

（3）“例外日期”选项卡的使用 在一些必要的节假日（如春节），以及特殊日期的工作时间段，可通过例外日期设置进行相关设置。

在“例外日期”选项卡下，设置开始时间和完成时间，然后单击“详细信息”，如图5-8所示。

在“详细信息”对话框中，对例外日期进行设置，可设置“工作时间”“重复发生方式”“重复范围”等信息，以达到与实际情况相符合。

3. 添加项目任务

添加项目任务的操作有以下步骤：

步骤1：摘要任务（或阶段）的创建

自上而下规划的第一步是创建高级摘要任务（或阶段），并估计这些摘要任务的持续时间。例如，估计值可能是所在部门用于较大项目某个特定阶段的要求时间，此时可暂不了解阶段内任务的详细信息。具体操作如下：

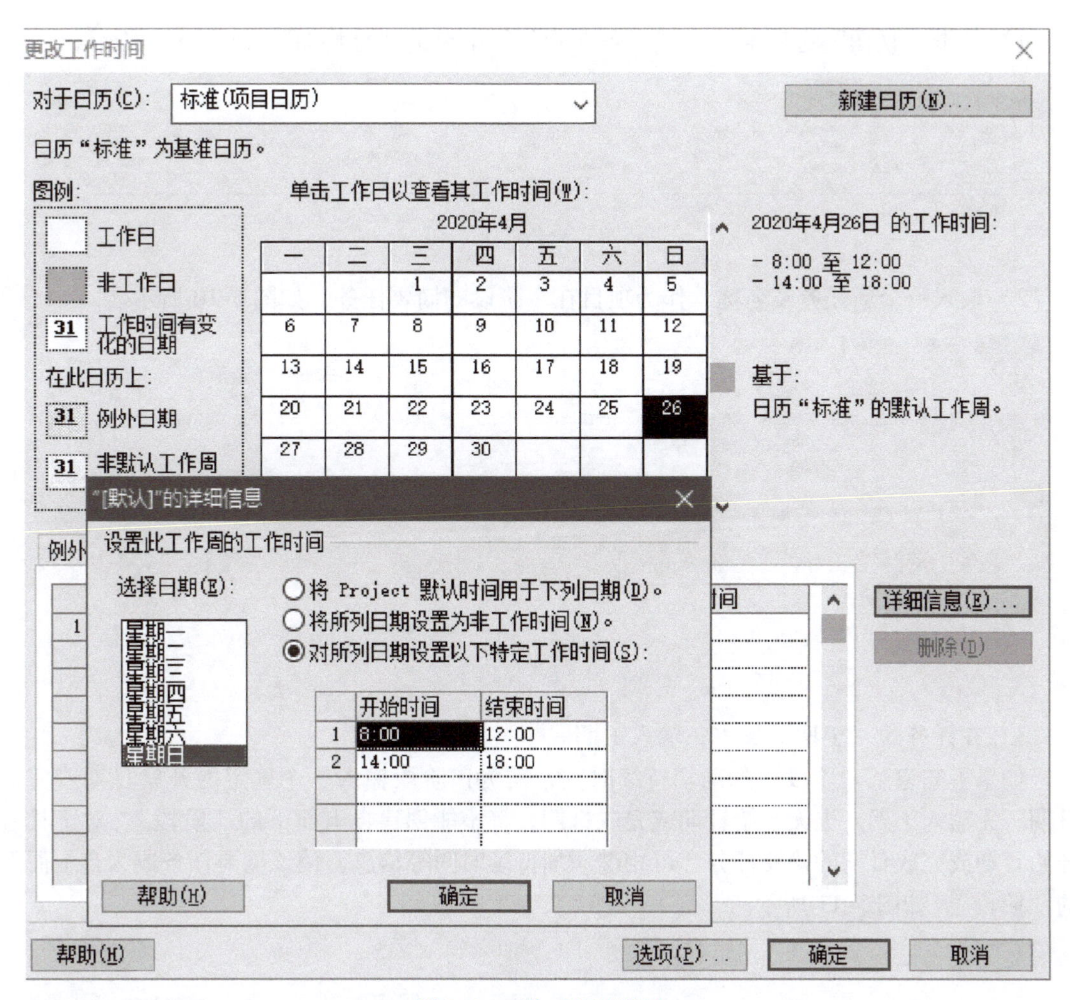

图 5-7　工作时间的设置

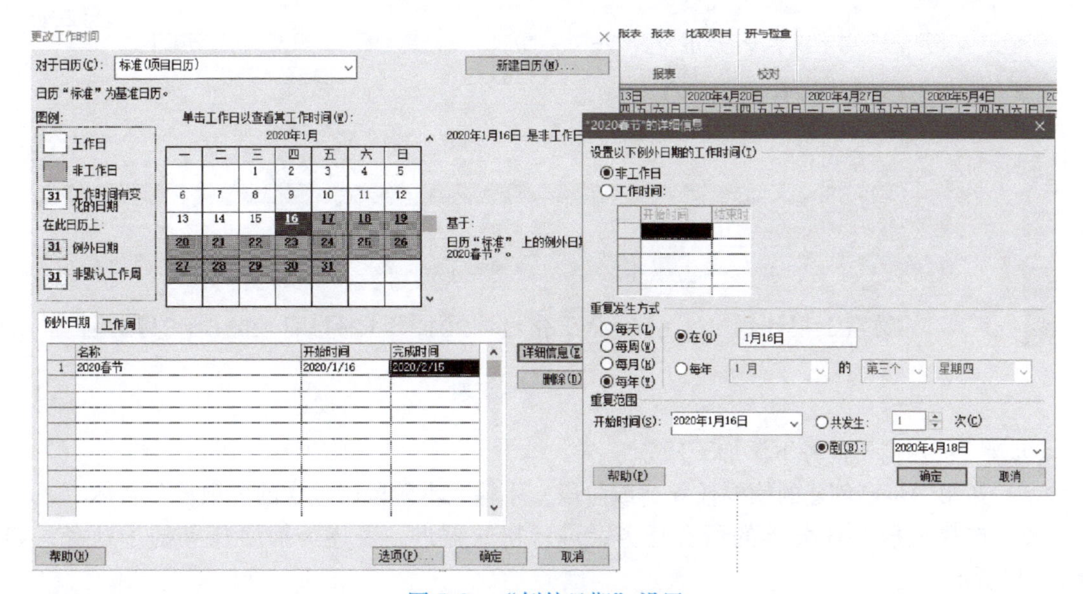

图 5-8　“例外日期”设置

1）单击“视图”选项卡，在“任务视图”组中单击“甘特图”，如图 5-9 所示。

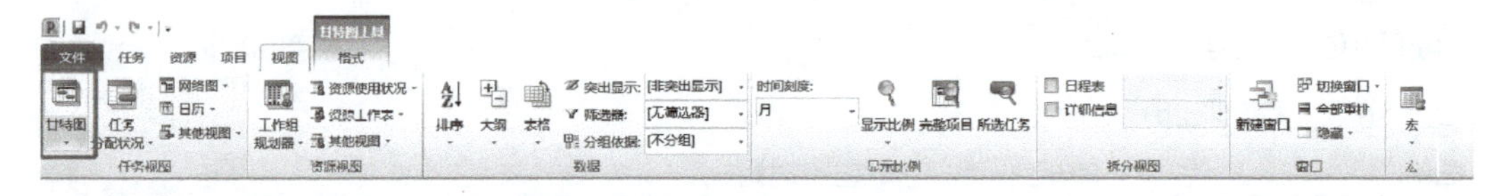

图 5-9 单击“甘特图”

2）输入一个新任务及名称，作为项目在本阶段的摘要任务，如图 5-10 所示。

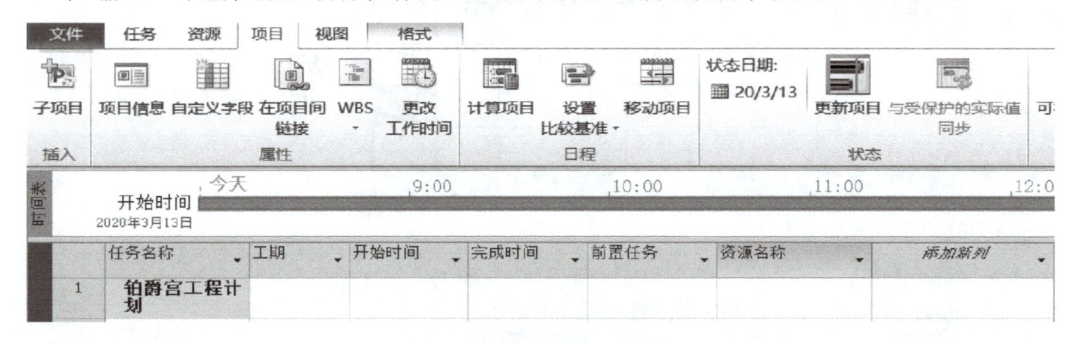

图 5-10 创建摘要任务

3）在任务的“工期”域中，输入工期。

如果不知道某“阶段”的确切持续时间，需为该阶段输入一个确定的开始日期或完成日期。无输入工期，也无开始日期或完成日期，将不能创建自上而下的“阶段”。对于具有开始日期或完成日期的摘要任务，可相继添加持续时间等信息，使该摘要任务成为自上而下的“阶段”，如图 5-11 所示。

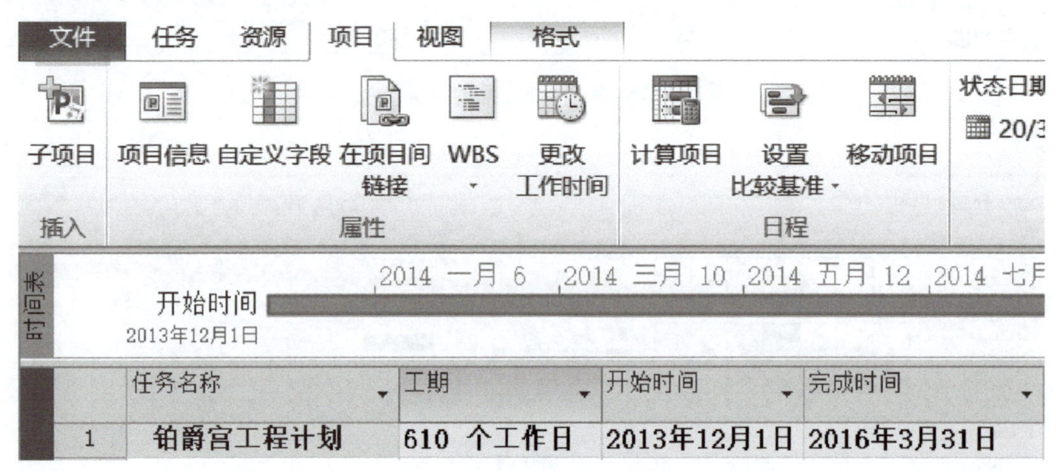

图 5-11 输入工期

步骤 2：在摘要任务下添加子任务

1）在第一步已创建的摘要任务（或阶段）下输入本阶段所包含的各项任务名称。

2）选择该摘要任务下的所有任务，进行格式缩进，表述为摘要任务的子任务，如图 5-12所示。

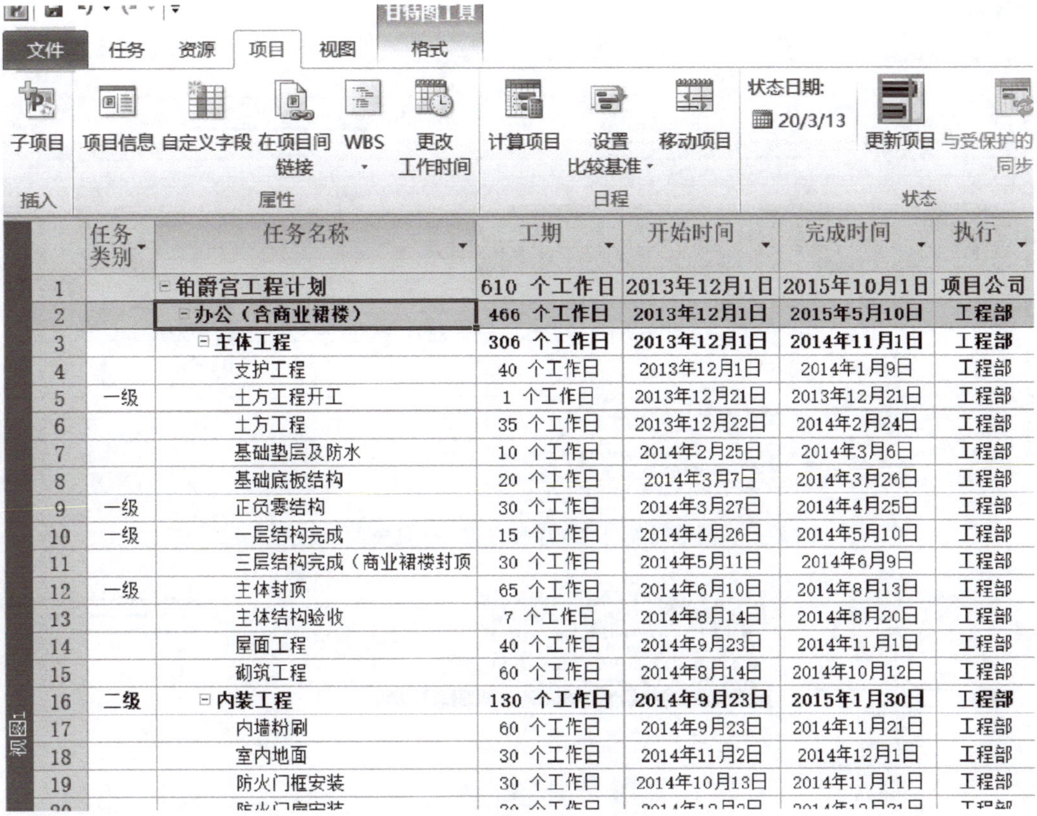

文件　任务　资源　项目　视图　甘特图工具 格式

子项目　项目信息　自定义字段　在项目间链接　WBS　更改工作时间　计算项目　设置比较基准　移动项目　状态日期: 20/3/13　更新项目　与受保护的同步

插入　属性　日程　状态

	任务类别	任务名称	工期	开始时间	完成时间	执行
1		铂爵宫工程计划	610 个工作日	2013年12月1日	2015年10月1日	项目公司
2		办公（含商业裙楼）	466 个工作日	2013年12月1日	2015年5月10日	工程部
3		主体工程	306 个工作日	2013年12月1日	2014年11月1日	工程部
4		支护工程	40 个工作日	2013年12月1日	2014年1月9日	工程部
5	一级	土方工程开工	1 个工作日	2013年12月21日	2013年12月21日	工程部
6		土方工程	35 个工作日	2013年12月22日	2014年2月24日	工程部
7		基础垫层及防水	10 个工作日	2014年2月25日	2014年3月6日	工程部
8		基础底板结构	20 个工作日	2014年3月7日	2014年3月26日	工程部
9	一级	正负零结构	30 个工作日	2014年3月27日	2014年4月25日	工程部
10	一级	一层结构完成	15 个工作日	2014年4月26日	2014年5月10日	工程部
11		三层结构完成（商业裙楼封顶	30 个工作日	2014年5月11日	2014年6月9日	工程部
12	一级	主体封顶	65 个工作日	2014年6月10日	2014年8月13日	工程部
13		主体结构验收	7 个工作日	2014年8月14日	2014年8月20日	工程部
14		屋面工程	40 个工作日	2014年9月23日	2014年11月1日	工程部
15		砌筑工程	60 个工作日	2014年8月14日	2014年10月12日	工程部
16	二级	内装工程	130 个工作日	2014年9月23日	2015年1月30日	工程部
17		内墙粉刷	60 个工作日	2014年9月23日	2014年11月21日	工程部
18		室内地面	30 个工作日	2014年11月2日	2014年12月1日	工程部
19		防火门框安装	30 个工作日	2014年10月13日	2014年11月11日	工程部

图5-12　添加子任务

4. 自上而下调整计划以及各施工过程之间的关联关系

创建了摘要任务及其子任务后，根据子任务间的工艺和逻辑关系首先调整任务间的顺序。调整自上而下进行，调整时对子任务进行拖放操作，使各任务符合项目的施工顺序。任务间的顺序调整完毕后，设置各子任务之间的时距关系，使各任务搭接满足流水原理和进度要求。

例如，双击任务名称（如“基础垫层及防水”），在该任务信息中单击“前置任务”，选择其前置任务，可设置“完成—开始”“开始—开始”等时距关系，来说明前后两个子任务之间的关联关系，如图5-13所示。

各子任务关联关系设置完毕后，横道图会有如图5-14所示搭接显示。

5. 打印视图或报表

1）单击“文件”选项卡，然后单击“打印”，如图5-15所示。

2）在该页面顶部，指定要打印的份数。通过单击“打印机属性”指定打印机的其他设置。通常，可以更改纸张类型、颜色和其他常用的打印机设置，但设置的类型将随所用打印机类型的不同而有所不同。

3）在“页面设置”下，指定要打印项目的内容。同时确定页眉、页边距、图例等信息，如图5-16所示。

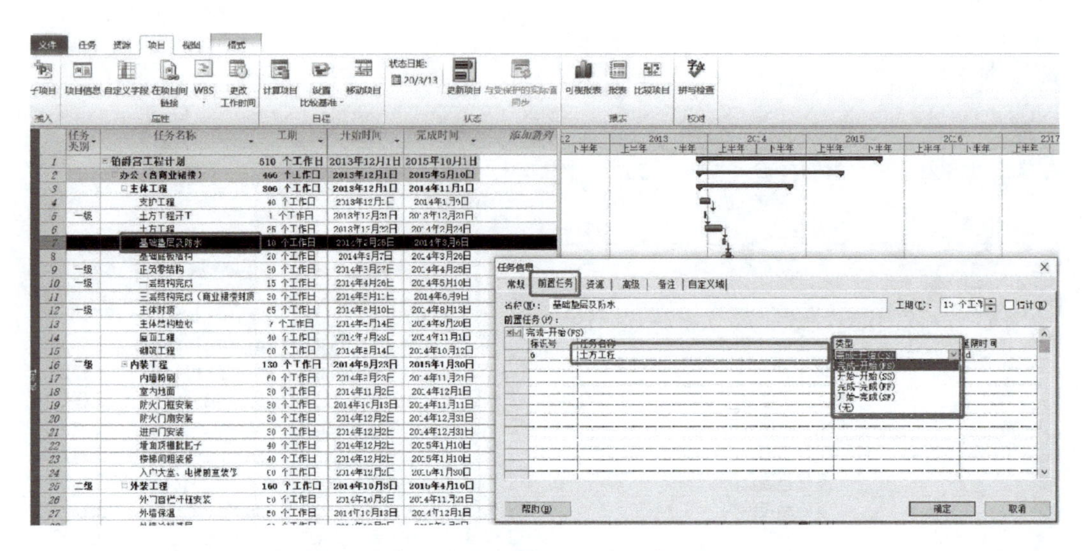

图 5-13 调整任务间的顺序和设置各子任务间的时距关系

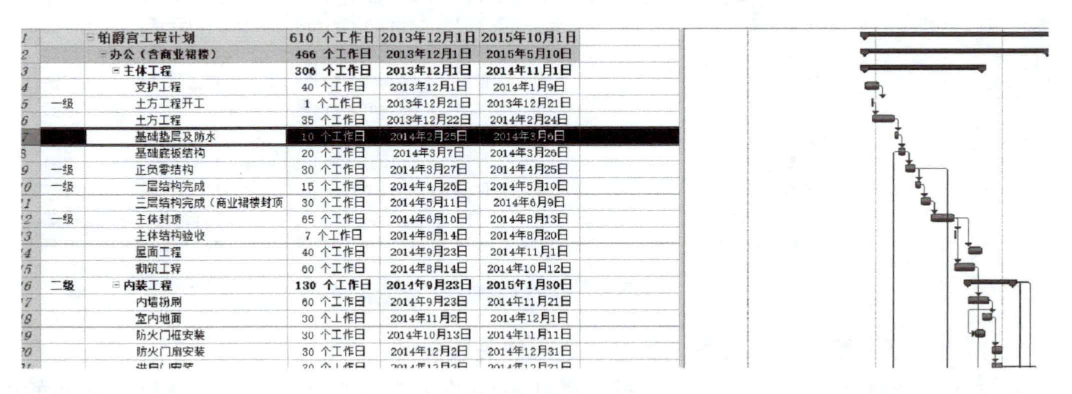

1		铂爵宫工程计划	610 个工作日	2013年12月1日	2015年10月1日
2		办公（含商业裙楼）	466 个工作日	2013年12月1日	2015年5月10日
3		主体工程	306 个工作日	2013年12月1日	2014年11月1日
4		支护工程	40 个工作日	2013年12月1日	2014年1月9日
5	一级	土方工程开工	1 个工作日	2013年12月21日	2013年12月21日
6		土方工程	35 个工作日	2013年12月22日	2014年2月24日
7		基础垫层及防水	10 个工作日	2014年2月25日	2014年3月6日
8		基础底板结构	20 个工作日	2014年3月7日	2014年3月26日
9	一级	正负零结构	30 个工作日	2014年3月27日	2014年4月25日
10	一级	一层结构完成	15 个工作日	2014年4月26日	2014年5月10日
11		三层结构完成（商业裙楼封顶	30 个工作日	2014年5月11日	2014年6月9日
12	一级	主体封顶	65 个工作日	2014年6月10日	2014年8月13日
13		主体结构验收	7 个工作日	2014年8月14日	2014年8月20日
14		屋面工程	40 个工作日	2014年9月23日	2014年11月1日
15		砌筑工程	60 个工作日	2014年8月14日	2014年10月12日
16	二级	内装工程	130 个工作日	2014年9月23日	2015年1月30日
17		内墙粉刷	60 个工作日	2014年9月23日	2014年11月21日
18		室内地面	30 个工作日	2014年11月2日	2014年12月1日
19		防火门框安装	30 个工作日	2014年10月13日	2014年11月11日
20		防火门扇安装	30 个工作日	2014年12月2日	2014年12月31日

图 5-14 横道图搭接显示

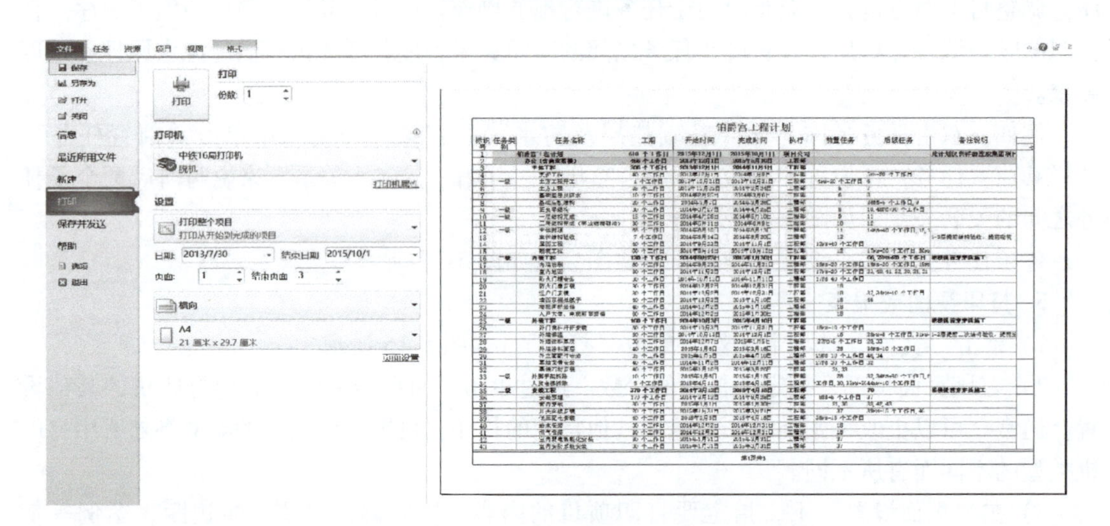

图 5-15 打印

4）调整打印页面内容。单击“打印”，在出现的页面里单击“设置”，再次对打印的内

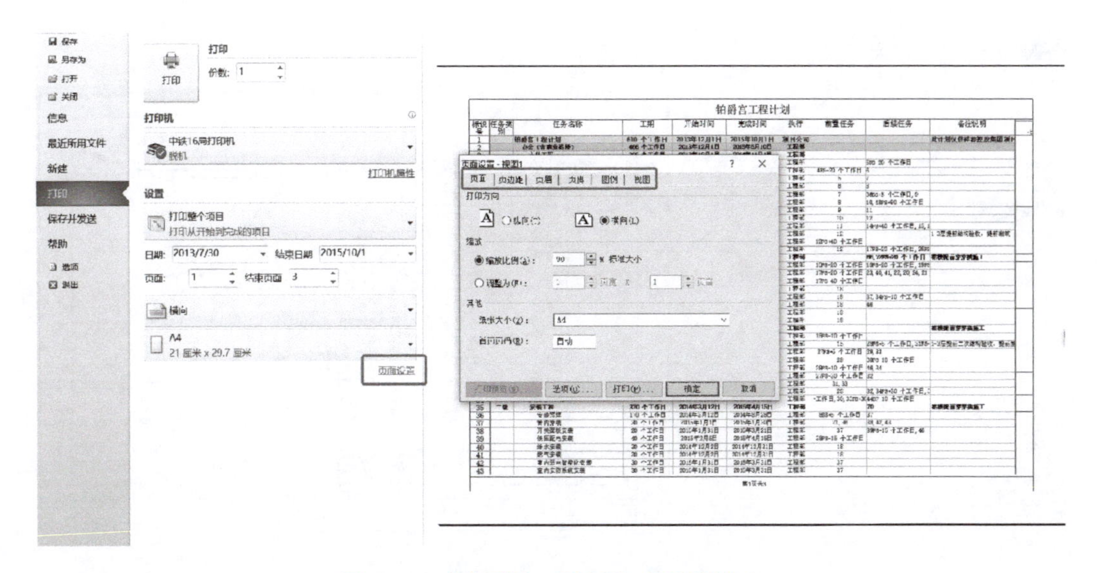

图 5-16　确定页眉、页边距、图例等信息

容、日期、纸张型号等进行设置。在预览页面中，及时调整打印内容，预览页面中内容无横道图信息，需调整，如图 5-17 所示。

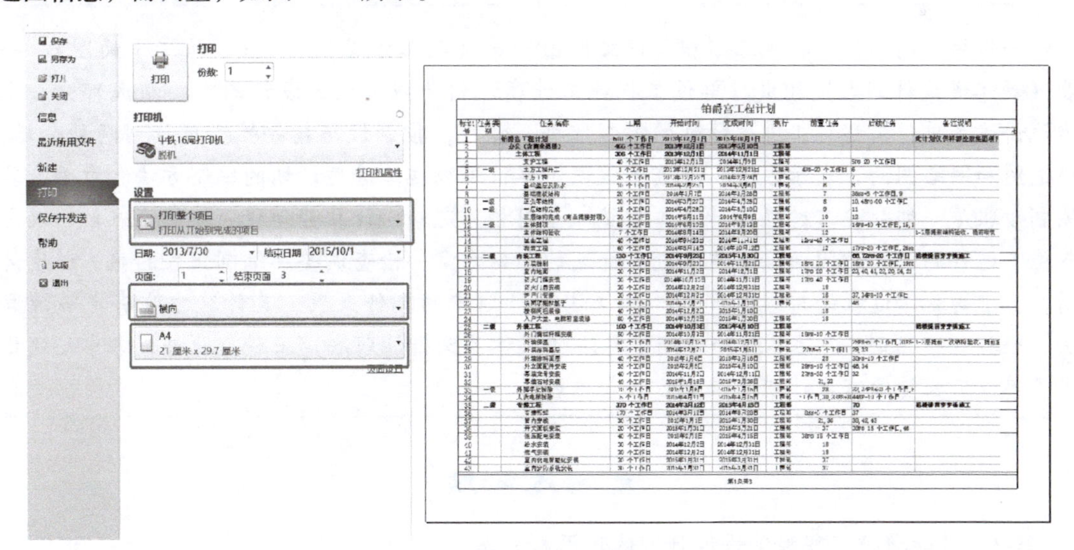

图 5-17　调整打印内容

调整一般通过在主页面隐藏无用信息、缩小时间刻度比例等方式，以确保适宜的信息显示，也可更换合适型号的打印纸张来满足显示更多的信息。调整后页面如图 5-18 所示。

5）单击“打印”。打印前再次调整页面打印图面的比例。如果最后一页的打印（竖列）内容距离页面左边缘不大于 3in（1in = 25.4mm），应将该视图的时间刻度按比例缩小，将本页（竖列）内容收放在前一页。若最后一页的打印内容较少但超过了距离本页面左边缘 3in 以上，则将视图按比例放大以填满当前页（或页的当前列），单击完成打印。

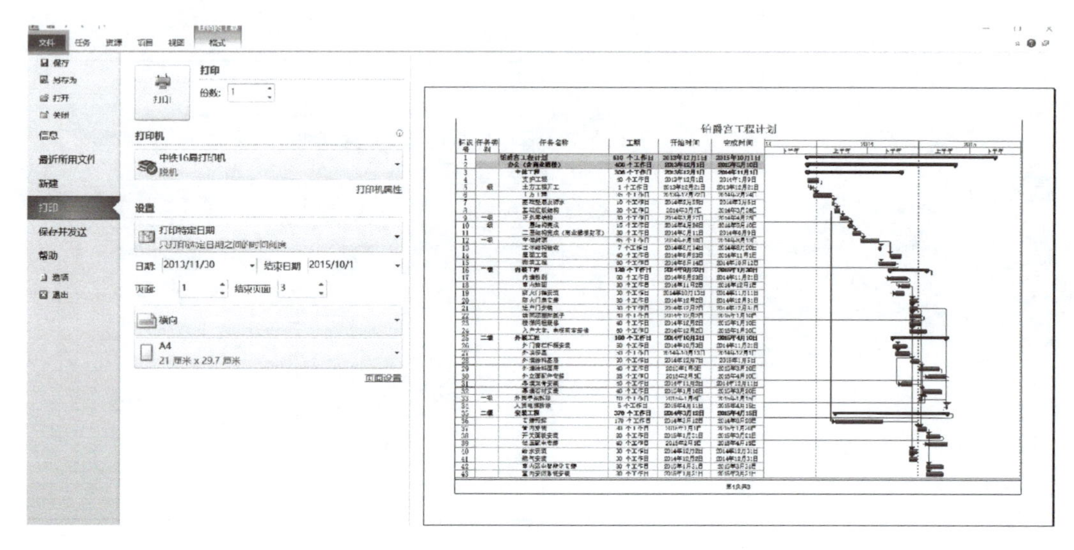

图5-18 调整后页面

单元小结

一份简单的单位工程施工组织设计文件由一案（施工方案）、一图（施工平面图）、一表（施工进度计划表）组成。单位工程施工进度计划是施工组织设计的重要组成部分。本单元讲述了单位工程施工进度计划的编制依据、作用，控制性与指导性进度计划两种分类，横道图和网络图两种表示方法，并重点叙述了单位工程施工进度计划的编制方法和步骤，其编制步骤是：划分施工过程→计算工程量→套用相关定额→计算劳动量或机械台班数→确定各施工过程的持续时间→编制施工进度计划的初始方案→检查调整→编制正式的施工进度计划。其中的施工过程的持续时间即为施工进度计划中的工作天数，其计算方法有定额计算法、经验（“三时”）估算法和工期推算法（又称为倒排计划法）三种。此外，本单元还讲述了单位工程资源需求计划的编制方法等内容。

复习思考题

5-1 简述单位工程施工进度计划的作用和分类。

5-2 编制施工进度计划的依据是什么？

5-3 简述单位工程施工进度计划的编制步骤。

5-4 划分施工过程时应注意哪些问题？

5-5 时间定额与产量定额有何关系？

5-6 怎样计算劳动量或机械台班数？

5-7 确定某施工过程的持续时间有哪几种方法？

实训练习题

某四层框架结构，建筑面积为1550m^2，钢筋混凝土条形基础，其基础工程及主体工程的劳动量和各班组人数见表5-9，试据此组织其流水施工并编制施工进度计划。

表5-9　某工程劳动量一览表

序号	施工过程	劳动量/工日	班组人数
基础工程			
1	基槽挖土	200	16
2	混凝土垫层	20	10
3	绑基础钢筋	50	6
4	浇基础混凝土	120	20
5	回填土	60	8
主体工程			
6	搭脚手架	120	20
7	绑柱钢筋	80	10
8	支柱梁模板（含楼梯）	920	20
9	浇柱混凝土	300	20
10	绑梁板钢筋（含楼梯）	300	20
11	浇梁板混凝土（含楼梯）	700	35
12	拆模板	150	13

提示：

1）部分施工过程可适当合并，但必须保证施工工艺顺序的正确性。

2）基础工程部分尽量组织全等节拍专业流水施工。

3）基础工程和主体工程两个分部工程之间采用分别流水法组织施工。

4）注意拆模前的混凝土养护时间。

单元6　单位工程施工平面图的设计

【单元概述】

单位工程施工平面图是施工组织设计的重要组成部分。本单元对单位工程施工平面图的内容、设计依据、设计步骤及要求等进行了较详细的阐述，并介绍了施工平面布置三维软件的操作方法。

【学习目标】

通过本单元的学习、训练，应掌握单位工程施工平面图的设计步骤，熟悉单位工程施工平面图的内容，了解其设计依据，并能进行单位工程施工平面图的设计及三维软件的操作。

课题1　单位工程施工平面图的设计内容及要求

在施工现场，除了已建和拟建的建筑物外，还有各种为拟建工程所需要的临时建筑和设施，如混凝土及砂浆搅拌站，起重机械设备，道路及水电管网，材料临时堆场和仓库，工地办公室等。这些临时建筑和设施都是为拟建工程服务的，必须事先在建筑平面上进行合理的规划和布置。在建筑总平面图上布置为施工服务的各种临时建筑和设施的现场布置图就称为施工平面图。

施工平面图是施工方案在现场空间上的体现，它反映了已建工程和拟建工程之间以及各种临时建筑、设施相互之间的空间关系。如果施工现场布置得好、管理得好，就会为现场组织文明施工创造良好的条件；反之，如果施工平面图布置得不好，就会造成现场组织管理混乱，对施工进度、工程成本、质量和安全等方面都会产生不良的后果。因此，每个工程在施工之前都要对施工现场的布置进行周密规划，在施工组织设计中均要编制施工平面图。

可以说，施工平面图既是布置施工现场的依据，也是施工准备工作的一项重要依据。它是实现文明施工、节约并合理利用土地、减少临时设施费用的先决条件。因此，施工平面图是施工组织设计的重要组成部分。施工平面图不但要在设计时周密考虑，而且还要认真贯彻执行，这样才会使施工现场井然有序，施工顺利进行，从而保证施工进度，提高效率和经济效益。

一般单位工程施工平面图的绘制比例为1:200～1:500。

6.1.1　单位工程施工平面图的设计内容

在单位工程施工平面图上，应用图例或文字标明以下几项主要内容：

1）建筑总平面图上已建和拟建的地上和地下一切建筑物、构筑物和管线。

2）垂直运输设备的位置。若采用自行式起重机应标明其开行路线，对轨道式起重机应标出轨道位置。

3）测量放线标桩、土方取弃场地。

4）生产用临时设施，如各种搅拌站、钢筋加工棚、木工棚、仓库等。

5）生活用临时设施，如办公室、工人宿舍、会议室、资料室、浴室等。

6）供水、供电线路及道路，如变压站、配电房、永久性和临时性道路等。

7）一切现场安全及防火设施的位置。

6.1.2 单位工程施工平面图的设计要求

施工现场（特别是临街建筑）可供使用的面积受到一定的限制，而需要布置的各种临时建筑和设施又比较多，这必然产生矛盾；同时，对临时建筑设施要求有足够的面积，且要求使用方便，交通畅通，运距最短，有利于生产、生活活动，便于管理。如果这些问题处理不当，就会产生不良的后果。为了正确处理这些矛盾，并获得良好的效果，在设计施工平面图时应该遵循以下几项原则：

1）在满足施工条件的前提下，要紧凑布置，尽可能减少施工用地，不占或少占农田。

2）合理使用场地，一切临时性建筑设施，尽量不占用拟建的永久性建筑物的位置，以免造成不应有的搬迁和浪费。

3）使场内运输距离最短，尽量做到短运距、少搬运，减少材料的二次搬运。

4）临时设施的布置，应便于工人的生产和生活活动，并保证安全。

5）在保证施工顺利进行的情况下，使临时设施工程量最小，力求临建工程最经济。其方法是利用已有的、多用装配的设施或构件，认真计算，精心设计。

6）要符合劳动保护、技术安全和防火的要求。

此外，为了保证顺利施工和安全生产，根据防火规定，各临时房屋之间应保持一定的距离。例如，木材加工场距离施工对象不得小于20m；易燃及有污染的设施应该布置在下风向；易爆品应按规定距离单独存放。施工现场应道路通畅，机械设备的钢丝绳、电缆等不得妨碍交通，如必须通过时应采取措施。施工现场还应布置消防设施，在山区施工还要考虑防洪等特殊要求。

在设计施工平面图时，除应遵循上述原则外，还应注意各类建筑物主导工程的不同需要。如民用混合结构房屋中以砌砖工程为主导工程，应考虑砖、砂浆、混凝土预制构件的垂直运输机械的合理布置；一般单层工业厂房以结构安装工程为主导工程，应首先考虑构件预制、安装方法及起重机开行路线等。

根据上述设计的内容和原则，要结合现场的实际情况和各类工程不同的特点，在布置施工平面图时可安排几个可行方案，从施工用地面积、施工临时道路、管线长度、施工场地利用率、场内材料搬运量、临时用房面积等方面进行分析比较，选择技术上合理、费用上最经济的方案。

6.1.3 单位工程施工平面图的设计依据

单位工程施工平面图是解决为一个单位工程（如一个车间或一幢宿舍）施工服务的各项临时设施和永久建筑相互间的合理布局问题。在布置施工平面图之前，应先到现场察看，认真进行调查研究，并对布置施工平面图的有关资料进行分析，使其与施工现场的实际情况一致。

布置施工平面图的依据包括建筑总平面图、施工图、现场地形图、水源和电源情况、施工场地情况、可利用的房屋及设施情况、自然条件和技术经济条件的调查资料、施工组织总设计、本工程的施工方案和施工进度计划、各种资源需要量计划等。如果对其进行总结归类，主要有以下三个方面的资料：

1. 设计和施工的原始资料

1）自然条件资料，如地形资料、水文地质资料和气象资料等。主要用于正确确定各种临时设施的位置，布置施工排水沟渠，确定易燃、易爆品以及有碍人体健康的设施的位置等。

2）技术经济条件资料，如交通运输，供水、供电条件，地方资源，生产和生活基地状况等。主要用于考虑仓库位置，材料及构件堆场，布置水、电管线及道路，布置现场施工可利用的生产和生活设施等。

2. 建筑结构设计图和说明书

（1）建筑总平面图　建筑总平面图上有拟建和已建的房屋和构筑物，可根据此图正确决定临时建筑和设施的位置。

（2）地下和地上管道位置　在施工中，应尽可能考虑利用一切已有或拟建的管道，若对施工有影响，则需采用相应的解决措施，还应避免把临时建筑物布置在拟建的管道上面。

（3）建筑区域的竖向设计资料和土方调配图　场地竖向设计资料和土方调配图对布置水、电管线，安排土方的挖填及确定取土和弃土地点有密切的关系。

（4）有关施工图设计资料

3. 施工方面资料

（1）施工方案　施工方案和施工方法的要求应在施工平面图上具体体现，如起重机械和其他施工机具的位置、吊装方案与构件预制及堆场的布置等。

（2）单位工程进度计划　根据进度计划的安排，掌握各个施工阶段的情况对分阶段布置施工现场、有效利用施工用地起着重要作用。

（3）各种材料、半成品、构件及需要量计划表　根据有关资源需要量计划表，计算仓库和堆场的面积、尺寸，并合理确定其位置。

（4）建设单位能提供的原有房屋及其他生活设施的情况

课题2　单位工程施工平面图的设计步骤

一般单位工程施工平面图的设计步骤如图6-1所示。

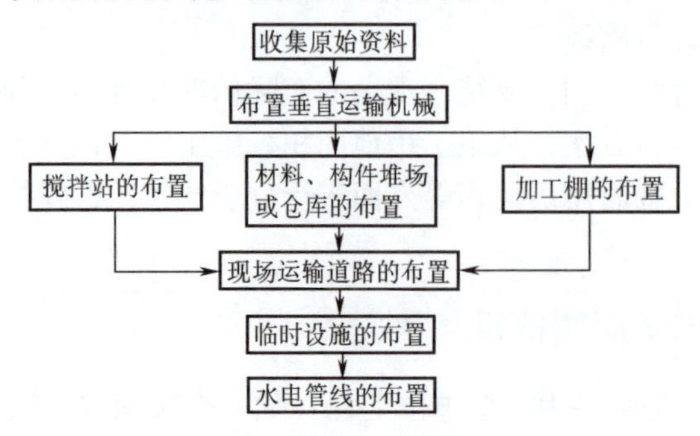

图6-1　单位工程施工平面图的设计步骤

6.2.1 垂直运输机械的布置

垂直运输机械的位置直接影响仓库堆场，施工道路，搅拌站，水、电管线及其他设施的布置，故必须首先予以确定。常用的垂直运输机械有塔式起重机、井架、龙门架等，由于各种起重机械的性能不同，其布置位置也有所区别，下面一一给予说明。

1. 塔式起重机的布置

塔式起重机按其工作状态的不同分为轨道式、固定式、附着式和内爬式四种；按其布置方式的不同分为跨外单侧布置、跨外双侧或环形布置、跨内单行布置和跨内环行布置四种。现以跨外布置的固定式塔式起重机为例，阐述其布置要求。

（1）塔式起重机的平面位置　塔式起重机平面位置的确定主要取决于建筑物的平面形状及其周围的场地条件和吊装工艺。一般情况下，跨外布置的固定式塔式起重机应沿建筑物的长度方向布置在场地较宽的一侧，以使塔式起重机对材料、构件堆场的服务面积较大，并充分发挥其效率；塔基必须坚实可靠；当采用两台或多台塔式起重机或采用一台塔式起重机、一台井架（或龙门架、建筑施工电梯等）时，必须明确规定各自的工作范围和相互之间的最小距离，并制定严格的切实可行的防止碰撞的措施。此外，在起重臂操作范围内，应使起重机的起重幅度能将材料和构件运至任何施工地点，避免出现死角。在高空有高压电线通过时，高压线必须高出起重机，并留有安全距离；如果不符合条件，则高压线应搬迁或考虑其他的起重运输机械布置方案。在搬迁高压线有困难时，则要采取安全措施。

（2）塔式起重机的起重工作参数　塔式起重机的三个起重工作参数（起重力矩 M、起重高度 H 和服务半径 R）均应满足拟建工程吊装技术的要求。

1）塔式起重机的起重力矩 M 要大于或等于吊装各种预制构件时所产生的最大力矩 M_{max}，其计算公式为

$$M \geqslant M_{max} = \max\{(Q_i + q)R_i\} \tag{6-1}$$

式中　Q_i——某一预制构件或起重材料的自重；

R_i——该预制构件或起重材料的安装位置至塔式起重机回转中心的距离；

q——吊具、吊索的自重。

2）塔式起重机的起重高度 H 要满足式（6-2）的要求。

$$H \geqslant H_0 + h_1 + h_2 + h_3 \tag{6-2}$$

式中　H_0——建筑物的总高度；

h_1——吊运中的预制构件或起重材料与建筑物之间的安全高度（安全间隙高度，一般不小于0.3m）；

h_2——预制构件或起重材料底边至吊索绑扎点（或吊环）之间的高度；

h_3——吊具、吊索的高度。

3）塔式起重机的服务半径（回转半径）R 要满足式（6-3）。

$$R \geqslant B + D \tag{6-3}$$

式中　B——建筑物平面的最大宽度；

D——塔式起重机回转中心线（塔基中心）与外墙外边线之间的最小距离。

塔式起重机回转中心线与外墙外边线之间的最小距离 D 取决于凸出墙面的雨篷、阳台、

外脚手架的尺寸、塔式起重机轴向最大尺寸和塔式起重机与脚手架之间的最小安全距离。

特别提出的是，对于塔式起重机起吊拟建建筑物外侧钢筋、预制构件等材料的情况，在计算 R 值时，式（6-3）中的 B 值应考虑脚手架距墙外边的尺寸，而且 R 值应比式（6-3）的最小计算值适当加大，否则在起吊过程中钢筋等起吊物品可能会钩挂外脚手架的护网。

（3）塔式起重机的服务范围　以塔式起重机的塔基中心点为圆心，以最大回转半径为半径划出一个圆形，该圆形包围部分即为塔式起重机的服务范围。

建筑物平面处在塔式起重机服务范围之外的部分，称为死角。塔式起重机布置的最佳状态是使建筑物平面均处在塔式起重机服务范围之内，避免出现死角。否则，也应使死角越小越好，并尽量使最高、最大、最重的构件的安装位置不出现死角。塔式起重机在安装死角部分的构件时，水平推移构件的最大距离不得超过1m，并应制定严格的技术安全措施。否则，需要采用水平转运小车等辅助设备来转运预制构件。

有轨式起重机的轨道一般沿建筑物的长向布置，其位置和尺寸取决于建筑物的平面形状和尺寸、构件自重、起重机的性能及四周施工场地的条件。通常其轨道布置方式有三种，即单侧布置、双侧布置和环状布置。当建筑物宽度较小、构件自重不大时，可采用单侧布置方式；当建筑物宽度较大，且构件自重较大时，应采用双侧布置或环形布置方式。

2. 井架（或龙门架）的布置

井架一般采用角钢拼装，也可采用钢管脚手架搭设，其截面呈矩形，边长为1.5～2.0m，起重量为0.5～2.0t，主要用于垂直运输。井架的布置要求如下所述：

（1）井架的数量和型号　井架的数量和型号应根据施工高峰时的垂直运输量大小、工程进度和流水施工要求来确定。

（2）井架与卷扬机的平面位置

1）当建筑物呈长条形，且层数、高度相同时，井架一般布置在施工段的分界线处靠近材料或构件堆场面积较大的一侧，缩短运距。当建筑物各部分的高度不同时，井架应布置在施工段高低层分界线处靠近高层的一侧。井架的方位一般与墙面平行，当有两条进楼运输道路时，井架也可按与墙面呈45°的方位布置。井架与建筑物外墙面的距离，可根据屋面檐口挑出尺寸或双排外脚手架的搭设要求而确定。

2）井架与各楼层之间设置进料口，进料口应设置在门窗洞口处，以减少对结构整体性能的影响，并减少墙体留槎处的修补工作量。

3）高度在40m以下的井架，顶端要设置一道不少于四根的缆风绳（四个方向，每个方向一根）；高度超过40m的井架，还要在其中部靠上的位置（设有摇头拔杆的井架，应在拔杆根部）设置一道不少于两根的缆风绳；缆风绳与地面之间的夹角以30°～45°为宜，不得超过60°。

4）井架用卷扬机的位置离井架的距离不宜小于屋面至室外地面之间的距离，以便卷扬机操作人员观看吊物的升降过程，且最短距离应不小于10m；卷扬机与脚手架的距离，多层建筑应不小于3m，高层建筑应不小于6m。

（3）井架的高度　井架的高度根据拟建工程的屋面高度和井架型号而确定。

1）只设吊篮的井架应高出屋面3～5m。

2）摇头拔杆井架。为使井架能吊运楼板等构件，可在井架上部棱角处设置摇头拔杆，拔杆与井架的夹角一般为30°～60°，拔杆的起重量为0.5～1.5t，拔杆长度与其回转半径之间的关系可用式（6-4）表示。

$$r = L\cos\alpha \tag{6-4}$$

式中　r——拔杆的回转半径，一般为4.5～11m；

L——拔杆的长度，一般为6～15m；

α——拔杆与水平面的夹角，一般为30°～60°。

当$\alpha=45°$时，带有摇头拔杆的井架应高出屋面距离为$2r=\sqrt{2}L$。

6.2.2　搅拌站、加工棚及各种材料、构件的堆场或仓库的布置

搅拌站、加工棚及各种材料、构件的堆场或仓库的位置应尽量靠近使用地点或在塔式起重机的服务范围之内，并应考虑到运输和装卸的方便。

1. 搅拌站的布置

当施工方案中确定施工现场设置混凝土和砂浆搅拌机时，搅拌站的布置要求如下所述：

1）搅拌站应靠近施工道路布置，其前台应有装料或车辆调头的场地，其后台要有称量、上料的场地。尤其是混凝土搅拌站，要与砂石堆场、水泥仓库等一起考虑布置，既要使其互相靠近，又要方便各种大宗材料和成品的装卸与运输。此外，搅拌站的前台口等均应布置在塔式起重机的有效起吊服务范围之内。

2）搅拌站的位置应尽量靠近使用地点或靠近垂直运输设备。有时在浇筑大型混凝土基础时，为了减少混凝土的运输，可将混凝土搅拌站直接设在基础边缘，待基础混凝土浇完后再转移。

3）当采用井架（或龙门架、建筑施工电梯）运输时，搅拌站应靠近井架布置；当采用塔式起重机运输时，搅拌机的出料口应布置在塔式起重机的服务范围之内，以使吊斗能直接装料和挂钩起吊。

4）搅拌站的周围应设置排水沟，以防积水；搅拌站在清洗搅拌机时排出的污水应经沉淀池沉淀后再排入城市地下排水系统或排水沟，以防堵塞排水系统、污染环境。

5）搅拌站的面积，以每台混凝土搅拌机需要25m^2、每台砂浆搅拌机需要15m^{2}计算；冬期施工时，考虑到某些材料的保温要求（如水泥、外加剂）和设置供热设施，搅拌站的面积应增加一倍。

2. 加工棚的布置

木材、钢筋、水电等加工棚宜设置在距拟建工程周边一定距离处，并有相应的材料、成品堆场；木材、钢筋的成品堆场应尽量靠近井架或尽量布置在塔式起重机的服务范围之内；石灰堆场和淋灰池宜布置在施工现场的下风方向，并尽量靠近砂浆搅拌机；沥青灶应设置在远离易燃及易爆品的现场下风方向的较空旷场地上。

3. 各种材件、构件的仓库或堆场的布置

各种材件、构件的仓库或堆场的面积可先根据相关参数的有关要求进行计算，然后再根据不同施工阶段所需材料、构配件的种类、使用的先后顺序和使用期限，合理地设计不同施工阶段的现场施工平面图，以使同一场地能先后堆放多种不同的材料或构配件，从而充分利用施工用地。仓库、堆场的布置要求如下所述：

（1）仓库的布置要求　水泥仓库应设置在地势较高、排水方便、尽量靠近搅拌站的地方；对各种易燃、易爆品仓库应按防火防爆安全距离的要求和有关规定，将其布置在施工现

场的边缘地区。

（2）预制构件堆场的布置要求　预制构件的堆放位置要考虑到吊装顺序，先吊的放在上面，后吊的放在下面。现场预制构件的堆放数量应根据施工进度要求、运输能力和现场实际条件等因素进行综合考虑，预制构件的进场时间应与吊装就位密切配合，力求直接卸到其就位位置，避免二次搬运。最好根据每层或每个施工段的施工进度要求，实行分期分批配套进场，以节省堆场面积。多层砖混结构中较大的预制构件，当采用塔式起重机运输时，均应尽可能布置在塔式起重机的服务范围之内；当采用井架等垂直运输机械运输时，则应尽可能靠近井架布置，但与井架的距离可比大的预制构件稍远一些。

各种钢木门窗和钢木构件，一般不宜露天堆放，可根据现场的具体情况搭棚存放，或放置在已建主体结构的首层、二层房间内。

（3）各种材料堆场的布置要求　各种材料的现场堆放数量应根据其使用量的大小、使用时间的长短、供应与运输情况和现场实际条件等综合研究确定。凡使用量较大、使用时间较长、供应与运输均比较方便的材料，在保证施工进度与连续施工的情况下，均宜根据施工层、施工段上的工程量大小和现场实际情况，实行分期分批进料，以达到减少仓库堆场面积、降低材料损耗、节约施工费用的目的。

材料堆放应尽量靠近使用地点，减少或避免二次搬运，并应考虑到运输及卸料的方便。基础施工时使用的各种材料可堆放在基础四周。一般地，基础和首层结构用砖，可根据场地的具体情况，沿拟建建筑物四周分堆布置，以保证向房屋任何一个部位供砖的运距均较短；砖堆与基坑、基槽上边线的距离不小于1.0m，以防压塌边坡。二层及二层以上各层用砖，当采用井架运输时，应靠近井架布置；当采用塔式起重机运输时，应布置在塔式起重机服务范围之内。

模板、脚手架等周转材料应布置在装卸、取用、维修、清理方便之处且靠近井架或使用地点，或布置在塔式起重机的服务范围之内，以便吊运和使用。

砂石堆场尽可能布置在搅拌站的后台附近，混凝土搅拌站的石子用量更大一些，故石子比砂子更应靠近搅拌站，并应按粒径不同分别标明和堆放。

4. 各类加工场的占地面积和单位产量所需建筑面积

各类加工场的占地面积和单位产量所需建筑面积见表6-1、表6-2。

表6-1　临时加工场所需面积参考指标

序号	加工场名称	年产量		单位产量所需建筑面积	占地总面积/m^2	备注
		单位	数量			
1	混凝土搅拌站	m^3	3200	0.022/m^2	按砂石堆场考虑	400L搅拌机2台
		m^3	4800	0.021/m^2		400L搅拌机3台
		m^3	6400	0.020/m^2		400L搅拌机4台
2	钢筋拉直	所需场地（长×宽）			包括材料和成品堆放	
	现场钢筋调直	（70～80）m×（3～4）m				
	冷拉拉直场	15～20m^2				
	卷扬机棚冷拉场	（40～60）m×（6～8）m				

（续）

序号	加工场名称	年产量		单位产量所需建筑面积	占地总面积/m^2	备注
		单位	数量			
3	钢筋对焊	所需场地（长×宽）				包括材料和成品堆放
	对焊场地	（30～40）m×（4～5）m				
	对焊棚	15～24m^2				
4	钢筋冷加工	所需场地/（m^2/台）				按一批加工数量计算
	冷拔机	40～50				
	剪断机	30～40				
	弯曲机 ϕ12mm 以下	50～60				
	弯曲机 ϕ40mm 以下	60～70				
5	金属结构加工（包括一般铁件）	所需场地/（m^2/t）				按一批加工数量计算
		10（年产500t）				
		8（年产1000t）				
6	沥青锅场地	20～24m^2				台班产量1～1.5t/台

表6-2 现场作业棚所需面积参考指标

序号	名 称	单位	面积/m^2	备 注
1	木工作业棚	m^2/人	2	占地为建筑面积的2～3倍
2	电锯房	m^2	80	86～92cm圆锯1台
3	电锯房	m^2	40	小圆锯1台
4	钢筋作业棚	m^2/人	3	占地为建筑面积的3～4倍
5	搅拌棚	m^2/台	10～18	
6	卷扬机棚	m^2/台	6～12	
7	烘炉房	m^2	30～40	
8	焊工房	m^2	20～40	
9	电工房	m^2	15	
10	白铁工房	m^2	20	
11	油漆工房	m^2	20	
12	机工、钳工修理房	m^2	20	
13	立式锅炉房	m^2/台	5～10	
14	发电机房	m^2/km	0.2～0.3	
15	水泵房	m^2/台	3～8	
16	空压机房（移动式）	m^2/台	18～30	
	空压机房（固定式）	m^2/台	9～15	

6.2.3 运输道路的修筑

1. 临时施工道路的技术要求

1）道路的最小宽度和转弯半径，汽车单行道不小于3.5m（最窄处不应小于3.0m），汽车双行道不小于6.0m；平板拖车单行道不小于4.0m，双行道不小于8.0m。架空线及管道下面的道路的空间高度应大于4.5m，垂直管道之间的最小道路宽度应不小于3.5m。汽车单行道和分向行驶的双行道的最小转弯半径应不小于9.0m，当拖挂一辆拖车时应不小于12m。

2）临时施工道路的做法。为了及时排除路面积水，路面应高出周围自然地面0.1～0.2m，雨量较大地区应高出0.5m左右，道路两侧应设置排水沟，沟深不小于0.4m，沟底宽不小于0.3m。一般砂质土地区的临时道路可采用碾压土路，当土质较黏、泥泞或翻浆时，可采用加骨料后再碾压路面的方法。骨料应尽量就地取材，如采用碎砖、炉渣、卵石、碎石和大块石等，从而降低造价。

2. 临时施工道路的布置要求

1）施工道路应满足材料、构件等的运输要求，使之运到各个仓库、堆场、搅拌站，并尽量直达装卸区，以便就地装卸，避免二次搬运。

2）施工道路应满足消防的要求，使之靠近建筑物、木材加工场等容易发生火灾的地方，并能直达消防栓处，以便消防车取水、救火快捷、行驶畅通。消防车通道的宽度不应小于3.5m。

3）为了提高车辆的行驶速度和道路的通行能力，施工道路应尽量布置成直线形路段，主要道路应尽可能布置成环形回路，支线道路的路端应设置倒车场地。

4）施工道路应避开地下管道和后期开工的拟建工程，以防后期施工中拆迁改道；施工道路应尽量利用原有道路和拟建的永久性道路，可以先修建拟建永久性道路的路基，将其用作临时道路，待工程完成后再铺设路面，以便节约施工时间和费用。

3. 场内临时道路的技术标准

场内临时道路的技术标准见表6-3。

表6-3 场内临时道路的技术标准

指标名称	单位	技术标准
设计车速	km/h	≤20
路基宽度	m	双车道6～6.5，单车道4～4.5，困难地段3.5
路面宽度	m	双车道5～5.5，单车道3～3.5
平面曲线最小半径	m	平原、丘陵地区20，山区15，回头弯道12
最大纵坡	—	平原地区6%，丘陵地区8%，山区11%
纵坡最短长度	m	平原地区100，山区50
桥面宽度	m	木桥4～4.5
桥涵载重等级	t	木桥涵7.8～10.4（汽—6～汽—8）

6.2.4 临时生活设施的布置

1. 临时生活设施的种类

1）行政管理用房：主要包括工地办公室、传达室、警卫室、消防站、汽车库以及各类行政管理用仓库、维修间等。

2）居住生活用房：主要包括职工宿舍、食堂、医务室、浴室、理发室、锅炉房、小卖部和厕所等。

3）文化生活福利用房：主要包括俱乐部、邮亭等。

2. 临时生活设施的布置要求

1）工地所需的临时生活设施应尽量利用原有的准备拆除的或拟建的永久性房屋，其数量不足的部分再临时新建。

2）工地现场办公室宜设置在工地入口处或中心地区，并宜靠近施工地点布置。

3）居住和文化生活福利用房，一般宜建在生活基地或临时工人村内，其中的一小部分（如浴室、开水房、食堂、医务室等）也可建在工地之内；工地小卖部等生活设施应布置在工人比较集中的地方或出入口附近。

4）临时生活设施的建筑面积参考指标见表6-4。

表6-4 临时生活设施的建筑面积参考指标

<table>
<tr><th>序号</th><th>临时生活设施名称</th><th>单 位</th><th>面积指标</th><th colspan="2">备 注</th></tr>
<tr><td>1</td><td>办公室</td><td>m²/人</td><td>3~4</td><td colspan="2">按技职人数的70%计算</td></tr>
<tr><td rowspan="4">2</td><td>单身宿舍</td><td>m²/人</td><td>2.5~3.5</td><td colspan="2">扣除不在工地住宿的人员</td></tr>
<tr><td>单层通铺</td><td>m²/人</td><td>2.5~3</td><td colspan="2"></td></tr>
<tr><td>双层床</td><td>m²/人</td><td>2.0~2.5</td><td colspan="2"></td></tr>
<tr><td>单层床</td><td>m²/人</td><td>3.5~4</td><td colspan="2"></td></tr>
<tr><td>3</td><td>家属宿舍</td><td>m²/户</td><td>16~25</td><td colspan="2">按职工年平均人数的10%~30%计算</td></tr>
<tr><td>4</td><td>食堂</td><td>m²/人</td><td>0.5~0.8</td><td colspan="2">包括厨房、库房</td></tr>
<tr><td>5</td><td>食堂兼礼堂</td><td>m²/人</td><td>0.6~0.9</td><td colspan="2"></td></tr>
<tr><td rowspan="10">6</td><td>医务室</td><td>m²/人</td><td>0.05~0.07</td><td>不小于30m²</td><td rowspan="10">合计
0.5~0.6m²/人</td></tr>
<tr><td>浴室</td><td>m²/人</td><td>0.07~0.1</td><td></td></tr>
<tr><td>理发室</td><td>m²/人</td><td>0.01~0.03</td><td></td></tr>
<tr><td>浴室兼理发室</td><td>m²/人</td><td>0.08~0.1</td><td></td></tr>
<tr><td>俱乐部</td><td>m²/人</td><td>0.1</td><td></td></tr>
<tr><td>小卖部</td><td>m²/人</td><td>0.03</td><td>不小于40m²</td></tr>
<tr><td>招待所</td><td>m²/人</td><td>0.06</td><td></td></tr>
<tr><td>托儿所</td><td>m²/人</td><td>0.03~0.06</td><td></td></tr>
<tr><td>子弟小学</td><td>m²/人</td><td>0.06~0.08</td><td>视带眷属人数确定</td></tr>
<tr><td>其他公用设施</td><td>m²/人</td><td>0.06~0.1</td><td></td></tr>
<tr><td rowspan="4">7</td><td>现场小型设施</td><td>—</td><td>—</td><td colspan="2"></td></tr>
<tr><td>开水房</td><td>m²</td><td>10~40</td><td colspan="2"></td></tr>
<tr><td>厕所</td><td>m²/人</td><td>0.02~0.07</td><td colspan="2"></td></tr>
<tr><td>工人休息室</td><td>m²/人</td><td>0.15</td><td colspan="2"></td></tr>
</table>

6.2.5 施工给排水管网的布置

临时供水首先要经过计算设计，包括水源选择、取水设施、贮水设施、用水量计算（生产用水、机械用水、生活用水、消防用水）、配水布置、管径的计算等，然后进行设置。单位工程施工组织设计的供水计算和设计可以简化或根据经验进行安排。一般建筑面积5000~10000m² 的建筑物施工用水主管管径为50mm，支管管径为40mm或25mm。消防用水一般利用城市或建设单位的永久消防设施。

1. 用水量的计算

1）现场施工用水量，可按式（6-5）计算。

$$q_1 = K_1 \sum \frac{Q_1 N_1}{T_1 t} \times \frac{K_2}{8 \times 3600} \tag{6-5}$$

式中 q_1——施工用水量（L/s）；

K_1——未预计的施工用水系数，$K_1 = 1.05 \sim 1.15$；

Q_1——工程量，以实物计量单位表示；

N_1——施工用水定额，见表6-5；

T_1——年（季）度有效工作日；

t——每天工作班数；

K_2——用水不均衡系数。

2）施工机械用水量，可按式（6-6）计算。

$$q_2 = K_1 \sum Q_2 N_2 \times \frac{K_3}{8 \times 3600} \tag{6-6}$$

式中 q_2——机械用水量（L/s）；

K_1——未预计的施工用水系数，$K_1 = 1.05 \sim 1.15$；

Q_2——同一种机械台数（台）；

N_2——施工机械台班用水定额，见表6-6；

K_3——施工机械用水不均衡系数。

3）施工现场生活用水量，可按式（6-7）计算。

$$q_3 = \frac{P_1 N_3 K_4}{z \times 8 \times 3600} \tag{6-7}$$

式中 q_3——施工现场生活用水量（L/s）；

P_1——施工现场高峰昼夜人数（人）；

N_3——施工现场生活用水定额，一般为20～60L/(人·班)，主要视当地气候而定；

K_4——施工现场用水不均衡系数；

z——每天工作班数（班）。

4）生活区生活用水量，可按式（6-8）计算。

$$q_4 = \frac{P_2 N_4 K_5}{24 \times 3600} \tag{6-8}$$

式中 q_4——生活区生活用水（L/s）；

P_2——生活区居民人数（人）；

N_4——生活区昼夜全部生活用水定额；

K_5——生活区用水不均衡系数。

5）消防用水量 q_5。消防用水量最小为10L/s；施工现场在25hm^2（公顷）以内时，不大于15L/s。

6）总用水量 Q 的计算：当 $(q_1+q_2+q_3+q_4)\leqslant q_5$ 时，$Q=q_5+(q_1+q_2+q_3+q_4)/2$；当 $(q_1+q_2+q_3+q_4)>q_5$ 时，$Q=q_1+q_2+q_3+q_4$；当工地面积小于 $5hm^2$，且 $(q_1+q_2+q_3+q_4)<q_5$ 时，$Q=q_5$。

最后计算出总用水量，还应增加10%的漏水损失。

表6-5 施工用水参考定额

序号	用水对象	单位	耗水量	备注
1	浇筑混凝土全部用水	L/m^3	1700~2400	
2	搅拌普通混凝土	L/m^3	250	
3	混凝土养护（自然养护）	L/m^3	200~400	
4	混凝土养护（蒸汽养护）	L/m^3	500~700	
5	冲洗模板	L/m^2	5	
6	搅拌机清洗	L/台班	600	
7	人工冲洗石子	L/m^3	1000	
8	机械冲洗石子	L/m^3	600	
9	洗砂	L/m^3	1000	
10	砌砖工程全部用水	L/m^3	150~250	
11	抹灰工程全部用水	L/m^2	30	
12	耐火砖砌体工程	L/m^3	100~150	包括砂浆搅拌
13	浇砖	L/千块	200~250	
14	浇硅酸盐砌块	L/m^3	300~350	
15	抹面	L/m^2	4~6	不包括调制用水
16	楼地面	L/m^2	190	
17	搅拌砂浆	L/m^3	300	
18	石灰消化	L/t	3000	
19	上水管道工程	L/m	98	
20	下水管道工程	L/m	1130	
21	工业管道工程	L/m	35	

表6-6 机械用水参考定额

序号	用水名称	单位	耗水量	备注
1	内燃挖土机	L/(台班·m^3)	200~300	以斗容量立方米计
2	内燃起重机	L/(台班·t)	15~18	以起重吨数计
3	蒸汽起重机	L/(台班·t)	300~400	以起重吨数计
4	蒸汽打桩机	L/(台班·t)	1000~1200	以锤重吨数计
5	蒸汽压路机	L/(台班·t)	100~150	以压路机吨数计
6	内燃压路机	L/(台班·t)	12~15	以压路机吨数计
7	拖拉机	L/(昼夜·台)	200~300	
8	汽车	L/(昼夜·台)	400~700	
9	内燃机动力装置	L/(台班·马力)	120~300	直流水
10	内燃机动力装置	L/(台班·马力)	25~40	循环水

2. 供水管内径的确定

供水管内径的计算公式为

$$D_i = \sqrt{\frac{4000Q_i}{\pi v}} \tag{6-9}$$

式中 D_i——某一管段的供水管直径（mm）；

Q_i——该管段的用水量（L/s）；

v——管网中水流速度（m/s），一般取经济流速 $v=1.5\sim2.0$m/s。

根据计算得到某一管段的最大用水量 Q_i，再将 $v=1.5$m/s 和 $v=2.0$m/s 分别代入式（6-9），则可计算出两个管径，选择两个计算管径中间的标准规格供水管即可；如果没有这种规格的供水管，也可选用直径接近的供水管。

3. 供水管网的布置

（1）管网的布置方式　供水管网的布置方式有环状管网、枝状管网和混合管网三种。

环状管网的供水可靠性强，当管网某处发生故障时，仍能保障供水不断；但其管线长，造价高。环状管网适用于对供水的可靠性要求高的建设项目或重要的用水区域。

枝状管网的供水可靠性差，但管线短，造价低，适用于一般中小型工程。单位工程的临时供水系统一般采用枝状管网，一般建筑面积为 5000～10000m^2 的建筑物，施工用水主管管径为 50mm，支管管径为 15～25mm。单位工程的临时供水管要分别接至砖堆、淋灰池、搅拌站和拟建工程周围，并分别接出水龙头，以满足施工现场的各类用水要求。

混合管网是指主要用水区及供水干管采用环状管网，其他用水区和支管采用枝状管网的一种综合供水方式。混合管网兼有环状管网和枝状管网的优点，一般适用于大型工程。

（2）管网的铺设方式　供水管网的铺设方式有两种，一种是明铺，一种是暗铺。由于暗铺是埋在地下，不会影响地面上的交通运输，因此施工现场多采用暗铺方式，但要增加铺设费用。寒冷地区冬期施工时，暗铺的供水管应埋设在冰冻线以下。明铺则是将管网置于地面上，其供水管应视情况采取保暖防冻措施。

（3）供水管网的布置要求

1）应尽量提前修建，并充分利用拟建的永久性供水管网作为工地临时供水系统，以节约修建费用；在保证供水要求的前提下，新建供水管线的长度越短越好，并应适当采用胶皮管、塑料管作为支管，使其具有可移动性，以便于利施工。

2）供水管网的铺设要与土方平整规划协调一致，以防重复开挖；管网的布置要避开拟建工程和室外管沟，以防二次拆迁或改建。

3）有高层建筑的施工工地，一般要设置水塔、蓄水池或高压水泵，以便满足高处施工与消防用水的要求。临时水塔或蓄水池应设置在地势较高处。

4）供水管网应按防火要求布置室外消防栓。室外消防栓应靠近十字路口、工地出入口，并沿道路布置，与路边的距离应不大于 2m，与建筑物外墙的距离应不小于 5m，为兼顾拟建工程防火需要而设置的室外消防栓与拟建工程的距离也不应大于 25m，消防栓之间的间距不应超过 120m；工地室外消防栓必须设有明显标志，消防栓周围 3m 范围内不准堆放建筑材料、停放机具和搭设临时房屋等；消防栓供水干管的直径不得小于 100mm。

6.2.6　施工供电的布置

1. 总用电量的计算

施工机械、动力设备、其他施工电气用电及照明用电总需要容量，可按式（6-10）计算。

$$P = (1.05 \sim 1.10) \times (K_1 \sum P_1/\cos\varphi + K_2 \sum P_2 + K_3 \sum P_3 + K_4 \sum P_4) \qquad (6\text{-}10)$$

式中　P——供电设备总需要容量（kW）；

P_1——电动机额定功率（kW）；

P_2——电焊机额定容量（kW）；

P_3——室内照明容量（kW）；

P_4——室外照明容量（kW）；

$\cos\varphi$——电动机的平均功率因数（在施工现场最高为0.75～0.78，一般为0.65～0.75）；

K_1, K_2, K_3, K_4——需要系数，见表6-7。

表6-7　需要系数（K值）

用电名称	数　量	需要系数		备　注
		K	数值	
电动机	3～10台	K_1	0.7	如施工中需要电热，应将其用电量计算进去。为使计算结果接近实际，式(6-10)中各项动力和照明用电，应根据不同工作性质分类计算
	11～30台		0.6	
	30台以上		0.5	
加工场动力设备	—		0.5	
电焊机	3～10台	K_2	0.6	
	10台以上		0.5	
室内照明	—	K_3	0.8	
室外照明	—	K_4	1.0	

2. 配电导线截面的选择

配电导线截面面积同时满足下列三项要求：

1）机械强度要求。

2）允许电流强度要求。

3）允许电压降要求。

按以上三项要求求得三个导线截面面积中最大者选择确定配电导线的截面面积。实际工程中，配电导线截面面积的计算与选择的常用方法为：当配电线路比较长、线路上的负荷比较大时，往往以允许电压降为主来确定导线截面面积；当配电线路比较短时，往往以允许电流强度为主来确定导线截面面积；当配电线路上的负荷比较小时，则以导线的机械强度要求为主来选择导线截面面积。无论按以上哪一种方式来选择导线截面面积，都要同时复核其他两种要求，以求无误。

3. 变压器及供电线路的布置

（1）变压器的选择与布置要求

1）当施工现场只需设置一台变压器时，供电线路可按枝状布置，变压器应设置在引入电源的安全区域内。

2）当工地较大，且需要设置多台变压器时，应先用一台主降压变压器，将工地附近110kV或35kV的高压电网上的电压降至10kV或6kV，然后再通过若干个分变压器将电压降至380V/220V。主变压器与各分变压器之间采用环状连接布置；每个分变压器到该变压器负担的各用电点的线路可采用枝状布置，分变压器应设置在用电设备集中、用电量大的地方或该变压器所负担区域的中心地带，以尽量缩短供电线路的长度；低压变压器的有效供电半径为400～500m。

实际工程中，单位工程的临时供电系统一般采用枝状布置，并尽量利用原有的高压电网和已有的变压器。新建变压器应布置在现场边缘的高压线接入处，离地高度应大于3m，且四周应设高度不小于1.7m的防护栏，并设置明显标志。

（2）供电线路的布置要求

1）工地上的3kV、6kV或10kV的高压线路，可采用架空裸线，其电杆间距为40～60m，也可采用地下电缆；户外380V/220V的低压线路，可采用架空裸线，与建筑物、脚手架等距离较近时必须采用绝缘架空线，其电杆间距为25～40m；分支线或引入线均必须从电杆处连接，不得从两杆之间的线路上直接连接；电杆一般采用钢筋混凝土电杆，低压线路也可采用木杆。

2）配电线路宜沿道路的一侧布置，高出地面的距离一般为4～6m，且要保持线路平直；线路与建筑物的安全距离为6m，跨越铁路时的高度应不小于7.5m；在任何情况下，各供电线路均不得妨碍交通运输和施工机械的进场、退场、装拆及吊装等工作，同时要避开堆场、临时设施、开挖的沟槽或后期拟建工程的位置，以免二次拆迁。

3）各用电点必须配备与用电设备功率相匹配的由刀开关、熔断器、漏电保护器和插座等组成的配电箱，其高度与安装位置应操作方便、安全；每台用电机械或设备均应分设刀开关和熔断器，实行单机单闸，严禁一闸多机。

4）设置在室外的配电箱应有防雨措施，严防漏电、短路及触电事故的发生。

课题3 单位工程施工平面图的绘制

1. 确定图幅的大小和绘图比例

图幅大小和绘图比例应根据工地大小及布置的内容多少来确定。绘制单位工程施工平面图时，应尽量将拟建单位工程放在图的中心位置，图幅一般采用A2和A3图纸，比例为1:200～1:500，通常使用1:200的比例。

2. 合理规划和设计图面

施工总平面图除了要反映施工现场的平面布置外，还要反映现场周边的环境与现状（如原有的道路、建筑物、构筑物等）。因此，要合理地规划和设计图面，并要留出一定的图面绘制指北针、图例和标注文字说明等。

3. 绘制建筑总平面图中的有关内容

将现场测量的方格网、现场内外原有的并将保留的建筑物、构筑物和运输道路等其他设施按比例准确地绘制在图面上。

4. 绘制为施工服务的各种临时设施

根据施工平面布置要求和面积计算结果，将所确定的施工道路、仓库堆场、加工场、施工机械及搅拌站等的位置、尺寸和水电管网的布置按比例准确地绘制在施工平面图上。

5. 绘制正式的单位工程施工平面图

在完成各项布置后，再经过分析、比较、优化、调整修改，形成施工总平面图（草图）；然后再按规范规定的线型、线条、图例等对草图进行加工、包装，并做必要的文字说明，标上图例、比例、指北针等，就成为正式的施工总平面图。

值得注意的是，通常施工平面图的内容和数量要根据工程特点、工期长短、场地情况等确定。一般中小型单位工程只绘制主体结构施工阶段的平面布置图即可（有时也可以将后期搭设的装修用井架标注在平面图上）；对于工期较长或受场地限制的大中型工程，则应分阶段绘制多张施工平面图。如高层建筑工程可绘制基础、主体结构、装修等不同施工阶段的施工平面图；又如单层工业厂房的建筑安装工程，应分别绘制基础、预制、吊装等施工阶段的施工平面图。

绘制施工总平面图要求比例准确，图例规范，线条粗细分明且标准，字迹端正，图面整洁且美观。

课题 4　施工平面图设计实例

某剪力墙结构工程位于某市中山路 9 号，该工程有地下室 2 层，地上 24 层，建筑面积为 $28000m^2$。考虑工程量较大，建筑物高度比较高，故在楼的北侧中间安装 1 台 QJ63 塔式起重机，作为钢筋、模板、架管的垂直运输工具，在塔式起重机东西两侧安置 2 台客货电梯，作为砌块、砂浆、装修材料和上人的工具；在楼的北侧安装 2 台砂浆搅拌机用来搅拌砌筑砂浆和抹灰砂浆，钢筋加工场地布置在拟建建筑物的北边，木械加工在楼西北侧，模板就近堆放。职工宿舍、食堂在楼的北边；办公室在楼的南边。具体施工平面图如图 6-2 所示。

课题 5　三维施工平面设计软件介绍

施工现场场地布置方案通过三维化演示，表达更为直观，更易理解。目前场地布置的软件有很多，包括欧特克系列、鲁班系列、广联达系列等。现以广联达 BIM 施工现场布置软件为例进行演示介绍。

1. 软件介绍

（1）软件概述　广联达 BIM 施工现场布置软件是一款针对施工现场规划设计的三维软件，通过绘制或者导入模型、CAD 文件，而建立起项目的具体模型，利用软件自带的众多构建库，将场地的整体规划设计快速、美观地表达出来，完成平面布置图的绘制。同时，该软件可进行临建工程量的自动计算，实现对现场布置合理化的控制检查，完成平面布置图的绘制。图 6-3 所示为某项目用软件绘制的三维施工平面布置图。

（2）软件界面介绍　软件界面如图 6-4 所示。

2. 软件应用操作

下面以本单元课题 4 施工平面图设计实例（见图 6-2）为例说明软件的应用操作方法。

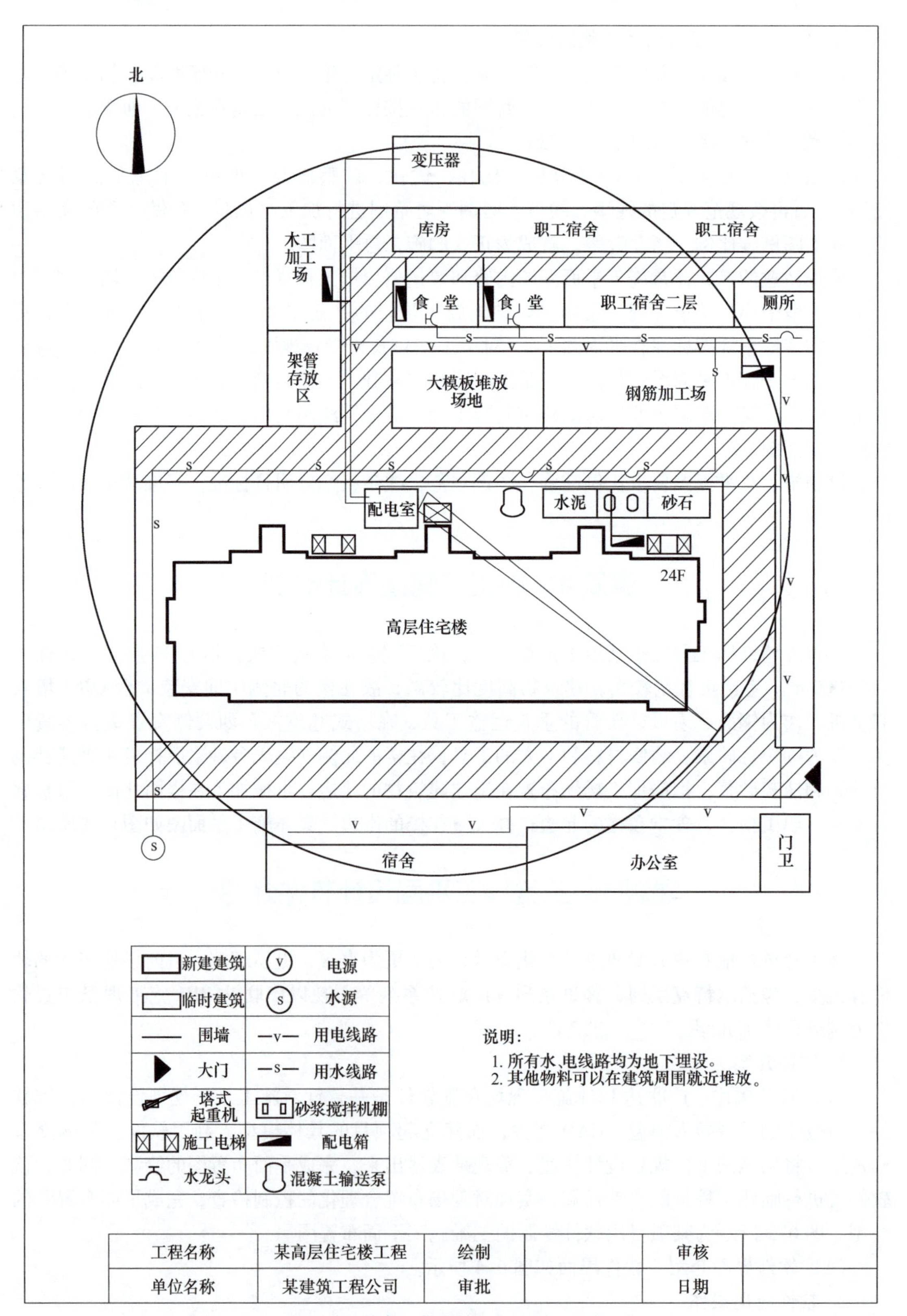

工程名称	某高层住宅楼工程	绘制		审核	
单位名称	某建筑工程公司	审批		日期	

图6-2 某高层住宅楼工程施工平面图

图6-3　某项目用软件绘制的三维施工平面布置图

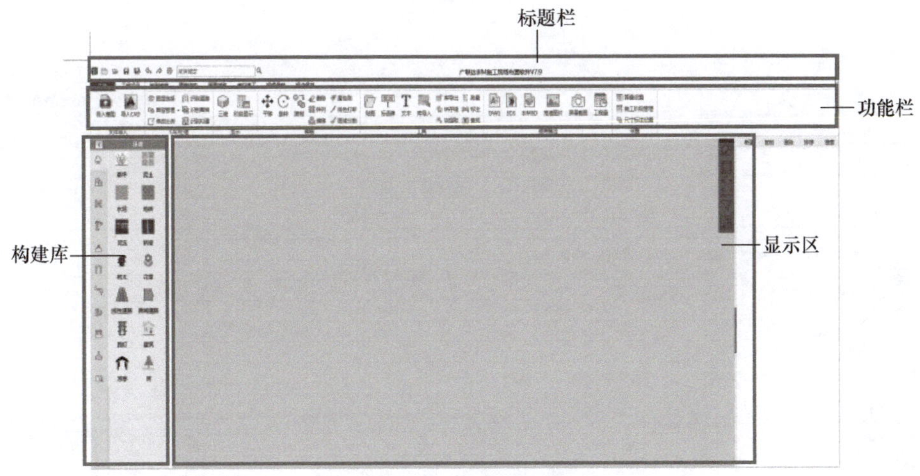

图6-4　软件界面

（1）绘制思路

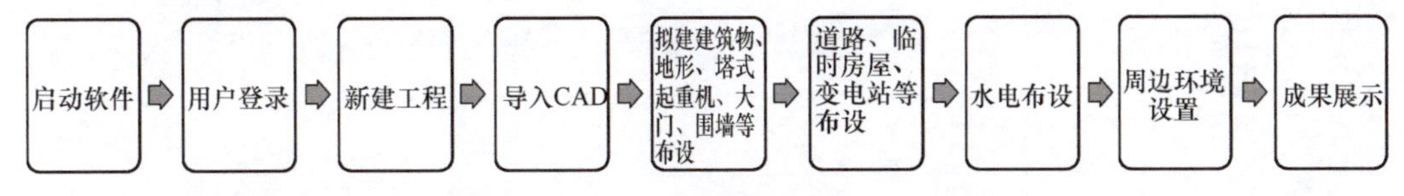

（2）新建工程　单击“新建工程”，选择“空样板”，如图6-5所示。

（3）导入模型/CAD底图　单击“导入模型”“导入CAD”即可导入相关资料，如图6-6所示。

（4）建立地形　导入CAD以后，首先对地形进行设置，根据项目实际情况，可选择平面或曲面地形绘制，如图6-7所示。此处以绘制平面地形为例。

（5）建筑物建模　广联达场地布置软件对于三维场地布置有两种方法，分别是拟建物识别法和从构建库直接调用放置使用法。下面以建造围墙为例进行说明。

1）拟建物识别法。拟建物识别法是指依据CAD线段，对围墙、道路以及其他拟建建筑物进行识别。具体操作步骤为：

① 选择CAD底图中表达围墙的线段，单击选中线段，如图6-8所示。

② 单击“识别围墙”，选中生成的围墙，在自动弹出的属性框中，进一步设置围墙的尺寸大小、名称、材料等参数。其他构建的识别设置同理可根据实际情况进行。最后生成围墙如图6-9所示。

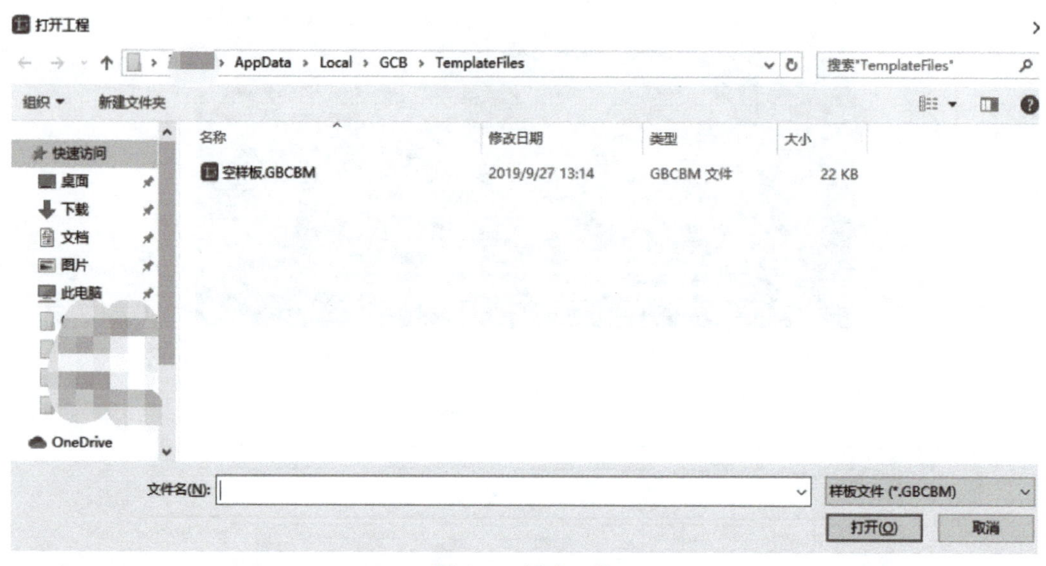

图 6-5 新建工程

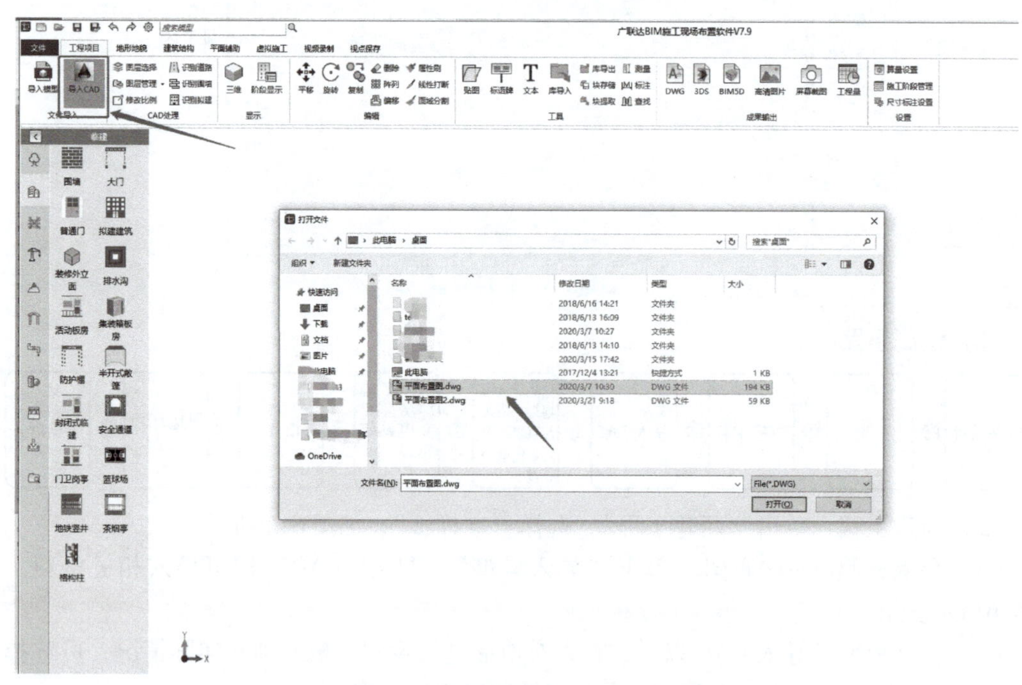

图 6-6 导入模型/CAD 底图

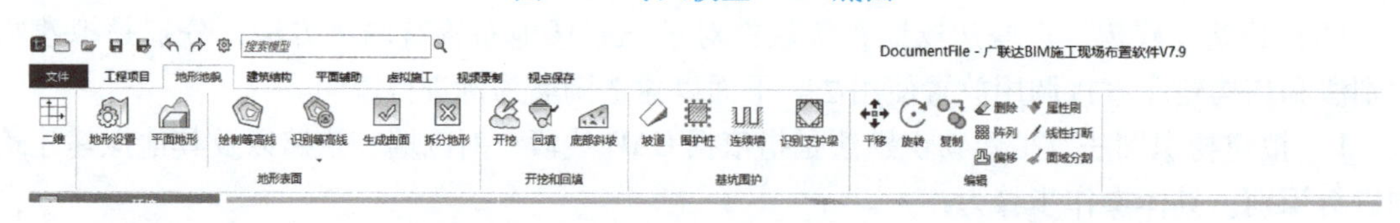

图 6-7 建立地形

2）从构建库直接调用放置使用法。仍以生成围墙为例。单击左侧“围墙”，在页面中绘制围墙布设路径，布设完成后，单击右键，完成绘制，如图 6-10 所示。

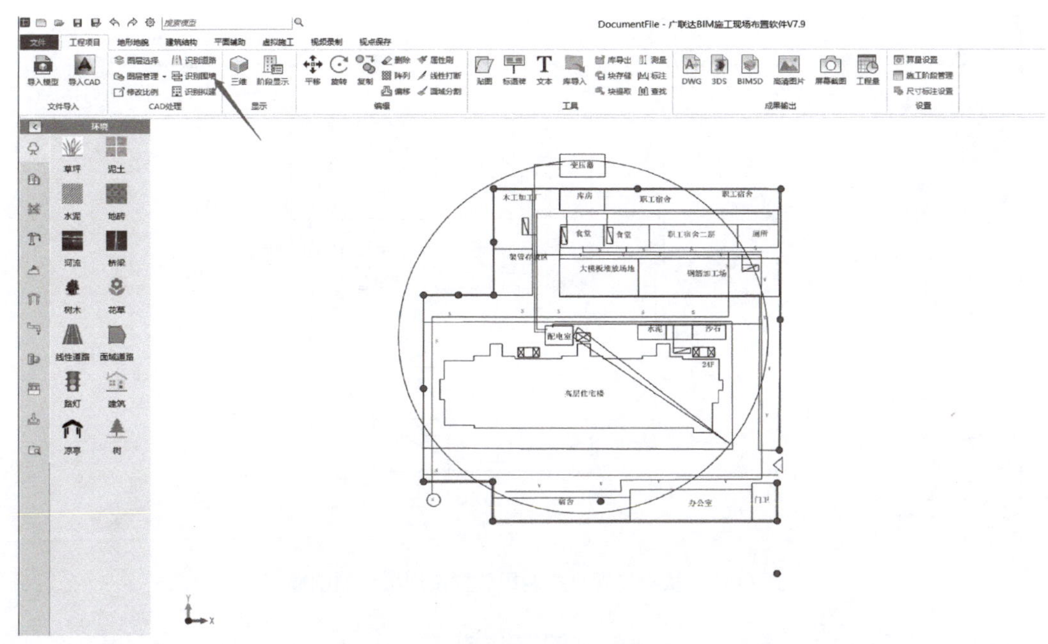

图 6-8　选择围墙线段

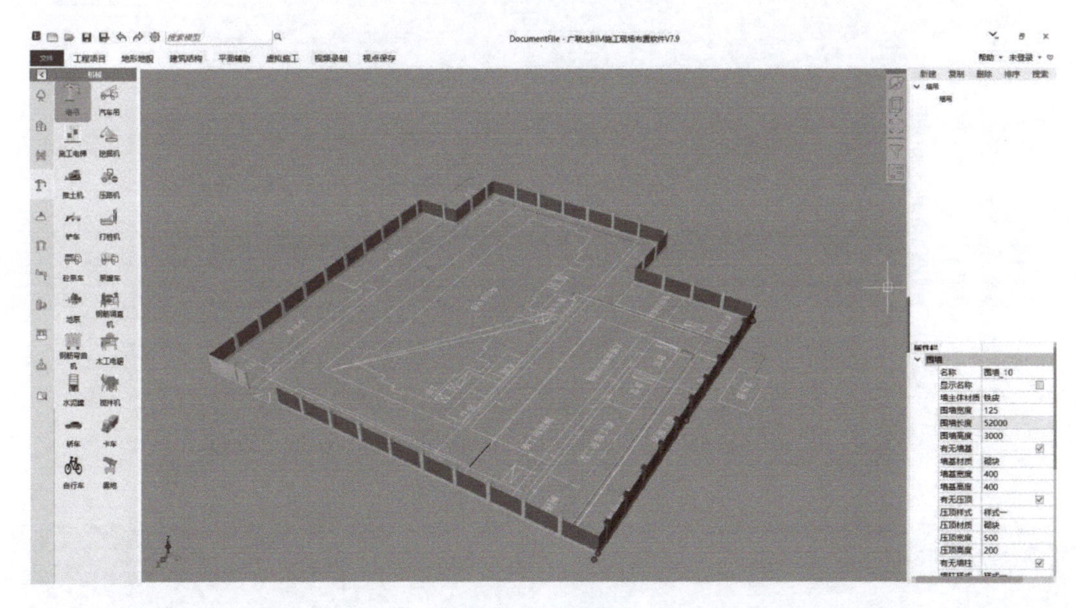

图 6-9　生成围墙

绘图时既可利用现成的模型库快速建造三维图像，也支持导入外部模型构件，对于各种模型根据实际参数进行尺寸编辑等信息输入。

例如塔吊（即塔式起重机）的布置过程，可单击左侧“塔吊”，按照设计位置在图中放置塔吊，完成后，在右下角弹出的属性栏中进一步设置塔吊臂长等基本信息，如图 6-11 所示。其他构建的布置也同理。

3. 成品展示

本项目三维模型搭建完毕后效果如图 6-12 所示。

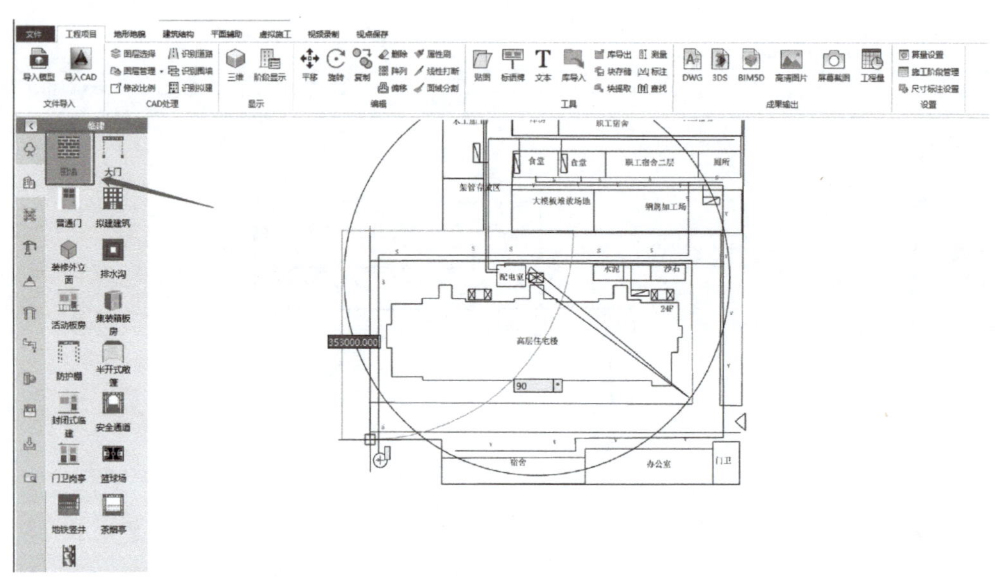

图 6-10 从构建库直接调用放置使用法绘制围墙

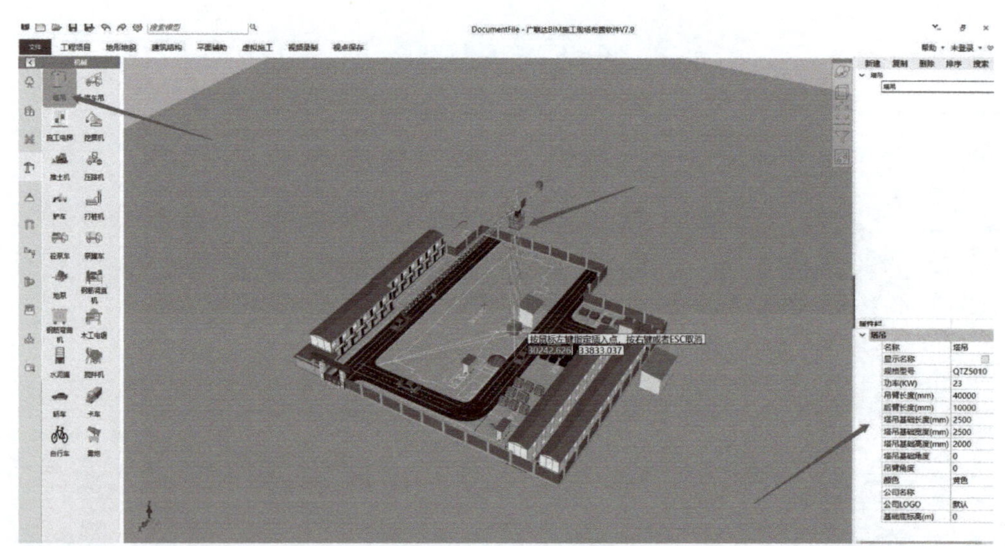

图 6-11 塔吊的布置过程

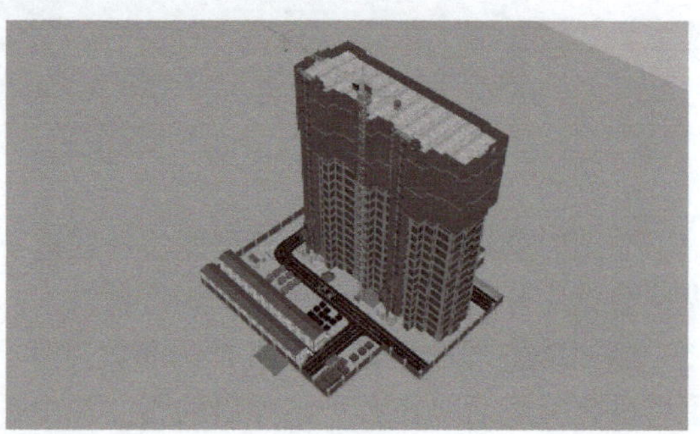

a)

图 6-12 成品展示

a）俯视图

b)

图6-12　成品展示（续）

b）内部视角

单元小结

施工平面图是在建筑总平面图上布置为施工服务的各种临时建筑和设施的现场布置图，是施工方案在现场空间上的体现，反映着已建工程和拟建工程之间，以及各种临时建筑、设施相互之间的空间关系，是施工组织设计的重要组成部分。

1. 单位工程施工平面图的主要内容如下：

1）建筑总平面图上已建和拟建的地上和地下一切建筑物、构筑物和管线。

2）垂直运输设备的位置。

3）测量放线标桩、土方取弃场地。

4）生产用临时设施的位置。

5）生活用临时设施的位置。

6）供水、供电线路及道路。

7）一切现场安全及防火设施的位置。

2. 设计施工平面图时应遵循的原则如下：

1）在满足施工条件下，要紧凑布置，尽可能减少施工用地，不占或少占农田。

2）合理使用场地，一切临时性建筑设施，尽量不占用拟建的永久性建筑物的位置，以免造成不应有的搬迁和浪费。

3）使场内运输距离最短，尽量做到短运距、少搬运，并减少材料的二次搬运。

4）临时设施的布置，应便于工人生产和生活，并保证安全。

5）在保证施工顺利进行的情况下，使临时设施工程量最小，力求临建工程最经济。其途径是利用已有的、多用装配的设施或构件，认真计算，精心设计。

6）要符合劳动保护、技术安全和防火的要求。

3. 布置施工平面图的依据包括建筑总平面图、施工图、现场地形图、水源和电源情况、施工场地情况、可利用的房屋及设施情况、自然条件和技术经济条件的调查资料、施工组织总设计、本工程的施工方案和施工进度计划、各种资源需要量计划等。

4. 单位工程施工平面图的设计步骤为：垂直运输机械的布置→搅拌站、加工棚及各种材料、构件的堆场或仓库的布置→运输道路的修筑→临时生活设施的布置→施工给排水管网的布置→施工供电的布置等。绘制施工总平面图的要求是：比例准确，图例规范，线条粗细分明、标准，字迹端正，图面整洁、美观。

复习思考题

6-1 单位工程施工平面图的内容有哪些?

6-2 试述单位工程施工平面图的一般设计步骤。

6-3 固定式垂直运输机械布置时应考虑哪些因素?

6-4 材料堆场的布置有何要求?

6-5 试述施工现场道路的布置要求。

6-6 试述单位工程施工平面图的绘制步骤。

6-7 什么是施工平面图?

6-8 单位工程施工平面图的编制依据有哪些?

实训练习题

根据单元5的实训练习题，绘制其施工平面图。

单元 7　单位工程施工组织设计实例

1. 编制依据及施工总体部署

（1）编制依据

1）招标单位提供的全套图样和有关标准图册。

2）该工程招标文件。

3）国家现行施工及验收规范、规程，建安工程质量验评标准。

4）ISO9001：2015 质量管理认证体系、ISO14001：2015 环境管理认证体系、ISO45001：2018 职业健康安全管理认证体系及本公司的《程序文件》《一体化管理手册》。

（2）工程概况及工期

1）工程概况：本工程位于东岗路南、谈固东街西，为两栋教学楼，总建筑面积为 $12654m^2$，框架结构。

2）工期：开工日期为 2005 年 8 月 1 日。

竣工日期为 2006 年 4 月 27 日。

总工期为 270d（日历天数）。

质量标准为合格。

（3）施工准备工作

1）组织准备。

① 建立以项目经理为主的施工管理和技术管理系统，合理安排施工力量，加强生产指挥、技术、质量、材料、安全五大系统的机构管理。

② 提前与城建部门取得联系，办理有关市容、市貌、环保、环卫的手续。

③ 提前与相邻单位协调，妥善解决施工扰民问题。

2）技术准备。

① 认真熟悉、审查施工图，做好图纸会审，明确设计要求。

② 根据甲方提供的有关资料，核实工程范围内部及周围的上下水、采暖、人防工程等分布位置及走向。

③ 按甲方提供的建筑红线定位坐标及高程控制点引测建筑物定位桩及高程控制桩，做好测量放线。

④ 尽早确定和编制施工组织设计和施工方案，搞好分部分项工程的施工技术交底。

⑤ 尽早提供各种材料、半成品、成品、机具、设备等的需要量计划。

（4）施工总体策划要点

1）两栋楼同时开始施工，各楼独立安排劳动力。

2）本工程工程量大、工期紧，为确保工期，在保证工程质量的前提下，主体施工分为两段平行流水施工，这样可充分利用时间及空间，并大大加快施工进度。

3）本工程大部分地面为水磨石地面，该地面做法工艺复杂、周期长，为按期竣工，主体验收后墙体抹灰、地面垫层、镶条和装石、粗磨、细磨均组织平行流水施工，可大大加快施工进度（详见施工网络计划）。

4）狠抓关键过程的控制。卫生间防水、屋面防水等施工工序，施工前有作业指导书，施工时严格按作业指导书精心施工，施工后及时按规范进行检查，发现问题及时处理解决。

5）本工程装修工程对楼梯间、走廊、教室等关键部位做出样板间后才进行施工，以保证装修质量。

2. 项目班子组成情况

项目经理：姓名、职称、学历、年龄、主要工作经历及荣誉等。

技术负责人：姓名、职称、学历、年龄、主要工作经历等。

项目经理部组织机构图如图7-1所示。

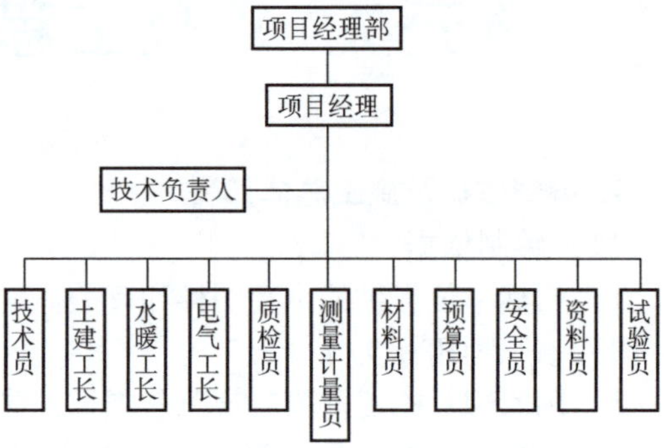

项目经理部

项目经理

技术负责人

技术员　土建工长　水暖工长　电气工长　质检员　测量计量员　材料员　预算员　安全员　资料员　试验员

图7-1　项目经理部组织机构图

3. 主要施工方案及主要技术措施

（1）测量放线

1）根据建设单位提供的红线坐标桩测出建筑物的主轴线，并将其作为控制轴线，经反复检测无误后再分别测出其他主要轴线并设置轴线控制桩。

2）轴线控制桩要用混凝土固定，并设在不易被扰动的地方（其中必须有两个稳定控制桩不受现场施工运输的扰动）。

3）工程定位应严格按照初测、复测、精测三个阶段进行，并且要填好复测记录，以备复查。

4）根据甲方提供的水准点在现场设置永久水准点，利用S3水准仪由水准点向上、向下进行标高传递。

5）依据永久性水准点，利用水平仪将高程引测到基槽内，地上部分则在墙柱表面弹出+500mm标高线作为控制线。

（2）基础回填土

1）回填前应将填土清理到基础底面标高位置，并将回落的松散垃圾、砂浆、石子等杂物清除干净。

2）检查回填土内有无杂物、粒径是否符合规定以及回填土的含水率是否在控制范围内。

3）回填灰土要过筛，并严格按配合比计量，还要分层铺摊（每层铺设厚度：一般蛙夯为200~250mm，人工夯实则不大于200mm），每层铺摊后，随之耙平。

4）回填土每层至少夯打三遍，打夯应一夯压半夯、夯夯相接、行行相连、纵横交叉。

5）深浅两基坑相连时，应先填夯深基础，当填到与浅基础相同标高时，再与浅基础一起填夯。当分段填夯时，交接处应填成阶梯形，阶梯形的高宽比一般为1∶2，上下层错缝距离不小于1m。

6）回填土每层填土夯实后，应进行环刀取样，测出干土的质量密度，达到要求后再进行上一层的铺土。

7）基坑回填土时应注意雨情，雨前应及时夯完已填的土层或将表面压光，并做成一定坡势，以便排除雨水，并应有防雨的措施。

(3) 脚手架工程

1) 主体施工采用外搭双排脚手架，材料采用 ϕ48mm 钢管。扣件不得有脆裂、变形、滑丝问题。脚手板选用木脚手板，不得有腐蚀、扭曲、斜纹、破裂现象。按规定搭设安全平网，网外满挂密目网。主钢管与地面接触时，首先要夯实并垫底盘和木板，以防主钢管下沉而发生倾倒事故，脚手架的搭设要严格按照施工规范进行，并定期或不定期地进行检查，以防意外发生。脚手架在搭设前应进行设计计算，并严格按设计进行搭设。

2) 在脚手架搭设与拆除前，应对架子班长进行书面安全技术交底与搭设方案交底。

3) 搭拆脚手架应由持证架子工承担，凡患有高血压、心脏病、贫血病、癫痫病以及其他不适于高处作业的工人，不得上架操作。架子工严禁酒后上班。

4) 搭拆脚手架时，架子工应穿戴好个人防护用品，戴好安全帽，系上安全带，穿上防滑鞋，扎紧袖口、裤管，工具放入工具袋。

5) 遇有恶劣天气（六级以上大风、雪、雾、雨天等）不得搭拆脚手架。雨、雪后作业，必须采取安全防滑措施。

6) 架上作业人员脚下应铺设必要数量的脚手板，并应铺设平稳，不得有探头板。当暂时无法铺设脚手板时，用于落脚或抓握、把（夹）持的杆件均应为稳定的构架部分。

7) 架上作业人员应做好分工和配合，传递杆件时应掌握好重心，以便平稳传递。架设材料要随上随用，以免放置不当而掉落。每次收工前，所有上架材料应全部搭设上，不要存留在架子上，且要形成稳定的构架。

8) 在搭设作业进行中，地面上的配合人员应避开可能落物的区域。

9) 架体材质必须符合要求，杆、管应平直且无腐蚀、裂纹、弯曲现象，严禁用脆裂、变形、滑丝的构件。

10) 脚手架搭设与结构施工同步进行。

11) 加强对脚手架的检查维护，每月对脚手架全面检查一次。平常随时检查脚手架，发现损坏立即加固。

12) 不得在脚手架上堆放模板、木料、钢筋等物料。架面荷载力求分布均匀，严禁集中堆放物料。架上物料放置必须稳妥，以免发生掉物伤人事故。

13) 脚手架杆件及拉结扣件必须待拆架时自上而下逐步拆除。施工中如因妨碍其他工序操作需拆除个别拉结扣件或杆件时，必须经项目经理同意，并采取有效的加固措施，经检查确实牢固可靠后，方可去除。任何人不得擅自拆除。

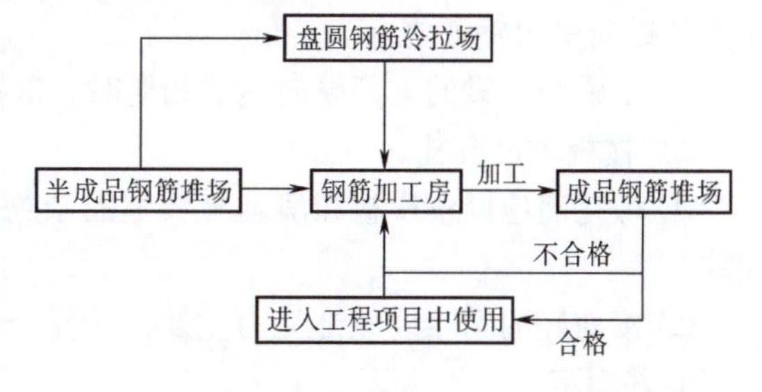

图 7-2 钢筋的施工程序

(4) 钢筋工程 钢筋的施工程序如图 7-2所示。

1) 柱钢筋绑扎。

① 绑扎钢筋时，应按设计要求的箍筋间距和数量，先将箍筋按弯勾错开套在伸出地板的搭接筋上，再立柱子竖筋。钢筋连接时 ϕ18mm 以上的采用电渣压力焊，ϕ16mm 以下的采用搭接绑扎。

② 接头位置应相互错开，在受力钢筋直径 30 倍区段内（且不小于 500mm），有接头受

力钢筋的面积应不超过所有受力钢筋总面积的50%。

③ 箍筋应与主筋垂直，箍筋转角与主筋交点均要绑扎，主筋与箍筋非转角部分相交点呈梅花形绑扎，箍筋接点沿柱子竖向交错布置，并位于箍筋与柱角主筋的交接点上，箍筋端头应做成135°弯钩，且其平直长度不小于10d。

④ 上、下层柱截面有变化时，下层钢筋伸出部分必须在绑扎梁钢筋之前收缩准确，不要在楼面混凝土浇筑后再扳动钢筋。

⑤ 框架梁牛腿及柱帽中的钢筋，应放在柱的纵向钢筋内侧。

⑥ 柱的拉筋应勾住箍筋。

⑦ 为确保柱筋的混凝土保护层厚度，根据设计要求应加垫混凝土垫块，其间距控制在1000mm以内。

2）梁钢筋绑扎。

① 当采用模内绑扎方法时，先在主梁模板上按设计要求画好箍筋间距线，然后按以下顺序绑扎：将主筋穿好箍筋并按已划好的间距逐个分开→固定弯起筋和主筋→穿次梁弯起筋和主筋并套好箍筋→放主筋架立筋和次梁架立筋→隔一定间距将梁底主筋与箍筋绑住→绑架立筋→再绑主筋。主次梁钢筋绑扎同时配合进行。

② 梁箍筋与主筋应垂直，箍筋接头应错开，箍筋转角与主筋交叉点应绑扎牢固，箍筋端头做成135°弯钩，且其平直长度不小于10d。

③ 梁与柱交接处的梁钢筋锚入柱内的长度应符合设计要求。

④ 梁的纵向钢筋在ϕ18mm及其以上的采用气压焊或闪光对焊，ϕ16mm以下的采用绑扎接头，搭接长度的末端与钢筋弯曲处的距离不得小于10d。接头不宜设在梁的最大弯矩处，接头位置要相互错开，在受力钢筋30d区段（且不小于500mm）内受拉区接头不得超过总截面面积的25%，受压区不得超过50%。

⑤ 纵向受力钢筋为双排和三排时，两排钢筋之间应垫上直径为25mm的短钢筋，如纵向钢筋直径大于25mm时，短钢筋直径与纵向钢筋直径的规格应相同，以保证设计要求。

⑥ 主梁的纵向受力钢筋在同一高度如遇有垫梁、边梁（圈梁）时，必须支承在垫梁或边梁的受力钢筋之上，主筋两端的搁置长度应保持均匀一致；次梁的纵向受力钢筋应支承在主梁的纵向受力钢筋之上。

⑦ 主梁与次梁的上部纵向钢筋相遇时，次梁钢筋应放在主梁钢筋上。

3）楼板钢筋绑扎。

① 绑扎前应修整模板和清理模板上的杂物，并用粉笔在模板上划好主筋、分布筋的间距线。

② 按划好的间距线先排受力主筋，后排分布筋，预埋件、预留孔、电线管等要同时配合安装并固定。

③ 钢筋的搭接长度、位置、数量与梁钢筋绑扎的要求相同。

④ 板与次梁、主梁交叉处，板的钢筋在次梁居中处，主梁的钢筋在下。

⑤ 板外围的两根钢筋相交点应全部绑扎，其余各点可隔点交错绑扎，双向配筋时要全部绑扎，两层钢筋之间应设钢筋支架（与筏板钢筋支架相同），以确保上层钢筋位置的正确。

⑥ 板负弯矩筋的每个接点均应绑扎，并按混凝土保护层厚度垫上砂浆垫块，特别对挑

檐、阳台等部位要严格控制负筋的位置，以防止变形。

4）楼梯钢筋绑扎

① 在支好的楼梯底模上，弹好主筋和分布筋的位置线，先绑扎主筋，后绑扎分布筋，且每个接点均应绑扎，如有楼梯梁，则先绑扎梁的钢筋，后绑扎板的钢筋，板筋要锚固在梁内。

② 踏步先支模，再绑扎踏步筋，并垫好砂浆垫块。

③ 主筋接头位置、数量均应符合设计要求和施工验收规范的规定。

（5）模板工程

1）柱模板采用统配组合钢模板。

① 首先按标高抹好水泥砂浆找平层，后按柱模边线做好定位墩台，以确保标高和柱轴线位置的正确。

② 将垂直用斜撑和满堂架固定，上部用调平大螺栓找平。

③ 柱的拉结筋采用拆模后钻孔植筋的方法，以确保柱混凝土不受损坏。

2）梁、楼板模板。

① 采用钢管脚手架支模法，板底部搭满堂脚手架，脚手架杆纵横间距均为800mm，在梁的两侧设两根脚手杆，用以固定梁的侧模，立柱顶端安装纵横钢管，上铺100mm×100mm方木，间距为400mm，再安装楼板模板。

② 板缝间为了严密，除安装时挤严外，在板缝间应再贴胶带纸，以防跑浆。

③ 顶板跨度大于4m的梁要求起拱，起拱高度为跨长的0.3%或按设计要求确定。

④ 当梁高在700mm以上时，在梁中部要采用对拉螺栓紧固。

⑤ 楼板块相邻板面高差不应超过2mm。

⑥ 严格控制施工荷载，要分散上料，不得集中上料。

⑦ 电气焊时应在模板面上先铺上石棉板，焊后应及时浇水。

钢管支撑梁板模板的安装如图7-3所示。

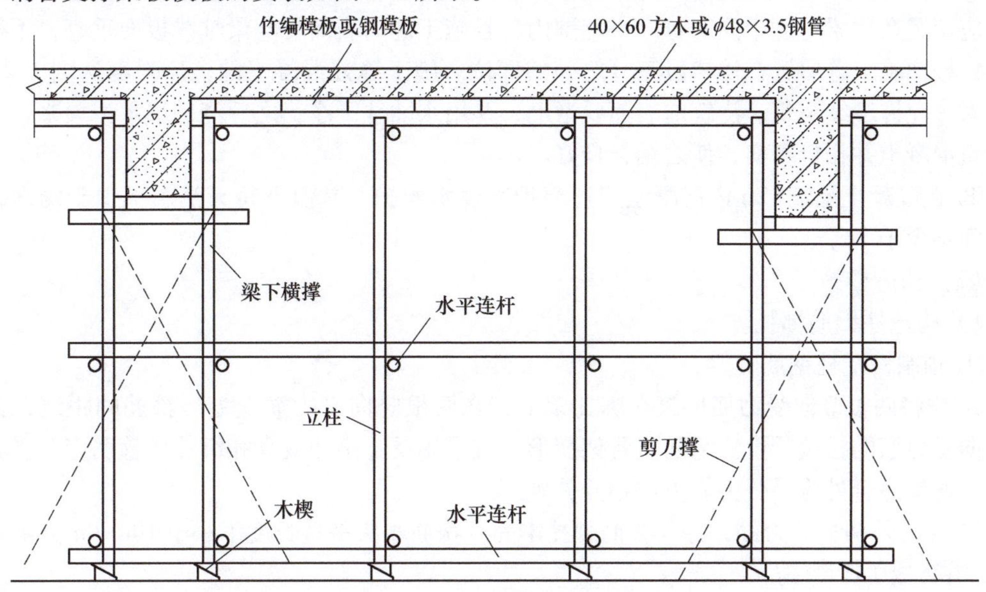

图7-3　钢管支撑梁板模板的安装

3）楼梯模板（略）。

（6）混凝土工程

1）柱混凝土浇筑。浇筑前先在柱根部浇筑50mm厚的与混凝土同配合比的水泥砂浆，浇筑时要分层浇筑，且每层厚度不大于500mm，振捣时振捣棒不能碰动钢筋，一次浇筑到梁底，中间不留施工缝。

2）梁、板混凝土浇筑。

① 先将梁的混凝土分层浇筑，由梁的一端向另一端呈阶梯形向前推进，当起始点的混凝土到达楼板位置时，再与板混凝土一起浇筑，随着阶梯的不断延伸，梁板混凝土连续向前推进直至完成浇筑。浇筑梁混凝土时第一层下料速度宜慢，梁底充分振实后再下第二层料。采用赶浆法来保持水泥浆沿梁底包裹石子向前推进，每层都应先振实后再下料，梁底与梁侧模部位要充分振实，并避免碰动钢筋。

② 浇筑柱梁交叉处的混凝土时，因此处钢筋较密，宜采用小直径的ϕ35mm振动棒，必要时可辅助用同强度等级的细石混凝土浇筑，并用人工配合捣固。

③ 浇筑楼板时，虚铺厚度应略大于板厚，用平板振捣器垂直于浇筑方向来回振捣。振捣完毕后要用长木抹子压实抹平。

④ 浇筑悬臂板时应注意不使上部负弯矩筋下移，当浇筑底层混凝土后应随即将钢筋提到设计位置，再继续浇筑。

⑤ 楼梯混凝土应从楼梯下部向上浇筑，先振实底板混凝土，达到踏步位置时，再与踏步混凝土一起浇筑，不断连续向上推进，并随时用木抹子将踏步上表面压实抹平。

⑥ 浇筑混凝土过道要采用脚手板来搭设跳板，防止踩踏楼板、楼梯弯起负筋以及碰动插筋和预埋件，以保证钢筋和预埋件位置的正确。不得用重物冲击模板，不得在梁和楼梯踏步模板吊帮上行走。

⑦ 施工缝留置。每层顶板梁下留置一道水平施工缝；当沿次梁方向浇筑板时，垂直施工缝应留置在次梁跨度中间三分之一范围内，且施工缝的表面要与梁轴线板面垂直，不得留斜槎；楼梯施工缝留置在楼梯段三分之一的部位。施工缝处混凝土的抗压强度达到1.2MPa以上时才允许继续浇筑。浇筑前表面要凿毛，并用水冲洗干净，之后浇一层水泥素浆，然后再浇筑混凝土并振捣密实，使之结合良好。

⑧ 在混凝土浇筑12h内混凝土应适当护盖浇水养护，常温下每天浇水不少于两次，养护时间不少于7d。

（7）构造柱施工

1）构造柱钢筋绑扎。

① 预制构造柱钢筋骨架。

a. 先将两根竖向受力筋平放在绑扎架上，在两根竖向受力筋上划出箍筋间距线，并留出竖向受力筋的搭接长度。为防止骨架变形，宜采用反十字扣或套扣绑扎，箍筋应与受力筋垂直，弯钩叠合处应沿受力筋方向错开放置。

b. 穿另外两根受力筋，并与箍筋绑扎牢固，箍筋端头平直长度不小于$10d$（d为箍筋直径），并弯成135°弯钩。

c. 在柱顶、柱脚与圈梁钢筋交接部位，应按设计要求加密箍筋，加密范围一般为45cm，且间距不大于10cm。柱脚加密区箍筋应待柱骨架立起搭接后再绑扎。

② 修整底层伸出的构造柱搭接筋。根据已划好的构造柱位置线，检查搭接筋位置及搭接长度是否符合设计和规范要求。

③ 安装构造柱钢筋骨架。先在搭接处钢筋上套上箍筋，然后再将预制构造柱钢筋骨架立起来，对于伸出的搭接筋其搭接长度不小于35d，与标高线相对应，在竖筋搭接部位各绑3个扣。骨架调整后，可绑扎根部加密区箍筋。

④ 绑扎搭接部位的钢筋。

a. 构造柱钢筋必须与各层纵横墙的圈梁钢筋连接绑扎，从而形成一个封闭的框架。

b. 当构造柱设置在无横墙的外墙处时，构造柱钢筋与现浇横梁梁端连接绑扎，并要符合《约束砌体与配筋砌体结构技术规程》（JGJ 13—2014）中的规定。

c. 在构造柱之间砌墙时，构造柱部位要砌成大马牙槎，并沿墙高每50cm埋设2根长1m的ϕ6mm水平拉结筋（37墙应埋设3根长1m的ϕ6mm水平拉结筋），与构造柱钢筋连接绑扎，端部做成90°弯钩，如图7-4所示。

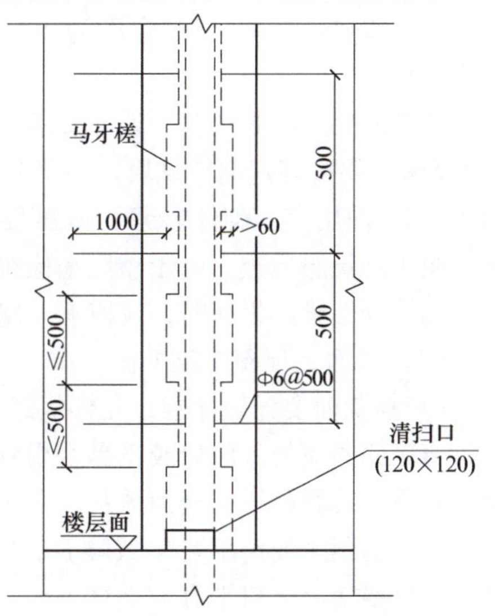

图7-4　在构造柱间砌墙

此外，还应注意的问题有以下几个：

a. 砌砖时在每层柱底部或二次浇灌段的下端留120mm×120mm的清扫口。

b. 将构造柱内钢筋表面、大马牙槎处、柱根部的落地灰、砖碴等清理干净后再支模。

c. 支模后，应在清扫口处再次清理杂物（支模时坠落的杂物等），并封闭清扫口。

d. 浇筑混凝土前，要用清水润湿砌体及模板，以保证混凝土的质量。

2）构造柱支模。在钢模四周内侧粘贴胶条时要将其紧贴墙面，以防止跑浆，并要每隔1m以内设置两根拉条，拉条直径不得小于ϕ16mm，要预留拉条穿过墙的洞，洞口要求距地面30cm开始每隔1m以内留一道，洞口的平面位置在构造柱大马牙槎以外一丁头砖处。构造柱根部要留置清扫口。

3）构造柱混凝土。

① 浇筑混凝土前首先检查模板是否牢固、稳定，标高尺寸等是否符合要求，同时要将模板内的杂物清理干净。

② 构造柱根部施工缝处，在浇筑前要先铺5cm厚与混凝土同配合比的水泥砂浆。

③ 混凝土要分层浇筑、分层振捣，且每层厚度不应超过60cm，并应注意保护钢筋位置及外墙，使其不受损坏，要有专人检查钢筋、模板是否产生变形或位移，若发现漏浆现象，要及时修整。

④ 浇筑完混凝土后要先盖塑料布，后浇水养护7d。

（8）加气块砌筑　加气块出厂时间必须在28d以上才能上墙砌筑，现场存放时其底部应垫高以防止水浸泡，下雨时要用毡布或塑料布遮盖，以防止雨淋。墙面砌筑完必须搁置两周后才可进行抹灰。

砌筑前应找好基础面或楼层结构面的标高线，立好皮数杆，并按标高找平，放好第一皮砌块的轴线、砌块的边线、洞口线、门窗口位置线。砌块砌筑前应提前一天浇水湿润，冲去浮尘。砌块上、下皮应错缝搭砌，搭砌长度一般为砌块长度的1/2，且不应小于150mm，搭砌时不能出现竖向垂直缝。

外墙棱角及纵横墙交接处应将砌块分皮咬槎，并要交错搭接，砌体的垂直缝与门窗洞口边线应避免同缝；同时拉结筋、钢筋网片的规格、根数、间距、位置、长度都要按设计要求进行设置或预埋。砌体水平缝厚度一般为15mm，如果加设拉结筋、钢筋网片，则水平缝厚度为20~25mm，垂直灰缝宽度为20mm。砌块要用锯切割，并使切割面垂直、平整，不得缺棱掉角。

砌筑砂浆强度必须符合设计要求，采用质量比进行配置，砂采用中砂过筛，含泥量应不大于5%，要按规定制作试块；砂浆要随拌随用，且必须在3h内用完，当气温超过30℃时，则要在2h内用完。砌体砂浆饱满度要达到80%以上，砌块要平顺，不得出现破槎松动现象，应边砌筑边检查，可用靠尺来检查其平整度和垂直度，不合格的应坚决推倒重砌。

砌块砌至梁、板底时，应留有一定空隙，至少隔7d后再将其补砌挤紧。

（9）墙面、顶棚抹灰工程

1）抹灰前要先做样板，在样板经验收达到优良标准的要求后再进行施工。抹灰时要检查每道工序的质量、门口校正是否用胶皮保护好、预留预埋是否正确，做到不留破活。在隐蔽验收后，再开始进行全面抹灰。所有内墙的阳角均由1:2.5水泥砂浆护角。掌握好各部位的标高，阴阳角要清晰且一致顺直，同时要做好细部处理，尤其是同一房间有多个门窗口时，一定要使上下口平直或垂直。

2）防止门窗框与墙交接处的抹灰产生空鼓、裂缝。抹灰前要对基层进行清理并浇水湿透；门窗框与墙的缝隙嵌塞，宜采用水泥混合砂浆分层多遍填塞，砂浆的稠度不宜太稀，并应设专人嵌塞密实。

为防止抹灰层出现起泡、抹纹、开花等现象，应在抹灰砂浆收水后终凝前进行压光。

3）为保证踢脚线和窗台板上口的出墙厚度一致，且水泥砂浆不空鼓、不裂缝，抹灰时应按规定找直，拉线也应找直、找方；抹完灰应将踢脚线、窗台板上口赶平压光。

4）暖气罩两侧的上下窗垛抹灰层应通顺一致，抹灰时应按标准吊直找方，特殊部位要派高级技工操作。

5）对于穿墙管道必须按规范安放穿墙套管，在此处抹灰时要认真细致操作，使其平整、光滑、无抹纹、不空不裂。

6）应消除墙面空鼓、裂缝，其具体方法如下：

① 墙面抹灰前必须把废余的砂浆、灰尘、污垢等清理干净。

② 用1：2水泥砂浆加上10%TG胶搅拌成糊状，之后用笤帚甩在加气块和混凝土墙、梁、柱上，第二天浇水养护，直到砂浆疙瘩凝固在墙面上且手掰不掉为止，注意甩糊要均匀，形成麻面，疙瘩不要过大过高，厚度以3~5mm为宜。

③ 在砌块与梁、柱相接处，应先铺金属网片，使之绷紧牢固，金属网片与各基体的搭接宽度不得小于100mm。

④ 抹灰必须两遍成活，头遍和第二遍不能间隔过长，否则要在抹第二遍前加抹一遍素浆。

（10）卫生间墙面面砖镶贴

1）工艺流程。

① 清理基层，即对残存的砂浆、粉渣、灰尘、油污进行清理，并浇水湿透。

② 抹12mm厚的1∶3水泥砂浆打底，要分层涂抹，每层厚度为5～7mm，随即抹平搓毛。

③ 待底层灰六七成干时，要按图样要求，并根据面砖规格，结合实际进行排砖、弹线。

④ 用废面砖贴标准点，并用做灰饼的混合砂浆贴在墙面上，用以控制面砖的表面平整度。

⑤ 垫底尺，计算准确最下一层皮砖下口的标高，底尺上皮一般比地面低1cm左右，放好底尺，使之水平安稳。

⑥ 粘贴面砖前，应将面砖浸泡2h以上，然后取出晾干待用。

⑦ 抹8mm厚的1∶0.1∶2.5水泥、石灰膏、砂浆结合层，刮平后随即自上而下粘贴面砖，砂浆要饱满，并随时用靠尺检查其平整度，同时要保证缝隙宽度一致。

⑧ 贴完经自检无空鼓、不平、不直现象后，要用棉丝擦干净面砖，然后用白水泥擦缝，再用布将缝里的素浆擦匀，将砖面擦净。

2）注意事项和要求。

① 为防止空鼓，必须对基层进行处理，浇水充分湿润，还要严格砂浆稠度，按比例加TG胶，使各层灰黏结牢固。

② 打底层灰时必须按规定进行吊直和找方，以确保阴阳角方正。

③ 要精心选砖，对于尺寸偏差大、颜色不均的面砖不得使用。

（11）卫生间防水　卫生间防水应作为关键工序控制，要使用合格供应方提供的材料。施工时应先编制作业指导书，并派专人进行监测，做好监测记录；同时应严格按作业指导书施工，做到不渗不漏。关键要抓好以下几项工作：

1）穿过卫生间楼板的立管、套管要加上止水环，四周必须用1∶2∶4的细石混凝土分两次浇筑密实。

2）抹地面垫层，必须向地漏处找坡，坡度为1%。

3）找平层的泛水坡度应大于1%，使之不得有局部积水现象。

4）在基层抹防水涂料前，在穿过楼板的地漏四周要用密封膏封严。

5）找平层必须表面压光，使其坚实、平整、清洁、不起砂，其含水率应低于9%。

在以上五条均符合要求后才能做防水层，防水层必须按工艺标准和设计要求进行涂刷。经验收合格后应进行蓄水试验，蓄水深度为2cm，观察24h后若无渗漏现象，方可进行面层施工。

操作人员要经过培训，持证上岗；做防水层前要先做样板间，经检查合格后，方可进行全面施工。

（12）卫生间聚氨酯防水施工

1）材料。聚氨酯防水涂料必须由合格的供应方厂家生产，并有出厂合格证。要以甲组份和乙组份分装出厂，两组份应分别保管，存放在室内通风干燥处，甲组份贮期为6个月，乙组份贮期为12个月。

2）作业条件。

① 涂刷防水层的基层应先抹好找平层，找平层要抹平压光，使其坚实、平整、不起砂，其含水率应低于9%，阴阳角应抹成圆角。

② 涂刷前应将表面的尘土、杂物、残留的灰浆硬块进行处理，并清扫干净。

③ 不得在淋雨条件下进行施工，且施工时温度不应低于5℃，操作时严禁烟火。

3）操作工艺。施工顺序为：基层清理→涂刷底胶→涂膜防水层施工→做保护层。

4）质量标准。

① 附加涂膜层的涂刷方法、搭接、收头应符合设计要求，黏结应牢固，按缝处应封闭严密且无损伤、空鼓等缺陷。

② 聚氨酯防水层的涂膜厚度应均匀，黏结应牢固严密，不允许有脱落、开裂、孔眼、涂刷压接不严密等缺陷。

③ 涂膜防水层表面不应有积水和渗水现象，保护层不得有空鼓、裂缝、脱落等现象。

（13）屋面工程

1）屋面保温。

① 材料及要求。材料的密度、导热系数等技术性能必须符合设计要求和施工验收规范的规定，并应有试验资料。本工程采用65mm厚的聚苯乙烯保温板。

② 施工工艺流程。

a. 基层清理：清理干净现浇混凝土表面的灰尘、杂物等。

b. 弹线找坡：按设计坡度及流水方向，找出屋面的坡度走向，确定保温层的厚度范围。

c. 管根固定：穿过结构的管根在保温层施工前，应用细石混凝土塞堵密实。

d. 保温层铺设：本工程采用65mm厚的聚苯乙烯保温板，按块平铺在屋面基层上。

③ 质量标准。保温层应紧贴基层铺设，使之铺平垫稳，找坡应正确，保温材料上下层应错缝并嵌填密实。

2）屋面找平层施工。

① 操作工艺流程。

a. 基层清理：将结构层保温层上表面的松散杂物清扫干净，凸出基层表面的灰渣等黏结杂物要将其铲平，使之不能影响找平层的有效厚度。

b. 管线封堵：在大面积地做找平层前，应先将伸出屋面的管根、变形缝、屋面暖沟墙根部处理好。

c. 找标高、冲筋：根据坡度要求拉线找坡，一般按1～2m贴点标高，即在铺抹找平层砂浆时先按流水方向以间距1～2m进行，并设置找平层分格缝，其宽度20mm，将分格缝与保温层连通，分格缝间距最大为6m 。

d. 洒水湿润：抹找平层砂浆前，应适当洒水以湿润基层表面，这样有利于保温层与找平层的结合，但不可洒水过量，以免影响找平层表面的干燥。

e. 抹找平层：按分格进行装灰、铺平，并用刮扛靠冲筋条刮平，找坡后用木抹子搓平和铁抹子压光。待浮水沉失后，若人踏上去有脚印但不下陷时，再用铁抹子压第二遍即可交活。

找平层水泥砂浆配合比一般为1:3，拌和稠度则控制在7cm。

f. 养护：找平层抹平压实24h以后可浇水养护，一般养护时间为7d，经干燥后再铺设防水层。

② 质量标准。

a. 屋面、天沟、檐沟找平层的坡度必须符合设计要求，屋面坡度不小于3%，天沟、檐沟纵向坡度不宜小于0.5%。

b. 水泥砂浆找平层应无脱皮、起砂等缺陷。

c. 找平层与凸出屋面构造的交接处和转角处，应做成圆弧形或钝角，且要求整齐平顺。

d. 找平层分格缝留设位置和间距应符合设计要求和施工验收规范的规定。

e. 找平层表面平整度的允许偏差不得大于5mm。

3）屋面防水工程。

① 材料及要求。本工程采用高聚物改性沥青防水卷材，常用的为SBS改性沥青油毡，其性能规格为：拉力，≥50N、≥200N、≥400N、≥500N；延伸率，≥20%、≥50%、≥30%、≥5%；耐热度，在气温-15℃时可绕规定直径圆棒，且无裂纹；不透水性，压力不小于0.2MPa，且保持时间不小于30min。

配套材料为氯丁橡胶沥青黏结剂（由氯丁橡胶加入沥青及溶剂等配制而成，为黑色液体）、橡胶沥青嵌缝膏（即密封膏，用于细部嵌固边缝）、保护层、石片、各色保护涂料。

采用70号汽油及二甲苯来清洗受污染的部位。

② 作业条件。

a. 必须由专业队伍施工，持证上岗，且必须由项目主管工程师编制作业指导书。

b. 基层表面应干燥、无尘土和杂物，阴阳角处应做成圆弧形，其含水率不大于9%。

③ 操作工艺（略）。

④ 质量标准。

a. 卷材防水层在其变形缝、檐口、泛水、雨水口、预埋件等处的细部做法，必须符合设计要求和屋面工程技术规范的规定。

b. 防水层表面无起砂、空鼓现象，且应平整洁净、无积水现象，阴阳角处呈圆弧形或钝角。

c. 应采用聚氨酯底胶涂刷均匀，不能有漏刷和麻石等缺陷。

d. 卷材防水层的铺贴、搭接、收头应符合设计要求和屋面工程技术规范的规定，且黏结应牢固，无空鼓、滑移、翘边、起泡、皱折、损伤等缺陷。

e. 卷材防水层的保护层应结合紧密、牢固，厚度应均匀一致。

（14）卫生间防滑地面砖镶贴

1）施工准备。施工前先做样板间，经过有关人员检查，符合要求后再进行大面积施工。

2）材料。

① 面砖应是由合格的供应方厂家生产的，并要有出厂合格证，其抗压、抗折强度及规格品种均应符合设计要求，外观颜色应一致，表面应平整、光滑、图案条纹正确、边角整齐，无翘曲及窜角现象。

② 采用硅酸盐水泥、普通硅酸盐水泥，其强度等级不应低于42.5MPa。

③ 采用中砂，其含泥量不应大于3%。

④ 采用TG胶。

3）作业条件。

① 内墙 +50cm 水平标高线已弹好，并校核无误。

② 墙面抹灰、屋面防水已完成施工，门框已安装好。

③ 地面垫层以及预埋在地面内的各种管线已做完。穿过楼面的竖管已安装好，管洞已封堵密实，有地漏的房间应找好泛水。

④ 提前做好选砖工作，预先用木条钉方框，模子（按砖的规格尺寸）拆包后，每块都应进行套选，其长度、宽度、厚度允许偏差不能超过 ±1mm，平整度用直尺检查，其允许偏差不得超过 0.5mm，表面有裂缝、掉角等缺陷的砖应挑出，按花型、颜色挑选后再分别堆放。

4）工艺流程。卫生间防滑地面砖镶贴的施工工艺流程如图 7-5 所示。

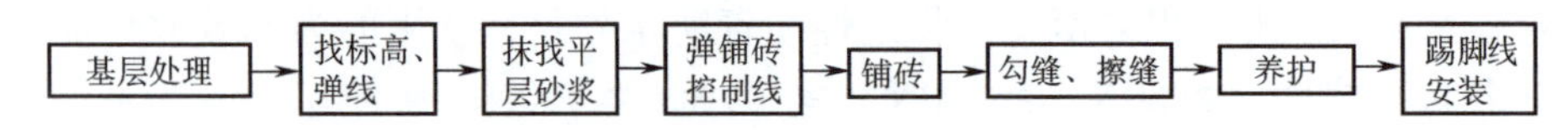

图 7-5 卫生间防滑地面砖镶贴的施工工艺流程

① 基层处理。将混凝土基层上的杂物清理掉，并用錾子剔掉砂浆落地灰，用钢丝刷刷净浮浆层。如基层有油污，应用 10%（质量分数）的火碱水刷净，并用清水及时将其上的碱液冲净。

② 找标高、弹线。根据墙上的 +50cm 水平标高线，往下量测出面层标高，并弹在墙上。

③ 抹找平层砂浆。

a. 洒水湿润：在清理好的基层上，用喷壶在地面基层上均匀洒一遍水。

b. 抹灰饼和标筋：从已弹好的面层水平线下量至找平层上皮的标高（面层标高减去砖厚及黏结层的厚度），抹灰饼间距为 1.5m，灰饼上平就是水泥砂浆找平层的标高，然后从房间一侧开始抹标筋（又称为冲筋）。有地漏的房间应由四周向地漏方向呈放射形抹标筋，并找好坡度。抹灰饼和标筋应使用干硬性砂浆，其厚度不宜小于 2cm。

c. 装档（即在标筋间装铺水泥砂浆）：清理干净抹标筋的剩余浆渣，并涂刷一遍水泥浆（水灰比为 0.4～0.5）黏结层，要随涂刷随铺砂浆。然后根据标筋的标高，用小平锹或木抹子将已拌和的水泥砂浆（配合比为 1∶3～1∶4）铺装在标筋之间，用木抹子摊平、拍实，并用小木杠刮平，再用木抹子搓平，使其铺设的砂浆与标筋找平，最后用大木杠在横竖向检查其平整度，同时检查其标高和泛水坡度是否正确，24h 后浇水养护。

④ 弹铺砖控制线。当找平层砂浆的抗压强度达到 1.2MPa 时，开始上人弹砖的控制线。预先根据设计要求和砖块规格尺寸来确定板块铺砌的缝隙宽度，当设计无规定时，应紧密铺贴，其缝隙宽度不宜大于 1mm，虚缝铺贴时其缝隙宽度宜为 5～10mm。

在房间内分中，并按纵、横两个方向排尺寸，当尺寸不足整砖倍数时，将非整砖用于边角处，横向平行于门口的第一排砖应为整砖，将非整砖排在靠墙位置，纵向（垂直门口）应在房间内分中，非整砖对称排放在两墙边处。根据已确定的砖数和缝宽，在地面上弹纵、横控制线（每隔 4 块砖弹一根控制线）。

⑤ 铺砖。为了找好位置和标高，应从门口开始纵向先铺 2～3 行砖，再以此为标筋拉纵横水平标高线，铺砖时应从里向外退着操作，人不得踏在刚铺好的砖面上，每块砖均应跟线。

⑥ 勾缝、擦缝。面层铺贴后应在24h内进行擦缝、勾缝工作，并应采用同品种、同强度等级、同颜色的水泥。

⑦ 养护。铺完砖24h后，应洒水养护，养护时间不应少于7d。

⑧ 踢脚线安装。踢脚线用砖一般采用与地面块材同品种、同规格、同颜色的材料，踢脚线的立缝应与地面缝对齐，铺设时应在房间墙面两端头阴角处各镶贴一块砖，其出墙厚度和高度应符合设计要求，再以此砖上楞为标准挂线，然后开始铺贴，砖背面朝上抹黏结砂浆（配合比为1∶2的水泥砂浆），使砂浆粘满整块砖为宜，及时粘贴在墙上，砖上楞要跟线并立即拍实，随之将挤出的砂浆刮掉，并将面层清擦干净（在粘贴前，砖块要浸水晾干，墙面要刷水湿润）。

⑨ 室内操作温度不应低于+5℃。

5）质量标准（略）。

6）成品保护（略）。

（15）水磨石地面工程

1）材料（略）。

2）作业条件。

① 顶棚、墙面抹灰完并已经验收，屋面已做完防水层。

② 安好门框并加防护措施，与地面有关的水电管线已安装就位，穿过地面的管洞已堵严、堵实。

③ 做好基面垫层，并按标识留出水磨石厚度。

3）工艺流程。施工顺序为：基层处理→找标高→弹水平线→抹找平层→养护→弹分格线→镶分格条→拌制水磨石拌合料→涂刷水泥浆结合层→铺水磨石拌合料→滚压、抹平→试磨→粗磨→细磨→磨光→草酸清洗→打蜡上光。（详细内容略）

（16）塑钢门窗安装工程（略）

（17）室内顶棚、墙面刷乳胶漆（略）

（18）外墙贴面砖施工　在进行大面积施工前应先做出样板墙，确定施工工艺及操作要点，并向工人做好交底工作，样板完成后方可施工。

1）工艺流程。施工顺序为：基层处理→吊直、套方、找规矩→贴灰饼→抹底层砂浆→弹分格线→排砖→浸砖→镶贴面砖→面砖勾缝与擦缝。

① 基层处理。首先将墙面的砂浆灰尘、污垢清理干净，然后用配合比为1∶1的水泥细砂浆内掺水质量为20%的TG胶搅拌均匀，用笤帚将砂浆甩在墙上，其甩点应均匀，终凝后应浇水养护，直到水泥疙瘩用手掰不掉为止。

② 吊直、套方、找规矩、贴灰饼。高层建筑必须在四大角和门窗口边用经纬仪垂直线找直；也可在顶层用特制的大线坠绷钢丝吊直，然后根据面砖的规格尺寸分层设点贴灰饼。横向线以楼层为水平基准线交圈控制，竖向线则以四周角和通天柱或垛子为基准线控制，且应全部为整砖。每层打底则以此灰饼作为基准点进行冲筋，使其底灰横平竖直。同时要注意找好凸出檐口、腰线、窗台、雨篷等饰面的流水坡度和滴水线。

③ 抹底层砂浆。

a. 混凝土墙面：先刷一道水质量为10%的TG胶水泥素浆，随后分层分遍抹底层砂浆（常温时配合比为1∶3的水泥砂浆），第一遍抹灰厚度为5mm，抹后用木抹子搓平，隔天浇水养护，待第一遍灰六七成干时，即可抹第二遍，其厚度为8～12mm，随即用木扛刮平，并用木抹子搓毛，隔天浇水养护。

b. 加气混凝土墙面：大面积墙面打底前，应先修补缺棱掉角处，并用1∶3∶9（水泥∶白灰膏∶砂子）的混合砂浆补平，隔天刷聚合物水泥浆并抹1∶1∶6的混合砂浆打底，再用木抹子搓平，过一天后浇水养护。

④ 弹分格线。待基层六七成干时，即可按图样要求分段分行弹分格线，同时也可进行在面层贴标准点的工作，以控制面层出墙尺寸、垂直度及平整度。

⑤ 排砖。根据墙面尺寸进行横竖向排砖，以保证面砖缝隙均匀并符合设计要求，注意大墙面、通天柱子和垛子要排整砖以及砖在同一墙面上的横竖排列，均不得有一行以上的非整砖。非整砖应排在次要部位，如窗间墙或阴阳角处等，但注意要一致和对称。如有凸出的卡件，应用整砖套割吻合，不得用非整砖随意拼凑镶贴。

⑥ 浸砖。面砖镶贴前，首先要将面砖清扫干净，放入净水中浸泡2h以上，取出待表面晾干或擦干净后方可使用。

⑦ 镶贴面砖。镶贴面砖时应自上而下进行，高层建筑应分段进行，每一分段或分块的面砖均自下而上镶贴。从最下一层砖下皮的位置线先稳好靠尺，并以此托住第一皮面砖。在面砖外皮上口拉水平通线作为镶贴的标准。砂浆采用1∶2水泥砂浆或1∶0.2∶2（水泥∶白灰膏∶砂）的混合砂浆镶贴。砂浆厚度为6～10mm，贴上后要用灰铲柄轻轻敲打从而使之附线，再用钢片开刀调整竖缝，并用小杠通过标准点来调整平整度和垂直度。

⑧ 面砖勾缝与擦缝。面砖铺贴拉缝时要用1∶1水泥砂浆勾缝，先勾水平缝再勾竖向缝，勾好后要求凹进面砖外表面3mm。若有横竖缝为干挤缝或凹进小于3mm的情况，应用白水泥配颜料进行擦缝处理。面砖缝勾完后，用布或棉丝蘸稀盐酸擦洗干净。

此外，夏季镶贴室外面砖时，应注意防止暴晒。

2）质量标准（略）。

（19）水、暖、电工程　本工程的各种管线之间相互交插较复杂，墙、板留洞多，施工中水、暖、电工程自始至终密切配合土建施工，协调联动。必须精益求精，在审图时应结合土建，同时要考虑在施工中随时搞好配合，为各道工序做好充分准备，防止重凿、凑合现象，各套系统应统一考虑，防止相互矛盾，各种隐蔽工程验收要及时办理，防止相互扯皮。

1）电气工程。

① 预留预埋。根据施工图进行预埋，要求不错不漏、定位准确。防雷接地要利用土建主筋作为引下线和接地线，其搭接长度和焊接质量应符合规范要求，并利用色漆做标记，确保所有引下线自下至上焊通，结构封顶后应立即敷设屋面避雷带。

② 配管工程。管与管间采用套管连接，管口严禁出现毛刺，尽量避免管间交叉，强弱出线盒的间距应符合规范要求，箱体预留位置、尺寸要准确。

③ 穿线工程。各线以不同颜色加以区分，线头一般采用压线帽进行连接，强弱电主干线严禁混用和断开接头。箱盒内导线应预留适量余量且进行回路编号，导线间管路严禁混用。(管内穿线工艺流程略)

④ 安装工程。安装前对线路应进行摇测记录，其绝缘电阻应达到规范要求。

a. 配电柜、箱安装。(略)

b. 灯具安装。(略)

⑤ 调试工程。首先对各个总分开关、控制器进行全面检查，使之能够通断灵活，然后通入电源并逐次开通总分开关、控制器及用电部位，使之在规定时间内无异常现象。

2）给排水工程。

① 施工顺序为：配合土建预留预埋→支架安装→立管安装→支管安装→管道试压→冲洗→卫生洁具安装→通水试验→消毒。

② 施工要点。水卫立管应随主体砌筑工程安装，通过核对有关专业图样和查看各种管道坐标，以保证预留预埋的准确可靠。安装时应检查预留洞、预留件是否准确，并检查管材、管件的规格、种类是否符合设计要求。

3）采暖工程。

① 施工顺序为：配合土建预留预埋→支架安装→主干管回水管安装→立管安装→散热器安装→支管安装→试压→刷银粉。

② 各种管材、散热器等材料都必须是合格材料。

③ 施工要点（略）。

（20）冬、雨期施工措施

1）冬期施工措施。

① 混凝土工程。进入冬期如要进行混凝土工程施工、制作商品混凝土或现场搅拌都应采取如下几项措施：

a. 采用热水搅拌，且水温控制在80℃以内，控制上料顺序，即先投热水、骨料后再投入水泥和防冻剂，不允许水泥、防冻剂直接与80℃热水接触。

b. 严格控制水灰比，水灰比应小于0.55。应掺加指定厂家生产的防冻剂，防冻剂的掺量应结合厂家的说明书进行试配，并严格按配合比加量，随着气温的下降，还应及时调整配合比，搅拌时间为常温时的1.5倍。砂、石堆放地应三面砌墙，上面盖毡布和麻袋片进行保温，一旦发现冰、雪冻块要及时过筛，以确保砂石质量。运输车要进行保温，混凝土输送泵管也要进行保温，使混凝土入模温度在5℃以上。

c. 楼板和阳台应采用木模板，浇筑混凝土柱后先用塑料布围裹再用麻袋片围裹进行保温；楼板则先铺一层塑料布再铺麻袋片进行保温。

d 必要时，在已施工完后的建筑物四周采用彩条布围挡，并设专人进行气温观测，当气温下降到 -10℃以下时，再生火保温。

e. 在冬期施工过程中，除按常温时的施工规定留置标养和同条件养护试块外，尚应增设不少于两组与结构同条件养护试块，分别用于检验受冻前的混凝土强度和转入常温养护28d的混凝土强度。

② 砌筑工程。

a. 搅拌机应搭设保温棚，并设热水锅炉和冷热水箱。搅拌砂浆水温应小于80℃，水泥采用普通硅酸盐水泥，要先放砂子和温水，后放水泥。确保砂浆的出机温度在10℃以上。

b. 存放砂子的地方应在三面围挡，上面用麻袋片或毡布覆盖进行保温，砂子要过筛以除去冰、雪冻块。

c. 为确保砂浆的使用温度不低于5℃，运输砂浆的车应加盖木盖保温。砂浆要随拌随用，放置时间不能超过3h。

d. 砌块要除去表面冰、雪，气温高于0℃时，应适当浇水湿润；气温低于0℃时，则不得浇水，但必须增大砂浆的稠度。

e. 每日砌筑后应及时在砌体表面覆盖麻袋片或草帘进行保温。

f. 气温低于 -15℃时，砂浆强度等级应提高一级。

③ 抹灰工程。尽量避开冬期施工，如为抢工期必须施工时可采取如下几项措施：

a. 砂浆采用温度小于 80℃的温水搅拌，砂过筛以除去冻块。

b. 砂浆车应加盖木盖保温，以确保使用温度不低于 5℃。

c. 门窗采用塑料布遮挡，以保证室内温度不低于 5℃，如果达不到要求，再生火保温。

d. 安排专人进行气温观测，并做好记录，还应及时收听天气预报，以防止寒流突然袭击。

2）雨期施工措施。在雨期时，为确保工程施工质量和安全生产，特制定如下几项措施：

① 施工现场场地。现场道路要进行硬化，且其两边必须有排水沟，并做到排水畅通；施工现场应平整，严防坑洼积水。

② 砌筑工程。

a. 大雨过后，因各种砌块已被雨淋，严禁马上上墙。

b. 为防止雨水冲刷灰浆，收工时在已砌好的墙体顶部覆盖一层干砖。雨后如果已砌筑的砂浆被雨冲刷，应将砌体翻掉 1～2 皮，再另铺砂浆重砌。

c. 夏季天气炎热，砂浆搅拌计划性要强。水泥砂浆控制在 2h 内用完，混合砂浆要在 3h 内用完，不得使用超过规定时间的砂浆。

③ 混凝土工程

a. 雨期砂石的含水率变化较大，对商品混凝土也要提醒搅拌站及时测试其砂石含水率、调整配合比，以确保混凝土的质量。

b. 雨天进行混凝土浇筑时要有防雨措施，运输混凝土的小车要进行覆盖，刚浇完的混凝土也要用塑料布覆盖，以避免雨水冲刷混凝土表面。

c. 雨期施工要多考虑施工缝的留置问题，以便大雨来临时能停止在允许位置。

d. 夏季天气炎热，对已浇筑完的混凝土要及时加强养护，避免因失水过快产生收缩裂缝。墙体、柱拆模后，要及时均匀地刷好养护液。墙体水平面要及时浇水养护，楼面塑料薄膜掀起后应马上浇水养护，白天不能超过 2h 一次，夜间至少 2 次，3 天过后每昼夜至少 4 次。一般达到标准强度的 60% 左右即可停止养护。

④ 屋面防水工程。

a. 屋面防水施工应尽量避开雨期，如果时间不允许，要做好三项工作：所用的防水材料存放在防雨、通风、干燥的室内；基层干燥；做好雨水管。

b. 在施工中如遇下雨应立即停工，已粘贴好的卷材端头要用黏结剂密封，以免其中流进雨水，待基层晾干后再施工。

c. 现场临建库房要防止漏雨，尤其是水泥库房要严防漏雨，且其地面要高出自然地坪 30cm，并要铺上油毡，以防止雨水浸泡。现场材料应有防雨措施，材料堆放要高出自然地坪 10cm 以上，以防止雨水浸泡或粘泥。

d. 外脚手架基础必须夯实，并要铺垫脚手板，还要按要求进行搭设，大雨过后必须进行检查有无倾斜歪倒现象和带电伤人问题。

e. 现场施工设备要进行漏电保护，采用三相五线制，不定期检查外皮是否带电、接地接零是否良好。尤其对塔式起重机要检查接地电阻是否符合要求，避雷针导电性能是否良好，严防触电伤人。

f. 现场的临时供电设施要定期进行检查，大雨过后要及时对现场的开关箱、卷扬机、电焊机、钢筋切断机、蛙夯以及其他机械设备等，凡是人易于接触的带电部分进行检查，防止漏电伤人。有雨情时，对开关箱、电动机、电焊机以及设备的操作按钮都要进行覆盖，防止雨淋从而漏电伤人。

g. 每天收听或收看天气预报，针对天气变化情况及时调整施工部署。

4. 主要物资和施工机械设备情况、主要施工机械计划

主要物资和施工机械设备情况、主要施工机械计划表见表7-1。

表7-1　拟投入的主要施工机械设备表（部分）

序号	机械或设备名称	规格	数量	国别产地	制造年份	额定功率/kW	生产能力	用于施工部位
1	经纬仪	DJZ	2台	上海	1999		良好	基础、主体
2	水准仪	S3	2台	上海	1999		良好	基础、主体
3	蛙式打夯机	BA—215	4台	山东	1999	2.1	良好	基础
4	钢筋调直机	GT—14	2台	沈阳	1999	4.0	良好	基础、主体
5	钢筋切断机	GQ—40	2台	沈阳	1999	7.5	良好	基础、主体
6	钢筋弯曲机	GW32	2台	沈阳	1999	2.2	良好	基础、主体
7	木工刨床	MB106	2台	无锡	2000		良好	主体
8	圆锯	CT109	2台	山东	1999	1.1	良好	主体
9	塔式起重机	QJ40	2台	南京	1999	60	良好	主体
10	卷扬机	JKT—1A	8台	北京	1999	10	良好	主体、装修
11	龙门架		8架		1999		良好	主体、装修
12	搅拌机	JZ—400	4台	南京	2001		良好	砌筑、装修
13	手推车	（砖）	20辆	自制	2000		良好	砌筑、装修
14	插入振捣器	ZN35	4台	上海	1998	1.1	良好	
15	平板振动器	ZW7	2台	上海	1998	2.1	良好	主体
16	电焊机	30kN	4台	山东	2002		良好	水暖
17	套螺纹机		2台	山东	2000		良好	水暖
18	钢管	ϕ48mm	70T	石家庄	2005		良好	外架、楼板梁支撑
19	钢模板		280m^2	石家庄	2005		良好	基础、柱
20	木模板		2000m^2	石家庄	2005		良好	楼板梁模
21	密目网		3000m^2	石家庄	2005		良好	外架防护

5. 劳动力安排计划及劳务分包情况表

劳动力安排计划及劳务分包情况表见表7-2。

表7-2　劳动力计划表（部分）　（单位：人）

工种	工期						
	第1个月	第2、3个月	第4个月	第5、6个月	第7个月	第8个月	第9个月
管理人员	10	14	14	14	14	14	14

（续）

工种	工期						
	第1个月	第2、3个月	第4个月	第5、6个月	第7个月	第8个月	第9个月
钢筋工	30	30					
木工	45	45					
混凝土工	10	10		10	10		
普通工	40	40	20	40	40	20	20
瓦工			30				
抹灰工				60	80	50	20
机械工	6	6	6	6	6	4	2
架子工		20	20		20	20	
水暖工	8	8	8	8	12	12	12
电工	7	7	7	7	10	10	10
油工					40	40	40
防水工				20			
合计	156	180	105	165	232	170	118

注：本劳动力计划表为一栋楼的劳动力，两楼劳动力相同。

6. 工程质量的技术措施

（1）质量目标及保证体系 本工程质量目标为合格（或优秀），其质量保证体系图略。

（2）质量责任制

1）公司各部门质量责任制。

由公司总工程师主持本工程在各施工阶段的图纸会审和自审制度，对班组进行技术交底。

公司质量与安全处落实人员，制定措施，具体负责整个工程质量的质量检查，其职责范围为检查各项质量措施的实施，深入施工现场，以预防为主，认真做好对每道工序的质量复评。

2）项目经理职责。

① 项目经理对工程质量等全面负责。

② 认真贯彻国家和上级的有关方针、政策、法规及公司制度，按设计要求负责工程总体组织和领导，保证项目的正常运转。

③ 负责配备项目部的人、财、物等资源，组织建立、健全本项目的工程质量、安全、防火保证体系，确定项目部各管理人员的职责权限。

④ 对项目范围内的各单项工程、室外相关工程组织责任分发包，并对发包工程的进度、质理、安全、成本和场容等进行监督管理、考核、验收。

⑤ 组织并参加每月定期安全检查，并落实专人负责整改复查。

⑥ 根据工程年（季）度施工生产计划，组织编制季（月）度施工计划，包括劳动力、材料、构件和机械设备的使用计划。

3）项目技术负责人职责。

① 负责贯彻执行国家的技术法规、标准和上级的技术决定、制度以及施工项目的技术

管理制度。

② 开展经常性的技术工作。

③ 负责质量管理工作。

④ 开展新技术推广工作。

⑤ 组织开展技术培训、学习，总结交流技术经验。对于技术要求复杂的项目，应组织参观学习和技术培训，并编制工艺流程。

4）土建、水暖、电气工长的职责。

① 参加图纸会审、隐蔽工程验收、技术复核、设计变更签证、中间验收及竣工结算等，督促技术资料整理归档。

② 切实做好操作班组任务交底和技术交底，检查把关混凝土、砂浆级配及其他成品、半成品的制作成本、质量，力求降低消耗。

③ 协调各工种的衔接及各职能人员的管理，保证施工项目按质按期交付使用。

5）质检员职责。

① 对管辖范围的幢号、各工种按验收规范和质量标准进行交底工作。

② 及时进行隐蔽工程验收和技术复核，同时按质量评定标准，评定分项、分部工程质量等级，做到项目齐全，资料真实、准确。

③ 对不符合要求的分项工程及时指导返工补修，做到不合格部位不隐蔽、不漏检，并重新评定质量等级。

6）材料员职责。

① 及时了解市场信息，要做到四勤，材料要“三比一算”——比质量、比价格、比运距、算材料的价格，采购实行货比三家。

② 根据工程进度、材料价格，及时进足施工材料。

③ 负责对进场材料进行检查验收（包括取样复试），杜绝以次充好的劣质建材进场用于工程。

④ 及时提交有关材料的质量证明书和材料复试报告。

7）资料员职责。

① 根据规范和当地建设主管部门要求，向有关人员进行交底，并落实任务。

② 及时收集本工程的技术资料，分类整理归档。

③ 及时督促并配合质量员、班组长做好分项、分部工程的质量评定记录等。

④ 认真做好隐检记录，签证应及时，必须与工程进度同步。

8）各生产班组长职责。

① 按照施工方案，组织劳动力进场，切实做好班组的施工工艺和安全技术措施交底工作。

② 监督、检查本班组操作工人按图样、规范、施工方案施工。

③ 组织班组进行自检、交接检及专职检工作，发现不合格项及时组织工人进行整改，确保本班组工作面的质量符合标准。

④ 组织本班组职工学习施工技术和安全规程及制度，检查执行情况，在任何情况下，均不得违章，不得擅自运用机械、电器、脚手架等设备。

（3）总体保证措施

1）建立以项目经理为首的质量管理机构，充分落实各级职能人员责任制，并且执行质量“一票否决制”。

2）实施名牌战略，坚持质量兴企的方针。

3）坚持样板引路，装修工程必须先做样板，经验收达到标准后，再按样板进行施工。

4）认真执行技术交底、材料试验、预检隐检的制度，并严格建立健全技术档案管理制度。

5）关键过程控制。本工程将主体混凝土、卫生间防水、屋面防水工程列为本工程的关键过程，对关键过程，项目部技术负责人要及时编制作业指导书，并对人员进行上岗培训，对机械设备提前进行检验。根据作业指导书，由质量检查员及时检查、监控和检验，随时对控制点的质量特性进行分析，使其达到预控质量目标，并填写好记录，确保关键过程万无一失。

6）加强施工过程的全面控制，对人、机、料经常进行检查。

7）认真执行国家颁发的“强制性条文标准”和“操作规程”及“工艺标准”。坚持高标准、严要求，对工程质量一丝不苟，对不符合要求的产品坚决推倒重来，决不迁就姑息。

8）加强施工过程的质量检查，认真执行“三检查”制度，并坚持“三上墙”制度。

（4）成品及半成品保护措施　在施工中严格进行工序保护，树立“上道工序为下道工序服务、下道工序保证上道工序”的意识，以免工序倒置。

1）钢筋工程。

① 绑扎钢筋时严禁碰撞预埋件，如有碰动现象应按设计位置重新固定，如电线管与钢管、钢筋冲突时，可将竖向钢筋沿墙面左右弯曲，将横向钢筋上下弯曲，以确保保护层尺寸，严禁切断钢筋。

② 柱、板钢筋绑扎后不准踩踏，在浇筑前一定要保持原状，并派钢筋工专门负责自检、修整，钢筋表面必须保持清洁，浇筑时振捣棒不得碰动钢筋，以避免柱、梁、楼板钢筋移位。各工种要提高成品保护意识，严禁将杂物扔进钢筋骨架内，施工人员不准随意拉拽钢筋，不准穿过钢筋过人或运物。

2）模板工程。模板安装时不准随意穿孔，拆模时不准用大锤砸或用橇棍硬橇，以免损伤混凝土表面及棱角，如发现拆下的模板不平或其边肋损坏变形时，应及时修理并码放整齐。支好的模板内不准有杂物，必须在浇筑前清理干净。

3）混凝土工程。混凝土浇筑应按施工方案或作业指导书进行，保护好穿墙管、电线管、预埋件等，振捣时不能挤偏或使预埋件挤入混凝土中。浇筑完毕后应及时用塑料布覆盖，以确保混凝土保持足够湿润。在保证混凝土及其棱角不因拆模而损坏时，方可拆除侧模，梁、板模板必须待拆模试验报告出来以后方可拆除。混凝土施工时要保证钢筋、预留预埋孔洞的位置准确，不能剔凿。

4）砌筑工程。砌体要码放整齐。搭拆脚手架时，不要碰坏已砌好的墙体和门窗口棱角，应及时清除落地砂浆以免其与地面黏结，剔凿设备孔、槽时不准硬凿，可采用手动切割机施工。

5）装修工程。抹灰工程抹灰前必须事先把门框与墙连接处的缝隙用水泥砂浆填塞密实。门口下部推车易碰到的地方应钉设薄钢板进行保护，水平推车的轮轴端部要用布缠绕，以免损坏墙的护角和木门框。

7. 确保工期的技术组织措施

开工、竣工日期及工期见工程概况，各个工序详见施工进度网络计划图（见图7-6，见文后插页）。

为按期完成本工程的施工任务，将抓好如下三个方面的工作：

（1）总体安排

1）两楼同时开工，各楼单独安排施工劳动力。

2）各楼体基础及主体分为两个施工段开展施工。

3）本工程大部分地面为水磨石地面，该地面做法工艺复杂、周期长，为确保按期竣工，墙面抹灰、地面垫层、镶条、装石、粗磨、细磨等施工过程采取平行流水施工，以充分利用时间和空间，从而大大加快工程进度。

4）在网络计划的总体控制下，详细安排月、旬、日作业计划，加强计划管理，杜绝工序倒置现象，以确保总体计划的实现。

5）抓好施工过程质量的控制，主要是抓好各工序的过程控制，加强质量检查，从而把质量问题消灭在萌芽状态。尽量不出现返工修理现象，做到即保证质量又保证工期。

（2）组织保证措施

1）建立例会制度。

2）搞好与甲方、设计院、监理单位等各方的关系，并经常保持联系，解决问题应果断迅速，相互之间还要加强协作与监督，要对合同、协议及有关会议纪要积极主动地履行。

（3）技术保证措施

1）制订科学合理的施工网络计划，找出关键线路，并在总工期的控制下制订详细的月、旬、日作业计划。还要制定工程进度奖惩制度，确保施工计划按期完成。

2）采用先进合理的施工技术，及时解决施工中出现的技术难关，在保证质量的前提下，为生产创造有利条件。

3）关键施工过程，如屋面防水、卫生间防水等，要组织项目部技术人员编制作业指导书，并派专人进行现场监测，做好监测记录。对操作人员应进行技术培训，坚持持证上岗制度。

4）采用新工艺、新技术、新材料，从而在提高工程质量的前提下加快施工进度。

8. 确保文明施工的技术组织措施

1）文明施工目标：现场管理达到“三清六好”和文明施工标准。

2）施工现场封闭管理（略）。

3）施工现场标志牌设置（略）。

4）施工现场场容场貌管理（略）。

5）施工现场临时设施管理（略）。

9. 施工进度网络计划图

施工进度网络计划图如图7-6所示。

10. 施工平面布置图

施工平面布置图如图7-7所示。

11. 安全生产

1）安全目标。杜绝死亡事故，并使重伤事故发生率控制在0.03%以下，一般事故频率不超过1%，安全管理水平要达到住房和城乡建设部的优良达标工地要求。

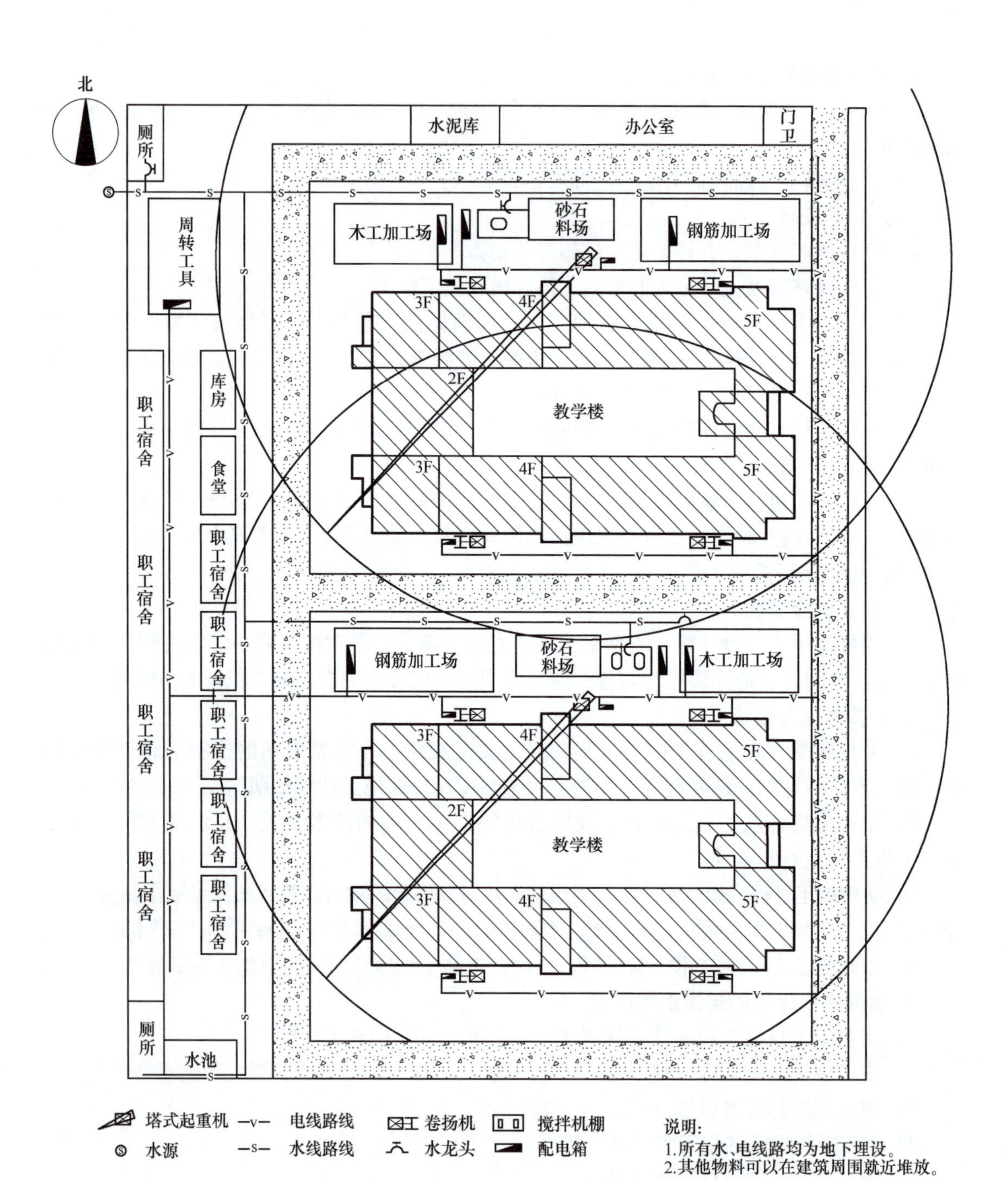

图7-7 施工平面布置图

2）安全保证措施、消防措施。

① 建立以项目经理为第一责任人的安全生产责任制，工地还要设一名全面负责安全生产的专职安全员负责安全生产的具体工作，认真贯彻“安全第一、预防为主”的方针。

② 认真执行施工现场安全防护标准，落实安全生产责任制。

③ 坚持安全教育制度，在安排生产的同时布置安全工作。

④ 工程开工前，根据分部分项工程的不同特点，有针对性地进行安全技术交底工作，没有进行交底不得施工。

⑤ 施工现场设有醒目的标语牌，标语牌符合国家安全标志的标准。

⑥ 安全网搭设必须符合规定要求，认真执行“三宝”“四口”制度，首层架设6m宽的平网，其架空高度为4m。

⑦ 特殊工种必须持有上级主管单位考核的合格证，持证上岗；机械设备必须专人专机，严禁无证操作，杜绝“三违”现象的发生。

⑧ 基础施工阶段应特别注意安全防护，经常观察基槽边坡的稳定情况，并设好护栏。

⑨ 主体施工过程中应进行全封闭保护，在道路处应搭设防护棚，以保证行人的安全。

⑩ 高处作业时要做好安全交底工作，以防止高处坠落和落物伤人现象。

⑪ 外装饰架搭设完毕后，必须经验收合格后方可使用；中途不得乱拆乱动，并定期检查其使用及损坏情况。

⑫ 严格按照省、市安全生产管理规定进行检查考核，并按规定进行奖罚。

⑬ 现场安全用电。主线执行三相五线制，其具体措施为：现场施工用电执行一机、一闸、一漏电保护的“三级”保护措施，其电箱应设门、设锁、编号，并注明负责人；机械设备必须执行工作接地和重复接地的保护措施；照明采用单相220V工作电压，主线采用单芯直径为2.5mm的铜芯线，分线采用单芯直径为1.5mm的铜芯线，灯距离地面高度不小于2.5m，每间（室）应设漏电开关和电闸各一支；电箱内所配置的电闸、漏电保护装置、熔丝的荷载必须与设备的额定电流相等，不使用偏大或偏小额定电流的电熔丝，严禁使用金属丝代替电熔丝；现场的脚手架、卷扬机架都高于建筑物，很容易受到雷击破坏，因而要求设置避雷装置，其设备顶端应焊接2m长的ϕ20mm镀锌圆钢作为避雷器，并采用截面面积小于35mm^{2}的钢芯（可用墙体钢筋，角钢尺寸为50mm×50mm×2500mm）作为引下线并埋地连接，其电阻值不大于10Ω。现场电工必须经过培训，考核合格后持证上岗。

⑭ 机械安全防护。钢筋机械、木工机械、移动式机械，在机械本身护罩完善且电动机无毛病的前提下，还要对机械做接零和重复接地的装置，其接地电阻值不大于4Ω；机械操作人员必须经过培训，考核合格后持证上岗；各种机械要定机定人维修保养，做到自检、自修、自维有记录；施工现场各种机械要挂安全技术操作规程牌；各种机械不准在不合格的情况下运行。

⑮ 施工人员安全防护。参加施工的人员应经过安全培训，考核合格后持证上岗；施工人员必须遵守现场纪律和国家法令、法规要求，且必须服从项目经理部的综合管理；施工人员进入施工现场必须戴上符合标准的安全帽，其佩戴方法也要符合要求，进入高度2m以上的架体或施工层作业时必须佩挂安全带；施工人员高处作业时禁止打赤脚、穿拖鞋及硬底鞋和打赤膊；施工人员不得任意拆除现场的一切安全防护设施，如机械护壳、安全网、安全围栏、外架拉接点、警示信号等。如因工作需要，必须经项目负责人同意方可进行；施工人员工作前不许饮酒，进入施工现场后不准嬉笑打闹；施工现场在夏天应给工人备足清凉解毒绿豆汤。

⑯ 施工现场防火措施。建立防火责任制，且职责应明确；按规定建立义务消防队，并有专人负责，订出教育训练计划和管理办法；重点部位（危险的仓库、油漆间、木库、木工车间等）必须建立有关规定，有专人管理并落实责任，还要设置警告标志和配置相应的

消防器材；建立明火动用审批制度，并按规定划分级别，明确审批手续，并有监护措施。

实训练习题

练习题1 请学生亲自到施工现场搜集一套完整的施工组织设计资料。

练习题2 请指导教师指定一项实际工程，要求学生编制其单位工程施工组织设计文件。

参考文献

[1] 郑少瑛. 建筑施工组织 [M]. 北京：化学工业出版社，2015.

[2] 赵香贵. 建筑施工组织与进度控制 [M]. 北京：金盾出版社，2015.

[3] 蔡雪峰. 建筑施工组织 [M]. 2 版. 武汉：武汉理工大学出版社，2014.

[4] 李辉，蒋宁生. 工程施工组织设计编制与管理 [M]. 北京：人民交通出版社，2012.

[5] 徐运明，邓宗国. 建筑施工组织设计 [M]. 北京：北京大学出版社，2019.

[6] 庄森，韩应军，冯春菊. 建筑工程施工组织设计 [M]. 徐州：中国矿业大学出版社，2016.